UNIVERSDADE DE SÃO PAULO

Escola Superior de Agricultura "Luiz de Queiroz"

Departamento de Engenharia de Biossistemas

SÉRIE DIDÁTICA nº 19

FUNDAMENTOS DE DRENAGEM AGRÍCOLA

Sergio Nascimento Duarte – ESALQ/USP

Ênio Farias de França e Silva – UFRPE

Jarbas Honorio de Miranda – ESALQ/USP

José Francismar de Medeiros – UFERSA

Raimundo Nonato Távora Costa – UFC

Hans Raj Gheyi – UFCG e UFRB

PIRACICABA-SP

2023

Av. Centenário, 1080

13416-000. Piracicaba, SP, Brasil

Fone: 19-3417-6609 | livros@fealq.org.br | www.fealq.org.br

Capa e diagramação
Eduardo Lara

Impressão
Gráfica Idealiza

Catalogação na Publicação
DIVISÃO DE BIBLIOTECA – DIBD/ESALQ/USP

Fundamentos de drenagem agrícola / Sergio Nascimento Duarte ... [et al.]. - - Piracicaba:

LEB/ESALQ/USP, 2023.
339 p : il. - - (Série Didática, n. 19)

ISBN: 978-65-89722-22-9

1. Água do solo 2. Drenagem agrícola 3. Escoamento superficial I. Duarte, S. N. II. Silva, Ê. F. de F. e III. Miranda, J. H. de IV. Medeiros, J. F. V, Costa, R. N. T. VI. Gheyi, H. R. VII. Título VIII. Série

CDD 631.6

Elaborada por Maria Angela de Toledo Leme - CRB-8/3359

Fealq

Prefácio

A Drenagem Agrícola é uma prática muito antiga e importante, relatada até mesmo na Bíblia, de forma figurativa: "Deus disse: Juntem-se num único lugar as águas que estão debaixo do céu, para que apareça o solo firme. E assim se fez" (Gn 1:9).

A tecnologia de drenar para fins agrícolas foi amplamente difundida e implementada durante grande parte do século XX. Ocorreram enormes avanços na teoria e na tecnologia de drenagem, como por exemplo: desenvolvimento de drenos corrugados, nivelamento a laser, uso de envelopes, controle da qualidade da água, prevenção de salinização, modelagem da dinâmica do nível freático e seu impacto na produtividade das culturas e no ambiente.

No entanto, este cenário mudou no final do século passado. A técnica de conversão de várzeas em áreas agrícolas passou a ser quase que totalmente evitada por questões ambientais e legais.

Os sistemas agrícolas em condições de excesso de água e/ou sais são complexos e fundamentam-se na dinâmica dos componentes água, solo, planta, atmosfera e homem, com diversas interações, tornando desafiadora a gestão sustentável. Em determinadas condições, tais sistemas podem ser viáveis desde que adequadamente compreendidos, criteriosamente manejados e continuamente monitorados. O conhecimento é essencial para alicerçar a tomada de decisão entre preservar ou intervir de forma sustentável.

O livro "Fundamentos de Drenagem Agrícola" é uma importante e oportuna contribuição para a formação consistente de profissionais de Engenharia Agronômica, Engenharia Agrícola e de áreas afins, pois traduz a experiência de professores de reconhecida excelência acadêmica e científica, todos com amplo conhecimento no tema.

A publicação aborda inicialmente tópicos básicos que formam a visão sistêmica essencial para o manejo do espaço poroso do solo em condições de excesso de água e avança para ferramentas úteis como os modelos computacionais de simulação, passando também pela avaliação econômica, biodrenagem e pelos aspectos ambientais/legais, dentre outros.

Este livro muito contribuirá para a formação técnica qualificada e seguramente estará na bibliografia básica das disciplinas que abordam o controle de águas naturais, em especial na agricultura. Subsidiando a capacitação, ajudará a semear a inovação tecnológica visando a superação dos desafios.

Parabéns aos competentes autores e boa jornada no conhecimento aos leitores!

João Carlos Cury Saad

Professor titular da FCA - Campus de Botucatu - UNESP

Apresentação

Durante as décadas de 1970 e 1980 vigorou no Brasil o Programa PORVÁRZEAS, que subsidiava obras de sistematização e de drenagem em várzeas, principalmente para o cultivo de arroz irrigado por inundação. Importantes livros brasileiros de Drenagem Agrícola, como o de Millar (1978) e o de Cruciani (1987), foram escritos naquela época, ou seja, época em que as preocupações com a rentabilidade econômica e o licenciamento ambiental do projeto, não tinham o peso que tem hoje em dia.

A drenagem de uma área agrícola não costuma ser um empreendimento barato; muitas vezes é mais caro do que um sistema de irrigação. No Brasil, a falta de maquinário especializado para a instalação dos drenos e a baixa demanda por tubos de drenagem contribuem para tornar esse custo ainda mais elevado. Por outro lado, hoje em dia dispõem-se de critérios de drenagem subterrânea mais próximos daquele que levaria ao ponto de rentabilidade máxima econômica da cultura, considerando a produtividade média de uma série histórica de vários anos de dados climáticos; dispõem-se, também, de softwares de simulação de desempenho de sistemas de drenagem, que podem ser utilizados no caso de projetos de grande importância territorial e econômica.

No que diz respeito à legislação ambiental, o Código Florestal de 1989 incentivou uma postura radical de muitos órgãos ambientalistas estaduais, ao ponto da palavra "várzea" ter sido considerada sinônima de Área de Preservação Permanente (APP), o que não condiz com o próprio Código. Assim, alguns cursos de Agronomia brasileiros pararam de ensinar práticas de drenagem subterrânea, por considerá-las ambientalmente ilegais. Com o Novo Código Florestal, promulgado em 2012, é esperado que uma postura mais equilibrada em relação à preservação e produção em áreas úmidas seja assumida pelos órgãos ambientais, o que possivelmente propiciará aumento da demanda por projetos de drenagem agrícola

Considerando que é importante se preservar o conhecimento já gerado no Brasil em relação à Ciência da Drenagem Agrícola, assim como difundir as novas ferramentas que hoje em dia estão disponíveis, essa Apostila foi escrita por professores de diferentes universidades brasileiras, com o objetivo de ser usada como um texto básico inicial de Drenagem na Agricultura, nos Cursos de Graduação em Agronomia e em Engenharia Agrícola.

Os autores

Agradecimentos

Ao Prof. Décio Eugênio Cruciani, pioneiro e grande entusiasta do lecionamento da disciplina de Drenagem na Agricultura na ESALQ/USP.

Ao Prof. Paulo Afonso Ferreira, pelo grande rigor conceitual e físico-matemático com que ministrava a disciplina de Drenagem Agrícola na UFV.

Aos Profs. Klaus Reichardt e Paulo Leonel Libardi da ESALQ/USP, pelo pioneirismo no lecionamento, na difusão e na pesquisa de temas relacionados à Dinâmica da Água e Solutos no Solo.

Aos Profs. Fernando Falco Pruski e Mauro Aparecido Martinez, pelas excelentes aulas de Hidrologia e Dinâmica da Água no solo, ministradas na UFV.

Aos Drs. Manuel de Jesus Batista e Hermínio Hideo Suguino que têm promovido palestras muito relevantes, atualizando os técnicos interessados nos projetos de drenagem instalados pela CODEVASF no Semiárido Brasileiro.

Ao Prof. Luis Antônio Lima, da Universidade Federal de Lavras (UFLA) e ao Prof. José Antônio Saldanha Louzada, da Universidade Federal do Rio Grande do Sul (UFRGS), que sempre realizaram pesquisas importantes e se mantêm disponíveis à realização de palestras e discussão científica sobre o assunto desta Apostila.

Aos Profs. Raimundo Nonato, da UFC, Vera Lima da UFCG e Edson Matsura, da FEAGRI/UNICAMP por estarem sempre disponibilizando, sem restrições, novas bibliografias e experiências pessoais relacionadas à Drenagem no Brasil, aos colegas de Área.

Ao Prof. Martinus Theodorus van Genuchten, do Departamento de Engenharia Mecânica da COPPE (LTTC) e de Engenharia Civil, da UFRJ, por estar sempre disposto à participação em Congressos Científicos e à prestação orientação sobre o desenvolvimento deste tema.

Ao Prof. Richard A. Cooke, do Department of Agricultural and Biological Engineering, University of Illinois at Urbana-Champaign (EUA), por vir atualizando o corpo docente da ESALQ/USP, praticamente todo ano, com suas visitas e palestras realizadas no Curso de Pós-Graduação em Engenharia de Sistemas Agrícolas, em Piracicaba – SP.

Ao secretário Luiz Fernando Lordello, do Departamento de Engenharia de Biossistemas da ESALQ/USP, pelo caprichoso desenho das figuras desta Apostila.

À secretária Beatriz Duarte Regina Novaes, do Departamento de Engenharia de Biossistemas da ESALQ/USP, pela postura eficiente e detalhista com que realizou a revisão final e a editoração desse material.

Sumário

CAPITULO 4

CAPÍTULO 5

CAPÍTULO 8

CAPÍTULO 1

INTRODUÇÃO

1.1 – Objetivos da drenagem agrícola

As obras que visam o manejo de recursos hídricos são geralmente divididas em dois grandes grupos: obras de uso e obras de controle de águas.

As obras de uso envolvem o abastecimento de água para cidades, o aproveitamento hidrelétrico, a captação para irrigação, a piscicultura, entre outras. Nesses projetos, geralmente, as variáveis mais importantes a serem obtidas para a realização dos dimensionamentos são as vazões mínimas e médias disponíveis para serem utilizadas.

As obras de controle envolvem as galerias de águas pluviais de cidades, os bueiros e aduelas para travessias de córregos, os vertedores de barragens, os diques e as obras de drenagem superficial e subterrânea, para fins urbanos e agrícolas. Nesses projetos a variável primordial a ser obtida é a vazão máxima que deverá passar pela estrutura de controle (CRUCIANI, 1987) com uma determinada probabilidade de falha.

A existência de inundação ou encharcamento em áreas destinadas a agricultura mostra que existem condições desfavoráveis de drenagem natural. Nas áreas irrigadas, além das perdas na produção agrícola e das dificuldades de manejo do solo, a salinização e seus efeitos sobre o solo torna a necessidade de drenagem cada vez mais presente, como forma de preservação sustentável ou incorporação de áreas degradadas ao processo produtivo.

A drenagem subterrânea de áreas agrícolas não deve visar somente à remoção rápida de grandes quantidades de água. Em vez disso, a drenagem deve ser feita, muitas vezes, de modo que os fluxos de água se dêem de forma mais suaves quanto possível, e em quantidades pequenas (MILLAR, 1978).

A drenagem subterrânea é praticada quando a drenagem natural do subsolo é insuficiente para impedir o encharcamento e a existência de altos níveis de lençol. Após a instalação de um sistema de drenagem subterrânea, o nível médio de oscilação do lençol freático será reduzido, ao mesmo tempo em que ocorrem descargas através do sistema. A redução dos níveis do lençol freático favorece a permanência da superfície do solo mais seca, facilitando o armazenamento temporário de água durante os períodos de recarga.

Sem o sistema de drenagem artificial, esta reserva não seria possível, o que favoreceria a ocorrência de escoamento superficial. Desse modo, a água não é removida rapidamente, mas de forma lenta durante um período mais longo de tempo. Em sistemas de drenagem forçada o mesmo efeito é obtido se o bombeamento é feito com moderação.

Em sistemas de drenagem superficial de áreas agrícolas, um efeito semelhante pode ser obtido, embora em menor grau. Os sistemas de drenagem superficial são usados quando os problemas de drenagem ocorrem principalmente sobre a superfície do solo. Para tanto, se faz necessário moldar a superfície do solo para que a água possa se mover em direção a uma declividade projetada, de forma lenta e gradual, fazendo com que a superfície não fique inundada por muito tempo e que se aumente a capacidade de infiltração do solo.

Assim, durante um período de chuvas intensas, uma maior parte da chuva pode ser armazenada no solo se houver um sistema de drenagem subterrânea instalado. Isto leva a uma redução total do escoamento superficial e possível atenuação da intensidade de escoamento superficial.

A drenagem de terras agrícola é uma área de especialização da Engenharia na Agricultura, fundamentada em bases teóricas e aplicadas com bases técnicas e com experiências que devem ser adquiridas a partir de unidades piloto, implantadas em áreas experimentais, de modo a ampliar o avanço teórico aplicado, já alcançado em várias regiões do país.

A drenagem agrícola, como um tipo de obra de controle, pode ser definida como o conjunto de técnicas e práticas que visa retirar o excesso de água e de sais do solo, com os seguintes objetivos principais:

1 – Garantir aeração das raízes – Esse é o principal objetivo da drenagem em regiões úmidas. A drenagem deve retirar a água empoçada na superfície do solo e rebaixar o lençol freático (LF) em tempo suficientemente curto para que o oxigênio se difunda da atmosfera para a zona radicular.

2 – Garantir trafegabilidade – Solos mal drenados são deficientes em garantir suporte às máquinas agrícolas. Para a cultura do arroz irrigado, por exemplo, é importante que se possa entrar na área com máquinas para realizar o preparo do solo.

3 – Controle da erosão – Esse é o principal objetivo da drenagem superficial em áreas com declive em regiões úmidas. O sistema de drenagem deve garantir que a água se infiltre ou seja retirada da área com perda de solo mínima.

4 – Controle da salinidade – Em regiões áridas e semi-áridas, onde se pratica irrigação, a drenagem deve evitar o fluxo ascendente vindo do LF para a zona radicular e permitir a retirada de sais provenientes da aplicação, pela irrigação, de frações de lixiviação.

Em termos da natureza do problema, a drenagem agrícola é dividida em dois métodos: a drenagem subterrânea e a drenagem superficial. A primeira procura estabelecer certo controle nas oscilações do LF, enquanto a segunda procura facilitar a retirada da água da superfície do solo sem causar erosão. Conforme a necessidade da área, pode-se usar um método ou outro, ou os dois simultaneamente.

À medida que os projetos de irrigação e drenagem no Brasil começam a se libertar do empirismo, até pouco tempo prevalecente, espera-se que esta publicação contribua para o desenvolvimento racional da drenagem agrícola e das técnicas de recuperação de solos em nosso país.

1.2 – A história do desenvolvimento da drenagem

Registros de antigas civilizações mostram que por volta de 2500 A.C. vales de rios na Índia já eram cultivados. Utilizando-se das chuvas e de cheias dos curso d`água, os agricultores ali cultivavam trigo, gergelim, algodão e outras culturas. Excedentes agrícolas eram trocados por mercadorias importadas de países vizinhos. A Irrigação e a Drenagem, ocorrendo como processos naturais, formavam um equilíbrio no controle das águas dos rios, de modo que suas planícies eram inundadas e depois drenadas naturalmente.

Com o aumento da população veio à necessidade de mais alimentos e fibras. O Homem ampliou sua área agrícola construíndo sistemas de irrigação em muitos outros vales, como por exemplo, a cerca de 3000 anos A.C. na Mesopotânia (JACOBSEN & ADAMS, 1958), na China a 2627 anos A.C. (THONE & PETERSON, 1949) e no Egito a 3000 anos A.C. (GULHATI & SMITH, 1967); próximo a nossa era, também foi constatado o aumento de áreas agrícolas devido à drenagem na América do Norte, no Japão e no Peru (GULHATI & SMITH 1967).

Embora os problemas da salinidade do solo tenham contribuído para o declínio de antigas civilizações (MAIERHOFER, 1962), existem evidências de que, para a agricultura irrigada, a importância da drenagem e do controle da salinidade do solo foram rapidamente entendidos como sendo de grande importância para a manutenção da produção agrícola. Na Mesopotâmia, por exemplo, o controle do lençol freático (LF) foi feito evitando-se o uso ineficiente da água de irrigação e realizando-se o manejo de práticas culturais, como o corte de halófitas em anos alternados. Culturas de sistema radicular muito profundo criavam no solo, uma zona seca, que impedia o aumento de sais devido à capilaridade (JACOBSEN & ADAMS, 1958).

Durante o período de 1122 anos A.C. a 220 anos D.C., solos salino–sódicos, existentes na planície do norte da China, foram recuperados, por lixiviação, com o uso de sistemas de irrigação e drenagem para o plantio de arroz e, por colmatação, em épocas de inundações (WEN & LIN, 1964).

No primeiro século A.C., historiadores romanos descreviam como deveria ser trabalhado o solo de forma que se obtivesse êxito com a maneira de se dispor os drenos em campo e construí-los, de modo a manter as suas características construtivas. No segundo século A.C., os romanos já se referiam à necessidade da remoção da água dos campos encharcados (WEAVER, 1964), demonstrando que durante a civilização romana, o conhecimento da drenagem subterrânea com suas particularidades, já era conhecido.

Durante a Idade Média, nos países do mar do Norte, grupos de pessoas começaram a recuperar planícies e pântanos, drenando o excesso de água através de sistemas de valas. A recuperação de solos usando a drenagem por gravidade também foi praticada no Japão (KANEKO, 1975). O uso do moinho de vento para bombear a água fez tornar possível transformar lagos profundos em pôlderes, como, por exemplo, o Beemster Polder na Holanda, finalizado em 1612, no qual foram recuperados 7.000 ha (LEEGHWATER, 1990).

Durante os séculos XVI, XVII e XVIII, técnicas de drenagem espalharam-se pela Europa, incluindo a Rússia (NOSENKO & ZONN, 1976) e pelos Estados Unidos (Wooten, Jones 1955). A invenção da máquina a vapor no início de século XIX trouxe um aumento considerável na capacidade de bombeamento, o que permitiu recuperar áreas de grandes lagos, como o de Haarlemmermeer, com 15.000 ha a sudoeste de Amsterdã, em 1852.

No século XVII, a remoção do excesso de água com drenos tubulares foi iniciado na Inglaterra. Em 1810, tubos cerâmicos começaram a ser utilizados, e depois de 1830, iniciou-se o uso de tubos de concretos feito com cimento Portland (DONNAN, 1947). A instalação mecanizada de drenos tubulares foi realizada pela primeira vez na Inglaterra e de lá se espalhou para a Europa e Estados Unidos em meados do século XIX (NOSENKO & ZONN, 1976). Em 1906, nos Estados Unidos, máquinas de escavação e de terraplenagem, movidas por motores a vapor foram substituídas por maquinas do tipo "dragline", dando maior capacidade de instalação de drenos entubados (OGROSKY & MOCKUS, 1964).

No século XX, foram desenvolvidas máquinas de escavação com maior velocidade de instalação de drenos subterrâneos. Este desenvolvimento foi acompanhado por uma mudança do uso de tubos cerâmicos de paredes espessas para tubos plástico, em 1940, seguidos pelos de PVC corrugado na década de 1960. Atualmente, máquinas modernas regulam a profundidade de instalação dos drenos subterrâneos a partir de um feixe de laser.

A rápida instalação de drenos subterrâneos feita por modernas máquinas especializadas é importante em áreas sujeitas à inundação, onde o número de dias viáveis de cultivo é limitado, e em áreas intensamente irrigadas, que são trabalhadas durante todo ano. Entretanto, é bom observar que sistemas de drenagem subterrânea mecanicamente instalados não são necessariamente melhores do que os sistemas mais antigos, instalados manualmente. Há muitos exemplos de antigos sistemas de drenagem que ainda funcionam satisfatoriamente; como por exemplo, um sistema instalado há 100 anos, que drena uma área de 100 ha, instalado na Academia Agrícola da Byelorussia (NOSENKO & ZONN, 1976).

Desde 1960, novas máquinas de drenagem e novos materiais de drenagem têm sido utilizados nas mais diversas partes do mundo. Na Holanda, por exemplo, fibras de coco pré-envolvidas nos tubos de drenagem foram amplamente aplicadas, sendo depois substituídas por envoltórios sintéticos. No oeste dos Estados Unidos, o cascalho é ainda utilizado largamente, como envoltório, por estar mais disponível do que na Europa. Nos países do Oriente Médio, de clima árido e semiárido, os engenheiros seguiram, inicialmente, as especificações do U. S. Bureau of Reclamation (1978) para projetos de envoltórios com cascalho. No entanto, o alto custo com transporte deste material fez com que os projetistas de países como o Egito (METZGER *et al.*, 1992), Índia (KUMBHARE *et al.*, 1992) e Paquistão (HONEYFIELD & SIAL, 1992) preferissem os tubos-dreno pré-envolvidos com envoltório de material sintético.

Como foi ilustrado no esboço histórico, a Drenagem foi, durante séculos, uma prática realizada com base na experiência local e gradualmente se tornou uma arte com aplicabilidade mais geral. Contudo, só depois das experiências de Darcy, em 1856, que as teorias desenvolvidas permitiram que a drenagem pudesse se tornar uma ciência da Engenharia (RUSSELL, 1934; HOOGHOUDT, 1940; ERNST, 1962; KIRKHAM, 1972). E embora essas teorias agora formem a base do dimensionamento dos sistemas da drenagem moderna, sempre se manteve um elemento de "arte" na Drenagem. Não é possível dar previamente uma solução teórica para todos os problemas de drenagem: o bom senso da Engenharia se faz necessária para obtenção do sucesso na resolução dos problemas.

Atualmente, os modelos computacionais, sejam de simulação ou de projeto, como o SWATRE (FEDDES *et al.*, 1978; FEDDES *et al.*, 1993), o SALTMOD (OOSTERBAAN & ABU SENNA, 1990), o DRAINMOD (KAGGS, 1980), o SGMP (BOONSTRA & RIDDER, 1981), entre outros, são ferramentas poderosas para avaliar o desempenho teórico e os métodos alternativos de drenagem. Hoje em dia, no entanto, o desempenho não é só visto da perspectiva da produção agrícola, mas cada vez mais do ponto de vista ambiental. A preocupação ambiental centra-se na salinidade, na diversidade de crescimento das plantas e na descarga de efluentes da drenagem que seguirão à jusante, o que se tornou um grande problema ambiental.

No Brasil, a expansão da Drenagem Agrícola se deveu, principalmente, aos trabalhos desenvolvidos pelo Programa Nacional de Aproveitamento Racional das Várzeas – PROVÁRZEAS, que vigorou entre os anos de 1973 e 1987, incorporando ao processo produtivo 768.000 ha, os quais foram sistematizados e drenados, principalmente por meio de valas abertas. No Nordeste, na década de 70, quando a irrigação começou a se expandir, os processos de salinização dos solos também se agravaram. Como forma de se precaver do avanço da salinização dos solos, técnicas de drenagem tiveram suas primeiras aplicações em perímetros irrigados da CODEVASF, como forma de manter a conservação do solo e da água nessas áreas irrigadas.

Da mesma forma como aconteceu em outros países, o Brasil também buscou na irrigação a saída para o aumento da produção agrícola. No entanto, esse avanço não planejado teve como consequência a degradação dos solos. As pesquisas com salinidade do solo, juntamente, com as técnicas de drenagem, em áreas semi-áridas, resolveram os problemas de encharcamento e de salinização das áreas degradadas simultaneamente.

A Drenagem Agrícola em regiões semi-áridas é uma prática de manejo de água que não pode estar desassociada da irrigação. No planejamento para implantação de uma área irrigada, os estudos básicos a serem realizados devem considerar os conhecimentos da drenabilidade dos solos, como forma de assegurar, no futuro, que não ocorra problemas de drenagem.

Com o aumento das áreas irrigadas, principalmente, na região Semi-Árida do Brasil, por meio da iniciativa privada e pública, é de se prever que a necessidade destes estudos esteja cada vez mais presente nos projetos de irrigação, como forma de prevenir a degradação dos solos.

Os benefícios da drenagem, ou seja, o ganho que se obtém pela disponibilizaçao de áreas com solos de melhor qualidade ou com a manutenção da sustentabilidade dos solos de áreas irrigadas, estão associados a certas desvantagens. Normalmente, a melhoria ou ganho em um local acarreta perdas de um ecossistema em outro; problemas ambientais, criados pela eliminação de efluentes de drenagem poluídos com sais, nitratos, herbicidas, pesticidas e outros poluidores, acarretam perda da sustentabilidade ambiental.

A introdução de um sistema de drenagem em uma área implica na manipulação do meio ambiente. Um sistema natural é uma organização dinâmica de plantas e animais existentes no meio ambiente. Para tanto, o desenvolvimento bem sucedido de um sistema de drenagem depende da utilização racional dos recursos ambientais; melhorando o planejamento e a implementação de projetos, objetiva-se o uso sustentável do solo na área manipulando-o de forma que sua produtividade e sua fertilidade não diminuam com o tempo em detrimento do bem-estar humano. Um planejamento cuidadoso pode manter os impactos sobre o ambiente da bacia hidrográfica dentro de limites aceitáveis.

1.3 – Problemas relacionados ao excesso de água nos solos

a) Déficit de aeração

Dados da literatura revelam que a quantidade de oxigênio disponível nos poros do solo de forma estática varia de cerca de 5 a 30 litros por m^3 de solo. Já a taxa de consumo de oxigênio pelas raízes e micro flora e fauna do solo é de cerca de 10 a 20 litros/m^3/dia. Assim, se a entrada de oxigênio na zona radicular for bloqueada, em algumas horas ou, no máximo, em poucos dias, ocorrerá déficit de O_2. Portanto, para o bom desenvolvimento das plantas, existe sempre a necessidade de haver troca de gases entre a atmosfera externa e a atmosfera do solo; a entrada de O_2 no solo e saída de CO_2 é denominada aeração do solo (Figura 1.1).

Figura 1.1 – Fenômeno da aeração da zona radicular

A aeração pode se dar por fluxo da massa ou por difusão. O fluxo de massa é o movimento em resposta ao gradiente total de pressão gasosa, enquanto a difusão se dá devido à diferença de concentração de um determinado gás (pressão parcial do gás).

O fluxo de massa pode decorrer da ação da chuva ao infiltrar, expulsando os gases do solo, ou da evapotranspiração, que acarreta a entrada de ar. Pode ser causado, também, pela ação do vento na superfície do solo ou pelas variações da pressão atmosférica local. Sabe-se, entretanto, que o fluxo de massa é responsável por uma parcela pequena da aeração, algo em torno de 5%, ou seja, a difusão é responsável por cerca de 95% das trocas.

A difusão do O_2 no ar é descrita pela Lei da Difusão dos Gases ou Lei de Fick, dada pela equação 1.1:

$$q_{ar} = Do \, . \frac{\Delta C}{L} \tag{1.1}$$

Em que:

q_{ar} – taxa de difusão de O_2 no ar, moles.cm^{-2}.s^{-1};

Do – coeficiente de difusão do O_2 no ar, cm^{2}.s^{-1};

ΔC – diferença de concentração de O_2, moles.cm^{-3}; e

L – distância entre os 2 pontos considerados, cm.

No caso da difusão de O_2 no solo, o coeficiente de difusão se altera, pois a trajetória através dos poros do solo não é retilínea, o que leva à equação 1.2:

$$q_{solo} = Ds \, . \frac{\Delta C}{L} \tag{1.2}$$

Sendo:

$$Ds = Do \, . (\theta sat - \theta atual) . \left(\frac{L}{Le} \right)^2 \tag{1.3}$$

Em que:

q_{solo} – taxa de difusão do oxigênio no solo, moles.cm^{-2}.s^{-1};

Ds – coeficiente de difusão do oxigênio no solo, cm^{2}.s^{-1};

θsat – umidade volumétrica do solo saturado, cm^{3}.cm^{-3};

θatual – umidade volumétrica atual do solo, cm^{3}.cm^{-3};

Le – distância em trajetória tortuosa através de 2 pontos do solo, cm; e

L – distância retilínea entre 2 pontos do solo, cm.

Observando-se a equação 1.3 verifica-se que, à medida que o solo se aproxima da saturação, Ds tende a diminuir, comprometendo a difusão do oxigênio da atmosfera externa para a zona radicular. Isto ocorre por que o coeficiente de difusão do oxigênio na água é muito baixo, cerca de 10.000 vezes menor do que Do. Assim, caso haja água empoçada sobre a superfície do solo ou presença de LF submergindo as raízes, a tendência é de haver uma redução da concentração de O_2 no solo e um aumento da concentração de CO_2.

A Tabela 1.1 mostra valores de concentração de gases dissolvidos na água de inundação de um solo, em função do tempo após o início da inundação (CRUCIANI, 1987).

Tabela 1.1 – Concentração de gases na água de inundação de um solo vegetado com milho em função do tempo após o início da inundação

Concentração dos gases (%)	N_2	O_2	CO_2	Argônio
Iníco	67,5	30	1,0	1,5
Ao fim de 2 horas	46	18	35	1,0
Ao fim de 3 dias	36	4	59,3	0,7

Observando-se a Tabela 1.1, verifica-se que a concentração de oxigênio caiu de 30 para 4%, enquanto a concentração de CO_s aumentou de 1,0 para 59,3% em 3 dias de encharcamento. Tal mudança drástica nos componentes gasosos da solução do solo acarreta uma série de consequências à planta, tais como:

1 – Impermeabilização da parede celular das células das raízes, causando redução da absorção de água, o que leva ao murchamento das folhas;

2 – Redução da absorção de íons e do transporte desses para a parte aérea, causando amarelecimento das folhas;

3 – Redução da síntese de compostos orgânicos e hormônios pela raiz, seguido de queda das folhas mais velhas;

4 – Morte de raízes e, em algumas plantas, lançamento de raízes adventícias, como um último esforço de sobrevivência; e

5 – Redução da produtividade ou morte da planta, caso o encharcamento se prolongue.

Experimentos têm sido desenvolvidos a fim de se verificar se pequenos estresses por encharcamento seriam capazes de "condicionar" plantas, para suportar um estresse rigoroso em um estádio de desenvolvimento mais delicado, como a floração, por exemplo. Os dados indicam que realmente existem adaptações morfo-fisiológicas, como o desenvolvimento de raízes adventícias e aumento do aerênquima. Entretanto, trata-se de um efeito muito pequeno para a maioria das culturas mesófitas, quando comparado com aquele proporcionaldo pela realização de drenagem adequada do solo (CALHEIROS, 2000).

b) Redução da concentração de nitrogênio no solo

Solos mal drenados geralmente apresentam-se pobres em nitrogênio devido, principalmente, a três fenômenos:

1 – No processo de respiração aeróbica, a matéria orgânica perde elétrons e se oxida, enquanto o oxigênio recebe elétrons e se reduz. Quando o solo é encharcado, as bactérias aeróbicas do solo morrem ou entram em estado de dormência, aumentando o número de bactérias anaeróbicas. Estas utilizam outros elementos como aceptores de elétrons, como o nitrato, conforme a seguinte reação:

$$C_6H_{12}O_6 + 4.NO_3^- \rightarrow 6.CO_2 + 6.H_2O + 2.N_2\uparrow$$

Pode-se verificar que o nitrogênio do nitrato, que tinha carga (+5), se transforma em N_2 gasoso, que possui carga (0), ou seja, o nitrogênio se reduz e se perde para a atmosfera. As bactérias responsáveis por esse fenômeno são chamadas de denitrificadoras e o processo de denitrificação.

2 – Boa parte do aporte de nitrogênio mineral para o solo provém da decomposição da matéria orgânica do solo, processo esse que se torna extremamente lento quando o solo está saturado.

3 – As bactérias fixadoras do nitrogênio atmosférico (azotobacter) são predominantemente aeróbicas, tendo sua população reduzida quando há encharcamento.

Em alguns países, como nos Estados Unidos, por exemplo, há estudos que visam verificar se sistemas de drenagem menos intensivos podem minimizar a contaminação da zona saturada com nitrato. A idéia é a de que, quando o LF é mantido mais raso, o nitrato que se perde por percolação profunda penetra em um ambiente menos aerado mais rapidamente e tende a se denitrificar, diminuindo a possibilidade de contaminação da água que sai pelos drenos (ver Capítulo 10).

Experimentos conduzidos no sentido de verificar se uma adubação nitrogenada de cobertura, realizada após encharcamento do solo, poderia minimizar o efeito danoso da inundação, mostraram resultados positivos. Entretanto, o incremento de produção devido ao complemento nitrogenado em solo encharcado é, geralmente, muito pequeno quando se compara com tratamentos onde houve drenagem adequada do solo.

c) Redução da temperatura do solo

Este é um problema que ocorre mais comumente em países de clima temperado. Quando o inverno é úmido, um dos objetivos da drenagem nesses países é manter o LF controlado, para que o solo mais seco se aqueça na primavera, a tempo de permitir a germinação de sementes na época ideal, evitando atrasos na germinação.

Solos muito úmidos se mantêm mais frios devido à maior evaporação em sua superfície, ao seu maior calor específico, que atrasa o aquecimento, e à sua maior condutibilidade térmica, que faz com que o calor da superfície aquecida pelos raios solares se perca para as camadas mais profundas, que estão frias. Na Tabela 1.2 são apresentados os valores de calor específico e de condutividade térmica da água e do ar, enquanto na Figura 1.2 pode-se observar o efeito da umidade sobre essas propriedades físicas do solo.

Tabela 1.2 – Valores de calor específico e condutibilidade térmica da água e do ar

	Calor específico $\left(\dfrac{\text{cal}}{\text{cm}^3.\ ^\circ\text{C}}\right)$	Condutibilidade térmica $\left(\dfrac{\text{mcal}}{\text{cm.seg.}\ ^\circ\text{C}}\right)$
Água	1,000	1,37
Ar	0,003	0,06

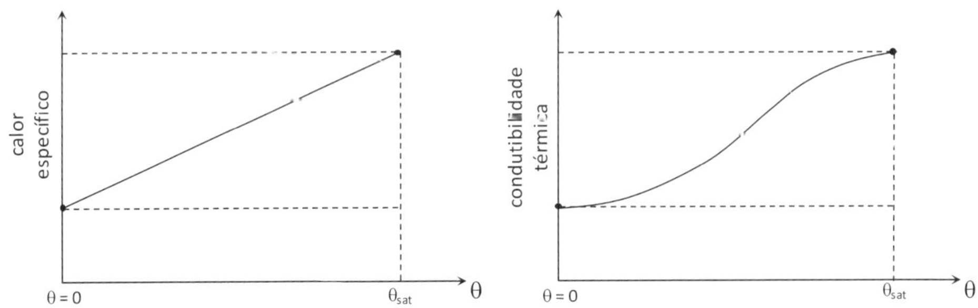

Figura 1.2 – Variação do calor específico e da condutibilidade térmica do solo em função da umidade do solo

Na Figura 1.3, apresenta-se um gráfico de experimento realizado na Holanda, mostrando o aquecimento do solo no início da primavera, em função da profundidade do LF. Pode-se observar que, quando o lençol é mantido a 1,65 m de profundidade, as temperaturas do solo são maiores do que quando o LF é mantido a apenas 0,45 m de profundidade.

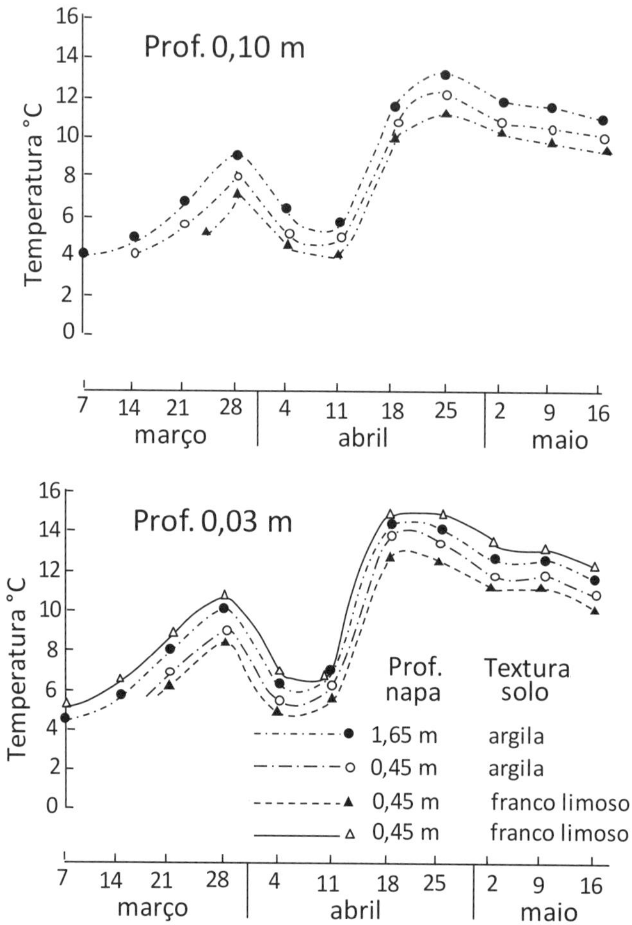

Figura 1.3 – Variação da temperatura do solo na primavera holandesa, medida a 0,10 m e 0,03 m, em função da profundidade do lençol freático

d) Presença de íons solúveis tóxicos

O ambiente anaeróbico propicia o crescimento da população de certas bactérias que, na ausência de oxigênio, utilizam outros elementos oxidados como aceptores de elétrons, acarretando sua redução. Este é o caso do manganês, do ferro e do enxofre:

$$MnO_2 \rightarrow Mn^{+2}$$

$$Fe(OH)_3 \rightarrow Fe^{+3}$$

$$SO_4^{-2} \rightarrow S^{-2}$$

A forma reduzida desses elementos (do lado direito das equações de reação apresentadas anteriormente) é solúvel e pode atingir níveis tóxicos; experimentos revelam que concentrações maiores que 10 mg/L de Fe^{+2} ou Mn^{+2}, e maiores que 2,5 mg/L de S^{-2} podem ser tóxicas às raízes que ainda não morreram devido à falta de aeração.

e) Tendência à formação de estrutura maciça

Solos que são formados em condições de encharcamento tendem a ter estrutura pobre, pois não se beneficiam do ciclo de molhamento e secamento, que favorece a estruturação dos solos bem drenados. Além desse aspecto relacionado à própria gênese do solo mal drenado, existe também um efeito do seu manejo: é comum se realizar o preparo de solos hidromórficos quando os mesmos ainda se encontram com umidade muito elevada, o que acarreta a compactação (SALGADO, 1986).

Na Figura 1.4 está esquematizado o efeito da drenagem do solo sobre o arranjo poroso do mesmo. Verifica-se que, quando é realizada drenagem superficial e subterrânea do solo, o mesmo passa a apresentar um maior volume de poros com ar (macroporos), revelando sua melhor estruturação.

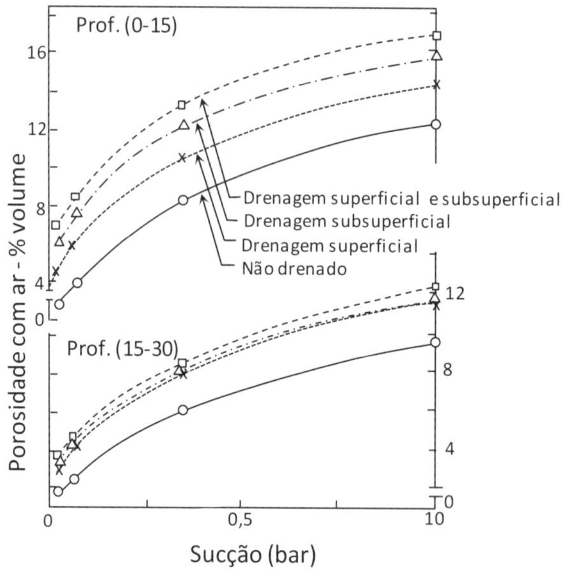

Figura 1.4 – Porosidade livre de água, para duas profundidades de amostragem e diferentes tipos de manejo, em função da tensão à qual essas amostras são submetidas

f) Tendência à salinização e sodificação

Em regiões úmidas, os sais provenientes do entemperismo das rochas são intensamente lavados, atingindo a zona saturada e movimentando-se dessa zona para os rios e desses para os mares. Já em zonas áridas e semiáridas, como a lavagem é deficiente devido à menor precipitação, existe o risco de áreas mais baixas e mal drenadas apresentarem lençol salino à pouca profundidade. Esses sais, devido ao fluxo ascendente em direção à superfície do solo causado pelo gradiente de potencial gerado pela evapotranspiração, podem salinizar e sodificar a superfície, o que é conhecido como salinização natural ou primária. A salinização pode ser acarretada também pela ascensão do LF devido às perdas de água dos sistemas de irrigação, quando não se realiza manutenção do sistema de drenagem ou quando a drenagem é inexistente; nesse caso a salinização é denominada antrópica ou secundária (ver Capítulo 4).

g) Tendência ao aparecimento de doenças e de ervas higrófilas

Embora ainda pouco estudadas, existem correlações entre o manejo da umidade do solo e a ocorrência de problemas fitopatológicos. Assim, o excesso de água no solo pode favorecer o aparecimento de certas doenças como a fusariose da batata, o mofo branco do feijoeiro, a rizoctoniose da hortelã, entre outras.

A presença de vegetação típica de terrenos encharcados também pode ser problemática. Esse é o caso, por exemplo, da cana-do-brejo, do lírio-do-brejo, e da taboa. Essa última pode ser problema relevante para a menutenção de coletores e canais principais de sistemas de drenagem, exigindo o uso de herbicidas específicos que não afetam a qualidade da água nos drenos abertos (valas).

h) Confinamento da zona radicular

A presença de lençol freático alto por longos períodos pode acarretar o confinamento de raízes na parte superficial do solo, onde a aeração é melhor. O fato das raízes não explorarem camadas de solo mais profundas pode aumentar a susceptibilidade à veranicos e à tombamentos causados pela ação do vento. Na Figura 1.5 pode-se verificar que, quando o LF é mantido mais profundo (L1), a massa de raízes encontradas em tradagens realizadas a diversas profundidades é maior do que quando o LF é mantido raso (L5).

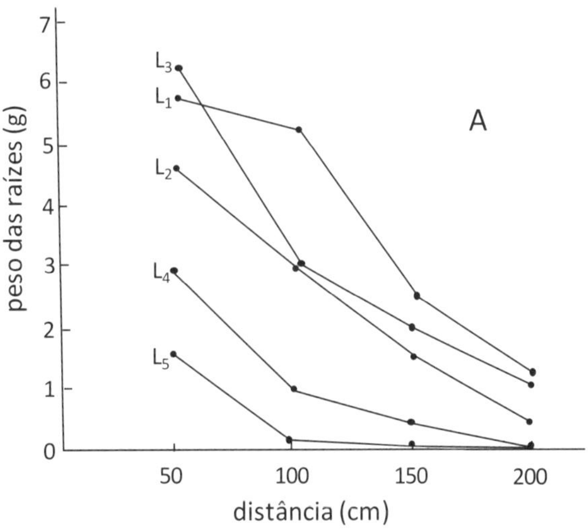

Figura 1.5 – Peso de raízes em amostras de solo de mesmo volume, retiradas à diferentes profundidades, na zona radicular de uma variedade de citros, em função da profundidade em que o lençol freático está sendo mantido: L_1 = 171 cm; L_2 = 148 cm; L_3 = 107 cm; L_4 = 78 cm e L_5 = 53 cm

CAPÍTULO 2

O MOVIMENTO DA ÁGUA NO SOLO

2.1 – Fluxo de água no solo

2.1.1 – Introdução

Drenagem é o processo pelo qual a fase líquida no solo é reposta vagarosamente pela fase gasosa no solo. Esses processos podem ser descritos combinando as equações de fluxo de água no solo com as expressões de balanço de massa para assim formar as equações diferenciais parciais para o fluxo (McWORTHER & MARINELLI, 1999).

Sabe-se que a água desloca-se de regiões de maior para menor energia, ou seja, a tendência expontânea e universal de toda matéria na natureza é assumir um estado de energia mínimo, procurando dessa forma um equilíbrio com o meio ambiente.

Quando existir uma diferença de energia entre os pontos A e B (Energia em A > Energia em B), ter-se-á o movimento de A para B, desde que haja continuidade do meio proroso entre A e B. E isso irá continuar até que a Energia total no ponto A fique igual à Energia Total no ponto B.

A denominação dessa energia dá-se por Potencial Total da Água e a sua obtenção depende da característica de umidade em que se encontra o solo (na saturação ou em não saturação). Esse potencial pode ser considerado como uma estimativa do estado de energia da água, uma vez que a outra forma de energia classicamente reconhecida pela física, a energia cinética, é geralmente desprezível, devido às baixíssimas velocidades com que a água se move no solo.

As diferenças do potencial total ao longo dos diferentes pontos no sistema dão origem ao movimento da água no solo.

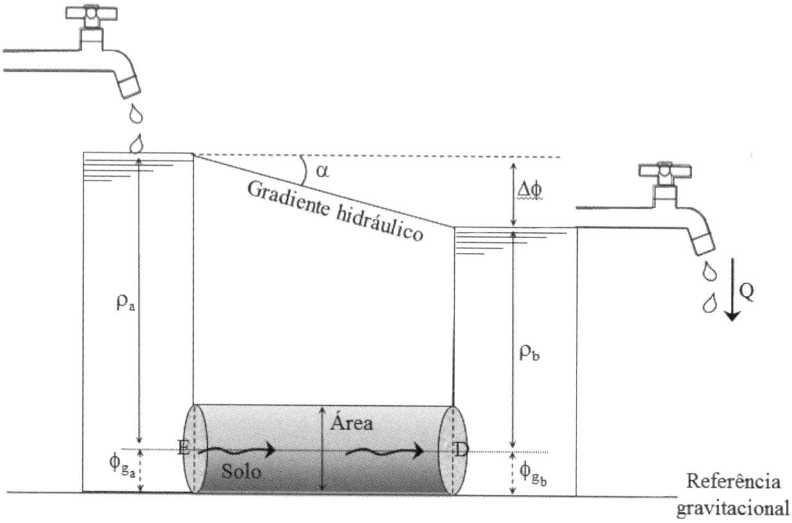

Figura 2.1 – Esquema do experimento desenvolvido por Henry Darcy (1856)

2.1.2 – O estado padrão de energia da água

a) Unidades de potencial

Os potenciais da água no solo tendo sido definidos a partir do conceito de potencial químico de uma substância; tem como unidade energia por unidade de massa de água (J kg^{-1}) ou energia por unidade de volume de água (J m^{-3}). No segundo caso, tem-se o seguinte desenvolvimento:

$$\frac{E}{V} = \frac{J}{m^3} = \frac{N \times m}{m^3} = \frac{N}{m^2} = Pa \text{; unidade de pressão} \qquad (2.1)$$

Além de expressar os potenciais em Pascal, é muito comum e convencional expressar os potenciais da água em termos de uma coluna de água. Nesse caso considera-se um terceiro caso de energia intensiva, ou seja, energia por unidade de peso:

$$\frac{E}{Peso} = \frac{joule}{Newton} = \frac{N.m}{N} = \text{metros de coluna d'água} \qquad (2.2)$$

Por outro lado, sabe-se, da Física, que a massa específica (ρ) é dada pela expressão (2.3), qual seja:

$$\rho = \frac{\text{massa}}{\text{Volume}} \quad \therefore \quad \text{Volume} = \frac{\text{massa}}{\rho} \tag{2.3}$$

Portanto, para converter energia com base em energia com base em volume, basta substituir o Volume da equação (2.1) pelo o obtido em (2.3), ou seja:

$$\frac{\text{Energia}}{\text{Volume}} = \frac{\text{Energia}}{\left(\frac{\text{massa}}{\rho}\right)} = \rho \, . \frac{\text{Energia}}{\text{massa}} \tag{2.4}$$

b) Relação entre algumas unidades usuais práticas:

1atm = 760 mm de Hg = 1 $\frac{\text{kgf}}{\text{cm}^2}$ = 10,33 mca

1atm = 1,01325 bar = 101.325 Pa = 101,325 kPa = 0,101325 MPa

1” = 0,0254 m

1 PSI = 0,068 atm = 0,68 mca

2.1.3 – Lei de Darcy

O engenheiro hidráulico Henry Darcy, em 1856, por meio de observações de infiltração de solução em colunas de areia homogênea, em condições de saturação, após uma série de experimentos, obteve a seguinte relação (eq. 2.5), que mostra que a água em estado líquido move-se na existência de um gradiente de potencial nos diferentes pontos de um sistema, no sentido do maior para o menor potencial (Figura 2.1).

$$q = -\text{Ko}\frac{\Delta\phi t}{L} \tag{2.5}$$

Em que:

q – vetor de densidade de fluxo de água no solo, L T^{-1};

K_o – condutividade hidráulica do solo saturado, L T^{-1}; e

$\frac{\Delta\phi t}{L}$ – gradiente do potencial total da solução na direção horizontal, adimensional.

Convencionou-se, para facilitar a compreensão, analisar sob o eixo de coordenadas cartesianas, em que:

ϕT_C – Potencial total do ponto de cima;

ϕT_B – Potencial total do ponto de baixo;

ϕT_D – Potencial total do ponto da direita; e

ϕT_E – Potencial total do ponto da esquerda.

Portanto, diante da Figura 2.2, pode-se representar a Equação de Darcy nas diferentes direções:

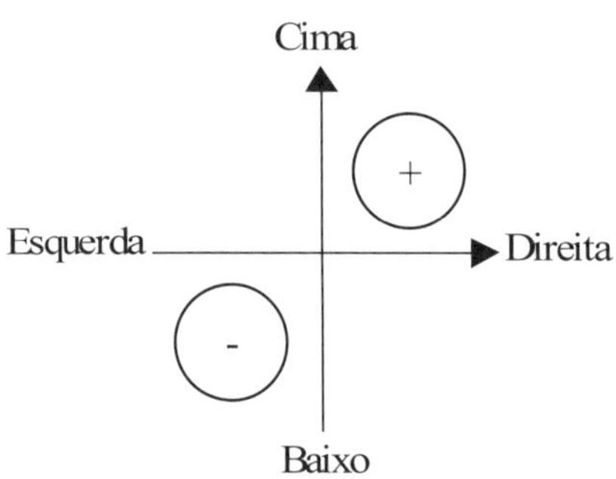

Na vertical:

$$q = -Ko.\frac{(\phi T_c - \phi T_B)}{L} \quad (2.6)$$

Na horizontal:

$$q = -Ko.\frac{(\phi T_D - \phi T_E)}{L} \quad (2.7)$$

Figura 2.2 – Representação esquemática do sentido de movimento de água do solo

Em que:

q – densidade de fluxo da água no solo, $L.T^{-1}$;

Ko – condutividade hidráulica da água no solo, $L.T^{-1}$;

ϕT – potencial total da água no solo, L; e

L – distância entre doi pontos no solo, L.

Portanto, para o cálculo do potencial total, nos respectivos pontos, tanto em condições de saturação (com o componente gravitacional e de pressão), quanto não saturação (com o surgimento do potencial mátrico), seguem-se as equações abaixo:

Na Saturação (na vertical):

$$\phi Tc = \phi g_C + \phi p_C \qquad \phi T_B = \phi g_B + \phi p_B \qquad (2.8)$$

Na Não Saturação (na vertical):

$$\phi Tc = \phi g_C + \phi m_C \qquad \phi T_B = \phi g_B + \phi m_B \qquad (2.9)$$

Na Saturação (na horizontal):

$$\phi T_D = \phi g_D + \phi p_D \qquad \phi T_E = \phi g_E + \phi p_E \qquad (2.10)$$

Na Não Saturação (na horizontal):

$$\phi T_D = \phi g_D + \phi m_D \qquad \phi T_E = \phi g_E + \phi m_E \qquad (2.11)$$

2.2 – A condutividade hidráulica do solo saturado

2.2.1 – Conceito

A condutividade hidráulica pode ser definida como sendo o coeficiente de proporcionalidade apresentado pela equação de Darcy, o qual expressa a "facilidade" com que determinado fluido se desloca no meio poroso, mostrando-se dependente das características do meio e do fluído. O principal aspecto a ser observado é que os valores determinados para a condutividade hidráulica no ponto de saturação atingem os valores máximos para esse parâmetro, pois os poros do solo estão completamente preenchidos com água, ao passo que em pontos de não saturação a presença de ar nos poros impede de certa forma o movimento da água, fazendo com que a condutividade hidráulica decresça de forma exponencial, à medida que a umidade do solo diminui (REICHARDT, 1993).

2.2.2 – Métodos de determinação

Existem diversos métodos para a determinação da condutividade hidráulica do solo saturado; tanto métodos de laboratório, como os permeâmetros de carga constante e variável, quanto métodos de campo, como os métodos do Auger-Hole,

Piezômetro e do Poço Seco. A seguir são mostrados exemplos práticos desses dois métodos.

I) MÉTODOS DE LABORATÓRIO

a) Permeâmetro de Carga Constante

Com a utilização de um frasco de Mariotte, com o objetivo de formar uma lâmina de carga constante na superfície do solo, coleta-se em uma proveta o volume de água que atravessa a coluna de solo, até atingir fluxo constante. Nesse ponto, determina-se a vazão (Volume / Tempo); faz-se em torno de 3 repetições e tira-se uma média desses valores.

Com o diâmetro do cilindro, que está preenchido com o solo, determina-se a área pela qual o fluxo de água está atravessando. Aplica-se então a equação 2.12 para determinar o valor de Ko (condutividade hidráulica do solo saturado):

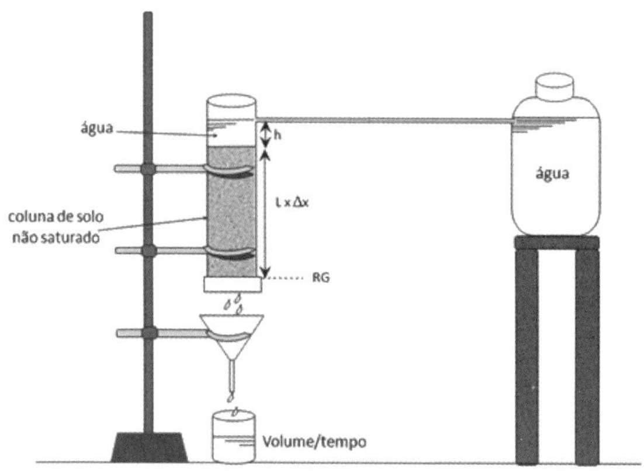

$$Ko = \frac{Q.L}{\text{Área}(L+h)} \qquad (2.12)$$

Figura 2.3 – Esquema do método do permeâmetro de carga constante

b) Permeâmetro de carga variável

Com a utilização de um funil invertido sobre uma coluna de solo, o objetivo desse método é obter a condutividade hidráulica do solo saturado, por meio, da medida de um intervalo de tempo gasto para sair de um ponto (h1) e chegar até um outro ponto (h2). Isso indiretamente, está relacionado com uma diferença de energia que ocorre entre os dois pontos. Portanto, dispara-se um cronômetro no ponto 1 (h1) e faz-se a leitura novamente do cronômetro quando o nível da água dentro do funil invertido, atingir o ponto 2 (h2). Faz-se em torno de 3 repetições e tira-se uma média desses valores.

Com o diâmetro do cilindro, que está preenchido com o solo, determina-se a área pela qual o fluxo de água está atravessando e com a área do tubo do funil, obtém-se a área "a". Aplica-se então a equação 2.13 para determinar o valor de Ko (condutividade hidráulica do solo saturado):

$$Ko = \frac{-Ln\left(\frac{h_2}{h_1}\right).a.\Delta x}{A.\Delta t} \quad (2.13)$$

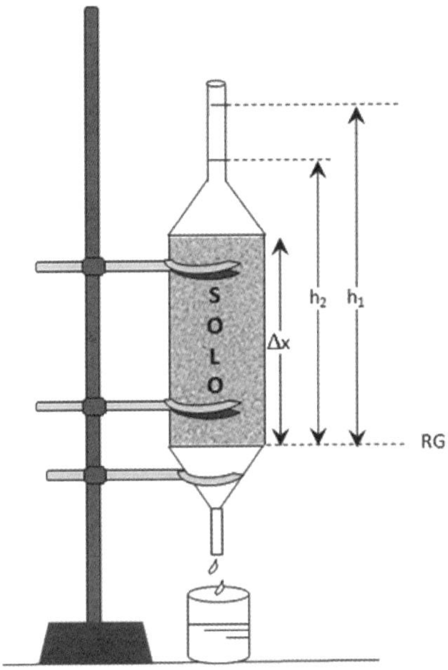

Figura 2.4 – Esquema do método do piezômetro de carga variável

II) MÉTODOS DE CAMPO

a) Método do Auger-Hole (ou Furo do Trado)

É um método de campo que avalia a condutividade hidráulica do solo saturado pela recuperação do lençol, em um buraco aberto por um trado (Figura 2.5).

Observações:

a) $G \geq H/2$ (Quando a camada impermeável é profunda);

G = 0 (Quando a camada impermeável é superficial);

- Deve-se evitar situações intermediárias

b) Recomenda-se que o fundo do poço fique uns 30 cm abaixo da profundidade onde irão ser instalados os drenos;

c) $\Delta Y \leq \frac{1}{4}\ YO$ = As leituras deverão ser feitas até atingir-se no máximo 25% de YO;

d) Pelo mesmo motivo deve-se evitar mais de 2 repetições num mesmo dia;

e) $Y = \dfrac{YT + YO}{2}$;

f) Deve-se preferir períodos em que o lençol esteja o mais alto possível para que a camada superficial seja amostrada;

g) Segundo o Boletim 38 da FAO (1979) esse método pode ser utilizado para profundidades de até 1,5 m.

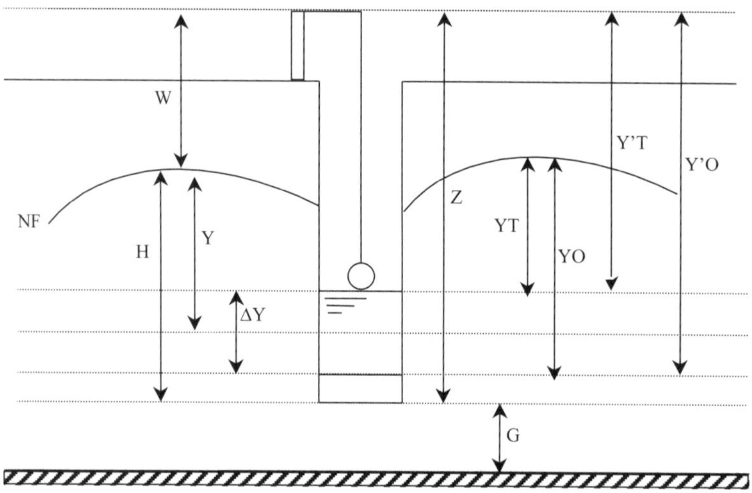

Figura 2.5 – Representação esquemática do movimento de água de um solo saturado para o furo feito por um trado

$G > H/2$ $\qquad\qquad$ $G = 0$

$$K = \frac{4000r^2}{(H+20r)\left(2-\frac{Y}{H}\right)Y}\frac{\Delta Y}{\Delta T} \qquad (2.14)$$

$$K = \frac{3600r^2}{(H+10r)\left(2-\frac{Y}{H}\right)Y}\frac{\Delta Y}{\Delta T} \qquad (2.15)$$

Em que:

K – condutividade hidráulica do solo saturado, m/dia;

ΔT – intervalo de tempo, s;

H – altura do lençol freático, em relação ao fundo do poço, cm; e

r – raio do furo do trado, cm.

Os componentes da equação podem ser facilmente extraídos observando-se o esquema anterior, no qual:

$$YO = Y'O - W$$

$$\Delta Y \leq 25\%\ YO$$

$$YT = Y'T - W$$

$$Y'T = Y'O - \Delta Y$$

Exercício proposto:

1) Determine a condutividade hidráulica horizontal de um solo, por meio dos resultados de um teste de furo do trado (Auger-Hole), apresentados a seguir:

Diâmetro do poço = 3 polegadas (considerar 1 polegada = 2,54 cm)

Profundidade do fundo do buraco, a partir de um plano localizado acima do solo = Z = 1,80 m

Profundidade da camada impermeável, a partir de um plano localizado acima do solo = 1,80 m (G=0)

W = 40 cm Y'O = 150 cm Y'T = 135 cm ΔT = 1'30"

Resposta: 0,38 m/dia ou 1,57 cm/h

b) Método do Piezômetro

Existem fórmulas especiais para o cálculo do espaçamento de drenos subterrâneos indicadas para solos com 2 camadas distintas. Nesse caso, é necessário se dispor de estimativas da condutividade hidráulica da camada superior (Ko1) e da condutividade hidráulica da camada inferior (Ko2). O método do piezômetro é um método parecido com o método do furo do trado que, embora de execução bem mais trabalhosa, permite calcular os valores de Ko1 e Ko2, separadamente.

A execução do método se inicia cravando-se no solo um tubo de aço zincado de 4" de diâmetro, cerca de 1,80 metros de comprimento, protegido por um anel de aço em uma das extremidades. Essa etapa é realizada por meio de pancadas dadas por um porrete de madeira sobre o anel de aço e, ao mesmo tempo, realizando-se tradagens no interior do tubo, com um trado holandês de 3" de diâmetro. Após se inserir o tubo de aço no solo, abre-se uma cavidade no fundo do poço, de comprimento L (Figura 2.6).

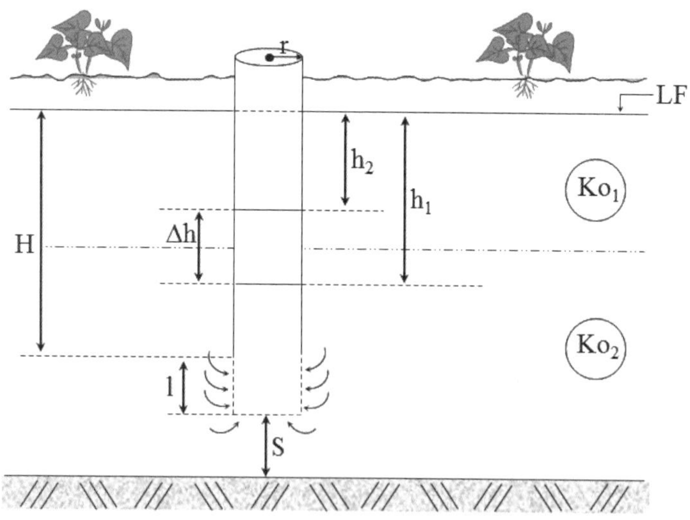

Figura 2.6 – Desenho esquemático do tubo de aço cravado no solo e da cavidade aberta abaixo do tubo (comprimeiro L), pela qual a água penetra, após o

rebaixamento por bombeamento, fazendo o nível d'água ascender de h1 para h2 (método do piezômetro)

Após a escavação do poço, e´ necessário determinar-se a distância entre o fundo poço e a posição estática LF (H), e as cargas h1 (logo após o rebaixamento do LF) e h2 (transcorrido um tempo Δt de recuperação do LF).

Tal como no método do furo do trado, recomenda-se que se considere apenas o início da recuperação do LF dentro do tubo, ou seja, que $\Delta h \leq \frac{1}{4}$ h1.

Terminando-se o teste, aplica-se a equação 2.16 para a determinação do Ko2:

$$Ko2 = \frac{2.714.r^2}{C.\Delta t} Ln\left(\frac{h1}{h2}\right) \qquad (2.16)$$

Em que:

Ko2 – condutividade hidráulica da camada inferior do solo, $m.d^{-1}$;

r – raio interno do tubo de aço, cm;

C – valor tabelado que é função de L/r; H/r e S/r (Tabela 2.1);

Δt – duração do processo de recuperação de um valor Δh, s;

L – comprimento da cavidade abaixo do tubo, cm;

H – distância do fundo do tubo ao nível estático do LF, cm; e

S – distância do fundo da cavidade à camada impermeável inferior, cm.

Exemplo:

Determinar o valor de Ko2, utilizando os dados a seguir, que são provenientes de um teste com um piezômetro de solo.

r = 4,3 cm

L = 10 cm

S = 17 cm

h1 = 70 cm

h2 = 60 cm

H = 80 cm

Δt = 28,13 seg

Solução:

$$\rightarrow \frac{L}{r} = \frac{10}{4{,}3} = 2{,}3$$

$$\rightarrow \frac{H}{r} = \frac{80}{4{,}3} = 18{,}6$$

$$\rightarrow \frac{S}{r} = \frac{17}{4{,}3} = 3{,}95$$

Realizando-se 7 interpolações lineares ("regras de três") na Tabela 2.1, obtém-se o valor $\frac{C}{r} = 13{,}58 \therefore C = 13{,}58 . 4{,}3 = 58{,}4$

Assim, substituindo-se os valores na equação (2.16), tem-se:

$$Ko2 = \frac{2.714 . r^2}{C . \Delta t} Ln\left(\frac{h1}{h2}\right)$$

$$Ko2 = \frac{2.714 . 4{,}3^2}{58{,}4 . 28{,}13} Ln\left(\frac{70}{60}\right) = 4{,}7 \text{ m/dia}$$

Observação: para se evitar fazer 7 interpolações lineares manualmente, foi desenvolvida, pelos alunos da PG do Depto. de Eng. de Biossistemas da ESALQ, uma planilha Excel que já executa essa tarefa rapidamente.

Tabela 2.1 – Valores do coeficiente C/r a serem usados no método do piezômetro

		S/r para camada impermeável							S/r para camada infinitamente permeável						
l/r	H/r	∞	8,0	4,0	2,0	1,0	0,5	0	∞	8,0	4,0	2,0	1,0	0,5	0
0	20	5,6	5,5	5,3	5,0	4,4	3,6	0	5,6	5,6	5,8	6,3	7,4	10,2	∞
	16	5,6	5,5	5,3	5,0	4,0	3,6	0	5,6	5,6	5,8	6,4	7,5	10,3	∞
	12	5,6	5,5	5,4	5,1	4,5	3,7	0	5,6	5,7	5,9	6,5	7,6	10,4	∞
	8	5,7	5,6	5,5	5,2	4,6	3,8	0	5,7	5,7	5,9	6,6	7,7	10,5	∞
	4	5,8	5,7	5,6	5,4	4,8	3,9	0	5,8	5,8	6,0	6,7	7,9	10,7	∞
0,5	20	8,7	8,6	8,3	7,7	7,0	6,2	4,8	8,7	8,9	9,4	10,3	12,2	15,2	∞
	16	8,8	8,7	8,4	7,8	7,0	6,2	4,8	8,8	9,0	9,4	10,3	12,2	15,2	∞
	12	8,9	8,8	8,5	8,0	7,1	6,3	4,8	8,9	9,1	9,5	10,4	12,2	15,3	∞
	8	9,0	9,0	8,7	8,2	7,2	6,4	4,9	9,0	9,3	9,6	10,5	12,3	15,3	∞
	4	9,5	9,4	9,0	8,6	7,5	6,5	5,0	9,5	9,6	9,8	10,6	12,4	15,4	∞
1,0	20	10,6	10,4	10,0	9,3	8,4	7,6	6,3	10,6	11,0	11,6	12,8	14,9	19,0	∞
	16	10,7	10,5	10,1	9,4	8,5	7,7	6,4	10,7	11,0	11,6	12,8	14,9	19,0	∞
	12	10,8	10,6	10,2	9,5	8,6	7,8	6,5	10,8	11,1	11,7	12,8	14,9	19,0	∞
	8	11,0	10,9	10,5	9,8	8,9	8,0	6,7	11,0	11,2	11,8	12,9	14,9	19,0	∞
	4	11,5	11,4	11,2	10,5	9,7	8,8	7,3	11,5	11,6	12,1	13,1	15,0	19,0	∞
2,0	20	13,8	13,5	12,8	11,9	10,9	10,1	9,1	13,8	14,1	15,0	16,5	19,0	23,0	∞
	16	13,9	13,6	13,0	12,1	11,0	10,2	9,2	13,9	14,3	15,1	16,6	19,1	23,1	∞
	12	14,0	13,7	13,2	12,3	11,2	10,4	9,4	14,0	14,4	15,2	16,7	19,2	23,2	∞
	8	14,3	14,1	13,6	12,7	11,5	10,7	9,6	14,3	14,8	15,5	17,0	19,4	23,3	∞
	4	15,0	14,9	14,5	13,7	12,6	11,7	10,5	15,0	15,4	16,0	17,6	20,1	23,8	∞
4,0	20	18,6	18,0	17,3	16,3	15,3	14,6	13,6	18,6	19,8	20,8	22,7	15,5	29,9	∞
	16	19,0	18,4	17,6	16,6	15,6	14,8	13,8	19,0	20,0	20,9	22,8	25,6	29,9	∞
	12	19,4	18,8	18,0	17,1	16,0	15,1	14,1	19,4	20,3	21,2	23,0	25,8	30,0	∞
	8	19,8	19,4	18,7	17,6	16,4	15,5	14,5	19,8	20,6	21,4	23,3	26,0	30,2	∞
	4	21,0	20,5	20,0	19,1	17,8	17,0	15,8	21,0	21,5	22,2	24,1	26,8	31,5	∞
8,0	20	26,9	26,0	25,5	24,0	23,0	22,2	21,4	26,9	20,6	30,6	32,9	36,1	40,6	∞
	16	27,4	26,3	25,8	24,4	23,4	22,7	21,9	27,4	29,8	30,8	33,1	36,2	40,7	∞
	12	28,3	27,2	26,4	25,1	24,1	23,4	22,6	28,3	30,0	31,0	33,3	36,4	40,8	∞
	8	29,1	28,2	27,4	26,1	25,1	24,4	23,4	29,1	30,3	31,2	33,8	36,9	41,0	∞
	4	30,8	30,2	29,6	28,0	26,9	25,7	24,5	30,8	31,5	32,8	35,0	38,4	43,0	∞

c) Método do Poço Seco

É um método que permite determinar Ko (condutividade hidráulica do solo saturado), em condições que o lençol freático está muito profundo, ou em que o LF não existe. Estas situações podem ocorrer quando se deseja medir Ko durante a estação seca de uma região; ocorre também em regiões áridas, quando se prevê que no futuro haverá formação de LF raso devido a perdas ocasionadas pela implantação de sistemas de irrigação.

Para se executar o método, é preciso abrir um furo com um trado de cerca de 1,2 m de profundidade e 10 cm de diâmetro. O furo é cheio com água proveniente de um tonel de 200 litros, através de uma mangueira cristal de ¾ de polegada, em cuja ponta se encontra acoplada uma mini-boia (Figura 2.7). A mini-boia garante que a água fique estabilizada na profundidade desejada (a cerca de 15 cm abaixo da boca do furo, aproximadamente).

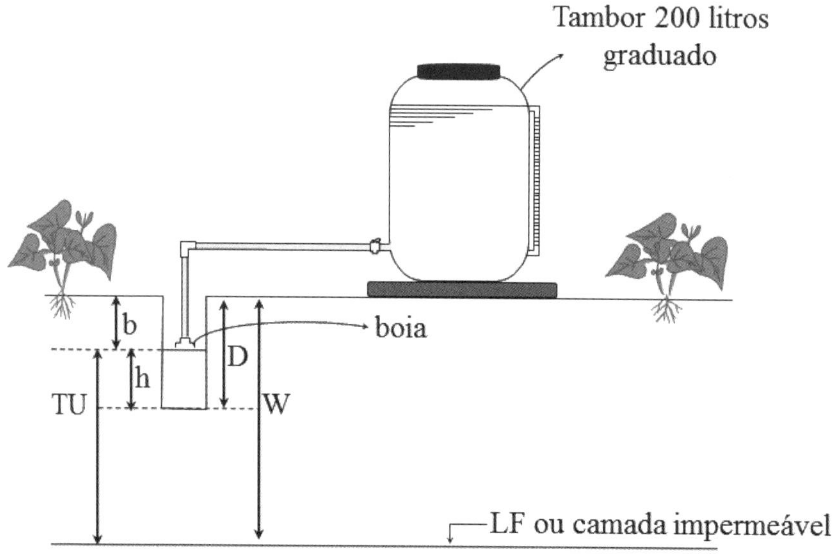

Figura 2.7 – Desenho esquemático dos dispositivos e dos elementos geométricos necessários à determinação da condutividade hidráulica do solo saturado em ausência de LF

Após a instalação, fazem-se leituras sucessivas do nível da água no tonel em função do tempo, até que se note que a vazão de saída se estabilizou (geralmente leva mais de 8 horas para que isto ocorra). Na sequência, mede-se o tempo para que o nível da água dentro do tonel decresça entre 10 a 20 cm, calculando-se, dessa forma, a vazão de saída (Q).

O cálculo de Ko é realizado por duas expressões, conforme as condições geométricas encontradas:

1º Caso) Tu ≥ 3h→ Ko é calculado pela equação (2.17):

$$Ko = \frac{\left[Ln\left(\frac{h}{r} + \sqrt{\left(\frac{h}{r}\right)^2 - 1} \right) - 1 \right].Q}{2.\pi.h^2} \qquad (2.17)$$

Em que:

Tu – distância do nível da água no poço ao LF, ou a uma camada impermeável, cm;

Ko – condutividade hidráulica do solo saturado, $cm.h^{-1}$;

h – altura d´água no poço, cm;

r – raio do poço, cm; e

Q – vazão infiltrante, $cm^3.h^{-1}$.

2º Caso) Tu < 3h→ Ko é calculado pela equação (2.18):

$$Ko = \frac{3.Ln\left(\frac{h}{r}\right).Q}{\pi.h.(h + 2.Tu)} \tag{2.18}$$

Observações:

1) Para ambos os casos, sugere-se que se respeite a relação $h \geq 10.r$;

2) Quando o solo é arenoso, muitas vezes é necessário o uso de dois tonéis em paralelo, conectados por um "tê" na mangueira cristal; e

3) É comum necessitar-se de uma quantidade de água maior do que aquela contida em 1 tonel para se conseguir estabilizar o sistema, e assim iniciar a cronometragem. Devido a esse fato, por segurança, o teste deve ser realizado próximo a uma fonte de água ou a um caminhão pipa.

Exemplo:

Na Figura 2.8 é apresentado um esquema de um teste de poço seco após estabilização. O raio do poço é de 5 cm e foi medido um volume infiltrante de 4 litros em 30 minutos. Determinar Ko para essas condições.

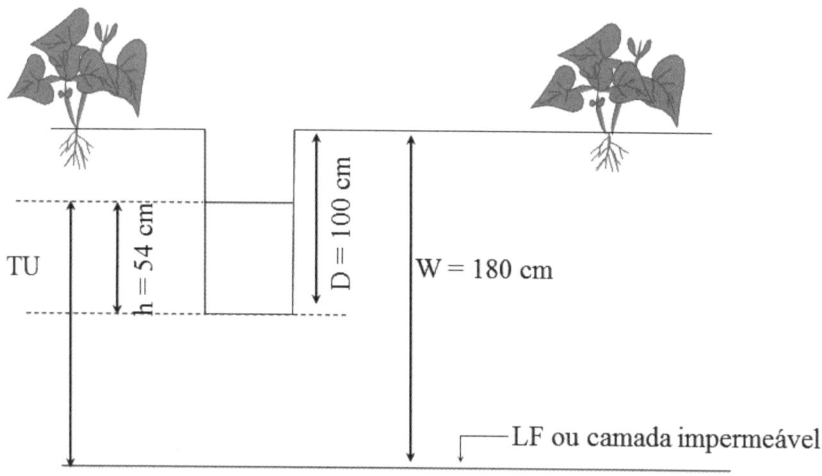

Figura 2.8 – Elementos geométricos necessários ao cálculo de Ko pelo método do poço seco

Solução:

→ Tu = 180 – 100 + 54 = 134 cm

→ 3.h = 3 . 54 = 162 cm

→ Como Tu < 3.h → 2ºCaso

→ Q = 4.000 cm³ / 0,5 horas = 8.000 cm³/h

$$\Rightarrow Ko = \frac{3.Ln\left(\frac{h}{r}\right).Q}{\pi.h.(h+2.Tu)} = \frac{3.Ln\left(\frac{54}{5}\right).8000}{\pi.54.(54+2.134)} = 1{,}045\,cm/h = 0{,}025\,m/dia$$

2.3 – Exercícios propostos:

a) Verifique se há movimento de água entre os pontos A e B. Se houver, qual o sentido em que a água está se movendo? Qual ponto no solo está mais úmido? Justifique a sua resposta.

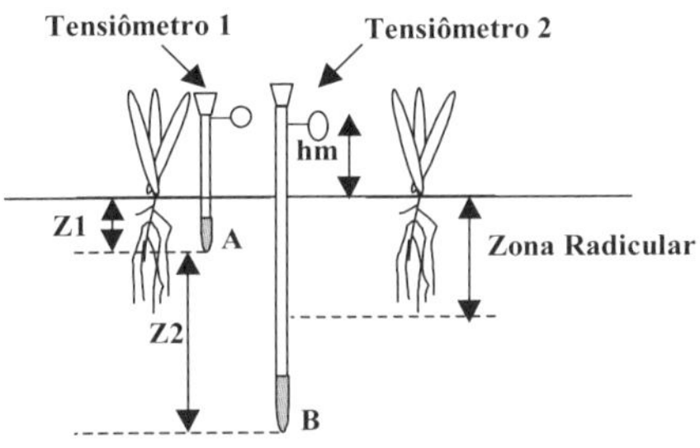

Dados:

Z1 = 30 cm

Z2 = 40 cm

Tensão no tensiômetro 1 = 7 kPa

Tensão no tensiômetro 2 = 11 kPa

Altura dos manômetros (hm) = 20 cm

Obs: A superfície do solo é a referência gravitacional

Resposta: sim, há movimento de A para B (ψTA≠ψTB); a água se move de A para B (ψTA=-7,98 kPa e ψTB=-15,91kPa); o ponto mais úmido é o ponto A (ψmA=-7kPa e ψmB=-11kPa).

b) Determine qual o volume de água que passará para a várzea, diante do esquema abaixo, sabendo-se que a extensão da camada impermeável é de 5000 m.

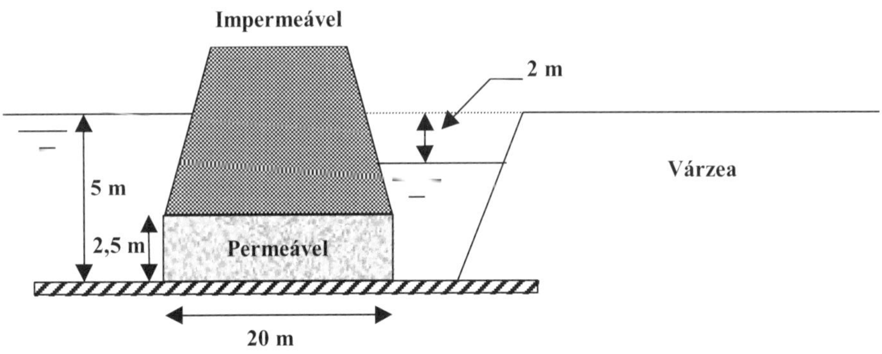

Resposta: 625 m^3/dia

c) Estimar a vazão que pode ser captada com uso de um dreno interceptor, conforme a seguir.

Solução:

Assumindo-se, por simplificação, que o fluxo seja horizontal, a linha piezométrica coincidirá com o lençol, cujo declive é 15%; assim, pela equação Darcy tem-se que:

$$q = -Ko.\frac{\Delta h}{\Delta x} = -1{,}0\,m/dia \times 0{,}15\,m/m = -0{,}15\,m/dia$$

$$Q = -q.A = 0{,}15\,m/dia.(50 \times 0{,}50)m^2 = 3{,}75\,m^3/dia$$

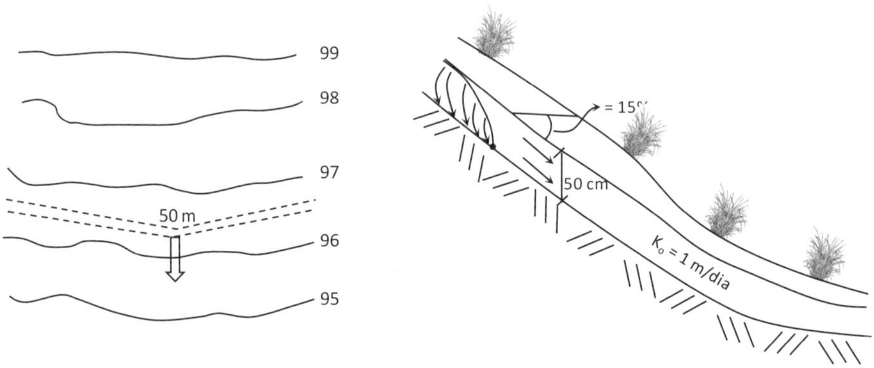

*Interceptação da água a montante de uma nascente.

Resposta: 3,75 m^3/dia

CAPÍTULO 3

ESTUDOS BÁSICOS PARA A DRENAGEM AGRÍCOLA

3.1- Fatores climáticos

3.1.1 – As recargas de projeto

O dimensionamento dos sistemas de drenagem subterrânea e superficial requer que se conheçam as recargas que esses sistemas serão capazes de controlar. Geralmente as recargas provenientes de "seepage", oriundo de encostas e canais de irrigação, são controladas com o uso de drenos interceptores. Assim, cabe aos drenos de campo controlar a recarga proveniente das precipitações pluviais e dos excedentes da irrigação; na maior parte do Brasil, as primeiras são bem mais intensas e, portanto, são utilizadas como recarga de projeto.

As precipitações pluviais incluem todas as formas de água que caem e atingem a superfície terrestre, proveniente do vapor d'água atmosférico. Em termos genéricos, incluem a chuva, a neve, o granizo, a geada e a neblina. Para as condições brasileiras a chuva é a forma mais abundante.

As estruturas de controle de águas naturais não são dimensionadas para serem capazes de comportar a máxima vazão absoluta que possa um dia vir a passar por elas. Primeiro, por que é impossível se conhecer a magnitude desse evento e, segundo, por que possivelmente a obra ficaria antieconômica; devem ser utilizadas vazões de dimensionamento que apresentem uma certa probabilidade de ocorrer, probabilidade essa que deve ser tanto menor quanto maior for a importância da estrutura. Tendo em vista que o sistema de drenagem ainda não foi implantado, e consequentemente as vazões que escoam para os drenos não são conhecidas, essas devem ser estimadas por equações que transformam as chuvas intensas em vazões (subterrâneas ou superficiais), já que os dados de chuva podem ser obtidos com relativa facilidade.

As chuvas podem ser medidas com pluviômetros ou pluviógrafos. O pluviômetro fornece a altura da chuva diária, enquanto o pluviógrafo permite que se identifiquem chuvas de até 10 minutos de duração. Para os sistemas de controle de águas naturais serão mais importantes as chuvas intensas curtas (de 10 minutos à 24 horas) que exigem dados de pluviógrafo, embora já existam correlações empíricas que permitem estimar dados de chuvas curtas a partir de dados de chuva de 1 dia.

3.1.2 – Características das chuvas intensas curtas

a) Altura precititada (h)

A altura precipitada representa o volume de água de chuva dividido pela área da superfície de coleta. É geralmente medida em mm, que corresponde a 1 litro por metro quadrado. Se não fosse o efeito do vento, a área da boca do coletor não influenciaria a lâmina precipitada; entretanto, como pode haver entrada dos pingos d'água em trajetória diagonal, através da boca do coletor, existe um efeito da borda deste sobre o total coletado. Assim, visando padronizar esse efeito, os pluviômetros e pluviógrafos são contruídos com um diâmetro de boca de coleta similar, para que os dados possam ser comparados. O pluviômetro mais usado no Brasil é o Ville de Paris, que possui uma boca receptora de 400 cm^2; já no Estado de São Paulo utiliza-se uma modificação do Ville de Paris, chamada de pluviômetro tipo "Paulista", que possui uma boca receptora de 500 cm^2.

b) Duração (t)

A duração, expressa em minutos ou em horas, pode se referir à do evento como um todo ou a de um período específico de interesse. Na Figura 3.1 está representado um pluviograma que registrou uma determinada precipitação. O evento total transcorreu das 8:35 horas às 15:15 horas, e portanto t = 6:40 horas. Já o período de uma hora mais intenso ocorreu das 10:20 horas às 11:20 horas, quando a altura da chuva foi de 9,7 mm.

Caso sejam estudadas as maiores alturas precipitadas de um dado ano, para as diferentes durações, possivelmente se obterá um gráfico tal como apresentado na Figura 3.2. Nesta figura pode-se verificar que, para as chuvas intensas, existe uma tendência da altura precipitada aumentar à medida em que a duração da chuva aumenta.

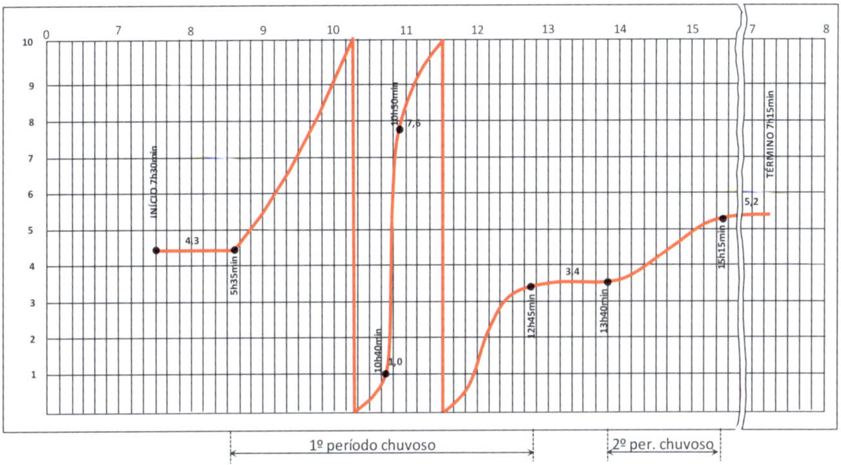

Figura 3.1 – Chuva registrada em pluviograma tradicional

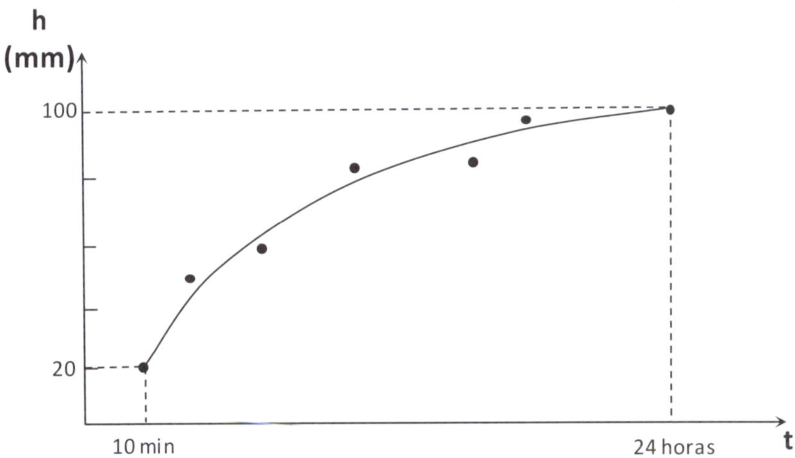

Figura 3.2 – Relação entre as maiores chuvas precipitadas de um dado ano (h) e as suas durações (t)

c) Intensidade média (i)

A intensidade média da chuva representa a razão entre a altura precipitada (h) e a duração (t), ou seja, $i = \frac{h}{t}$, sendo que i normalmente é expresso em $mm.h^{-1}$ ou $mm.min^{-1}$.

Dividindo-se as alturas precipitadas pelas respectivas durações, apresentadas na Figura 3.2, obtém-se a Figura 3.3. Nesta, pode-se observar que, para chuvas intensas, existe uma tendência da intensidade média diminuir à medida em que a duração aumenta.

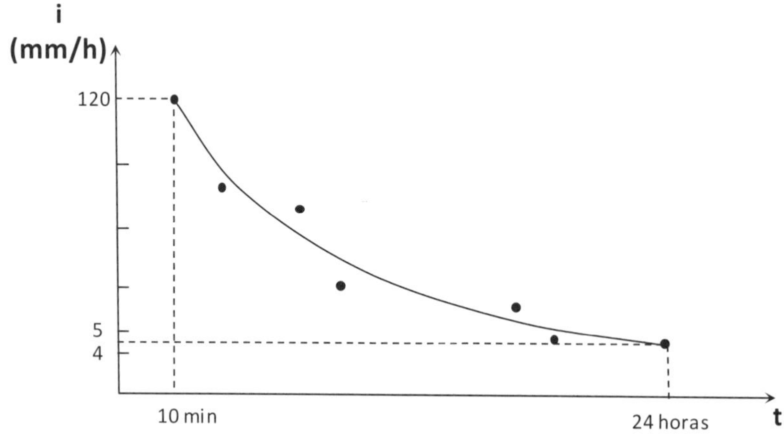

Figura 3.3 – Relação entre as intensidades médias das maiores chuvas de um dado ano (i) e suas durações (t)

d) Distribuição temporal

Existem modelos chuva-vazão que entram no mérito de como as alturas precipitadas se desenvolveram ao longo do evento, ou seja, exigem que se caracterize a distribuição temporal da chuva. Essa distribuição geralmente é representada em diagramas de blocos, sendo o de quatro blocos o mais didático. Segundo essa representação, a chuva pode ser classificada em adiantada, intermediária ou atrasada.

A chuva é dita adiantada quando a maior altura ocorreu no primeiro bloco. Chuvas convectivas intensas e curtas, também chamadas de "chuvas de verão" na região Centro-Sul do Brasil, geralmente apresentam essa distribuição. Essas chuvas são as que acarretam picos de enxurrada em bacias de pequena área de contribuição (Figura 3.4 A).

As chuvas intermediárias são aquelas em que a maior precipitação ocorreu no segundo ou no terceiro bloco. Geralmente as chuvas frontais, típicas de entrada de frente fria, são desse tipo. Essas chuvas são particularmente importantes para bacias grandes (Figura 3.4 B).

Quando a maior altura precipitada ocorreu no último quarto do evento, a chuva é dita atrasada; esse tipo é de ocorrência rara na natureza (Figura 3.4 C).

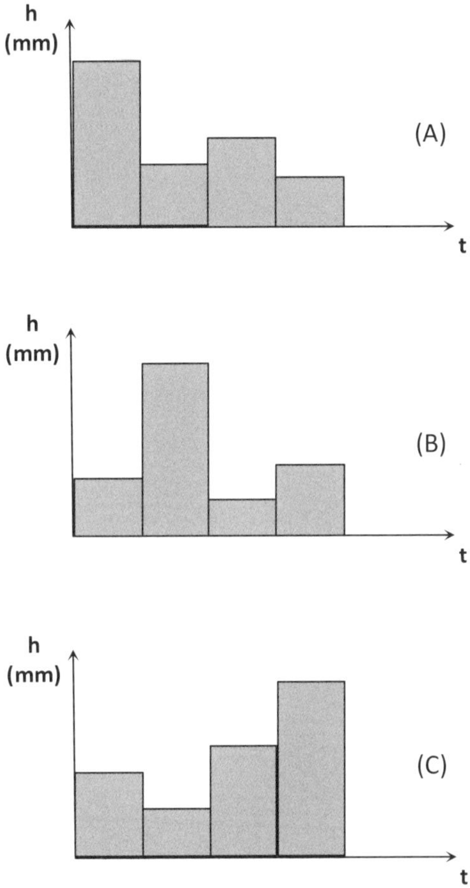

Figura 3.4 – Hietograma de chuvas adiantada (A), intermediária (B) e atrasada (C)

e) Distribuição espacial

Na Figura 3.5 está representada uma possível distribuição de uma chuva intensa em uma área plana. As curvas de igual precipitação, chamadas de isoietas, caracterizam a existência de um ponto onde ocorreu a maior altura precipitada, denominado epicentro.

Quando se trabalha com áreas de contribuição pequenas (< 2 Km^2), despreza-se a distribuição espacial da chuva, ou seja, considera-se que a chuva de projeto pode ser representada pela altura ocorrida no epicentro. Já para áreas de contribuição grandes (> 2 km^2), deve-se abater o valor do epicentro para se caracterizar a chuva de projeto, visando considerar que a chuva máxima não ocorre em toda a área simultaneamente. Isto normalmente é feito multiplicando-se a altura da chuva intensa por um fator que pode ser obtido graficamente na Figura 3.6. Essa figura, obtida na bacia do rio Mississipi nos Estados Unidos e publicada pelo U.S. Weather Bureau, mostra que o valor numérico do fator é tão menor quanto maior for a bacia e mais curta for a chuva.

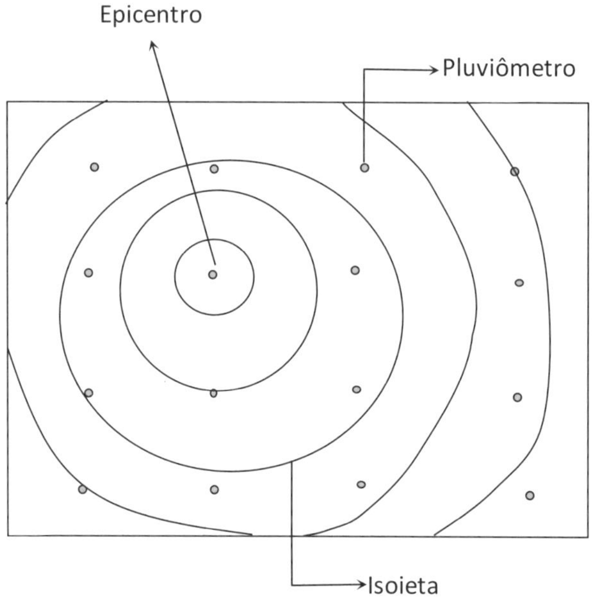

Figura 3.5 – Distribuição espacial da chuva em uma área grande

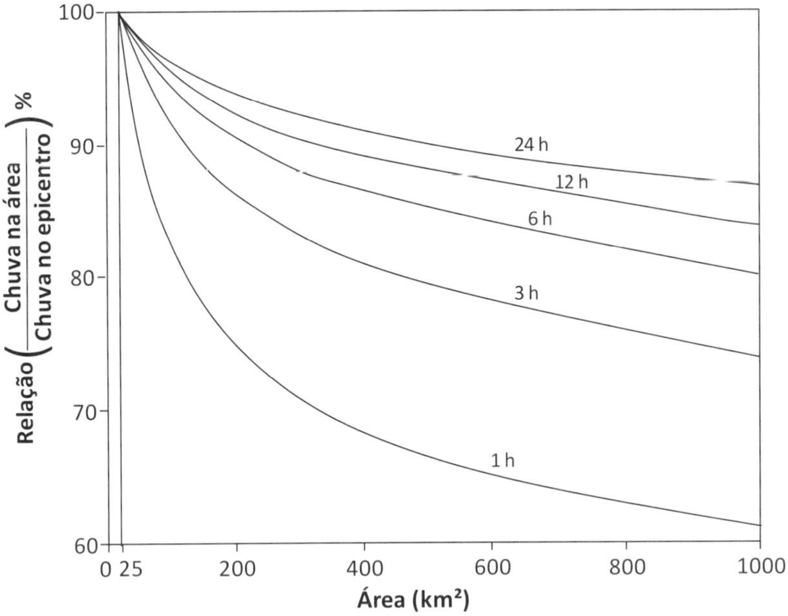

Figura 3.6 – Fator de abatimento da altura da chuva intensa, em função da área da bacia de contribuição da duração da chuva

e) Probabilidade de excedência (P) e período de retorno (T)

Os métodos de previsão meteorológica atuais só conseguem fazer uma previsão quantitativa da chuva para no máximo de 5 a 10 dias no futuro. Assim, como a vida útil das obras de controle de águas naturais geralmente ultrapassa os 25 anos, é necessário trabalhar-se com probabilidades, não sendo possível se prever quando a chuva de projeto vai ocorrer. Para a obtenção da magnitude de um evento associado a uma determinada probabilidade, assume-se que as chuvas intensas possam ser consideradas eventos aleatórios. Considera-se, também, que o clima não está mudando com o tempo e que, desta forma, a frequência com que os eventos ocorreram no passado possam fornecer uma boa estimativa da probabilidade de ocorrência dos mesmos no futuro. Assim sendo, a probabilidade de excedência pode ser representada por várias fórmulas empíricas associadas à frequência, como por exemplo a expressão de Kimbal (equação 3.1):

$$P = \frac{m}{n+1} \tag{3.1}$$

Em que:

P – probabilidade do evento ocorrer ou ser excedido;

m – número de vezes que o evento ocorreu ou foi excedido; e

n – número total de dados analisados.

O período de retorno (T) é definido como o intervalo médio de tempo, geralmente medido em anos, em que se espera que o evento venha a ser igualado ou superado. Se $P = 0{,}20 \rightarrow P = \frac{1}{5}$, ou seja, o evento ocorre em média uma vez a cada 5 vezes, significa que T= 5. Assim: $T = \frac{1}{P} \therefore T = \frac{n+1}{m}$. Geralmente, nas análises de probabilidade de excedência de eventos máximos, utiliza-se o maior valor de cada ano de uma série de vários anos, o que é chamado de série anual. Assim, o valor de T é medido em anos.

O valor de "m" vai corresponder ao número de ordem dos valores, quando os mesmos são colocados em ordem decrescente, como ilustra o exemplo a seguir:

Exemplo 3.1: dada uma série de 10 anos de chuva máxima anual de 1 hora de duração, obter a chuva máxima de 1 hora com período de retorno de 5 anos.

ANO	Chuva max. anual de 1 hora (mm)	Chuva em ordem decrescente (mm)	Nº de ordem (m)	$P = \frac{m}{n+1}$	$T = \frac{1}{P}$
2000	50	80	1	1/11	11,0
2001	40	70	2	2/11	5,5
2002	30	65	3	3/11	3,7
2003	60	60	4	4/11	2,8
2004	80	50	5	5/11	2,2
2005	45	45	6	6/11	1,8
2006	70	40	7	7/11	1,6
2007	20	30	8	8/11	1,4
2008	10	20	9	9/11	1,2
2009	65	10	10	10/11	1,1

Resposta:

Após o preenchimento da tabela, pode-se observar que a chuva para um período de retorno de 5 anos está entre 65 e 70 mm. Fazendo-se uma interpolação linear, obtém-se h(1hora, T=5anos) = 68,6 mm.

Como pode ser observado, quanto maior o período de retorno (evento mais raro) maior a sua magnitude. Assim, pequenas obras de controle de águas naturais como drenos agrícolas e galerias de águas pluviais de ruas, cujas falhas não impliquem em grande prejuízo, são dimensionadas para um período de retorno pequeno. Já obras grandes, como os vertedores de grandes barragens, por exemplo, são dimensionadas para períodos de retorno grandes. A Tabela 3.1 fornece valores usuais adotados para o dimensionamento de algumas estruturas.

Tabela 3.1 – Valores usuais de período de retorno (T) adotados para o dimensionamento de algumas estruturas hidráulicas de controle

ESTRUTURA	"T" (ANOS)
1- Galeria de águas pluviais	2 a 10
2- Terraceamento agrícola	5 a 10
3- Retificação de rios em zonas rurais	20 a 100
4- Cota de casa de bombas de sistemas de irrigação	25 a 100
5- Bueiros e vertedores de pequenas barragens	100
6- Vertedores de grandes barragens	10.000
7- Vertedor de barragens muito grandes	Ppt. máxima possível (PMP)

Se os valores de precipitação colocados em ordem decrescente do Exemplo 3.1 forem plotados em relação ao período de retorno (T) e ajustados a uma curva (equação), obter-se-á o gráfico mostrado na Figura 3.7.

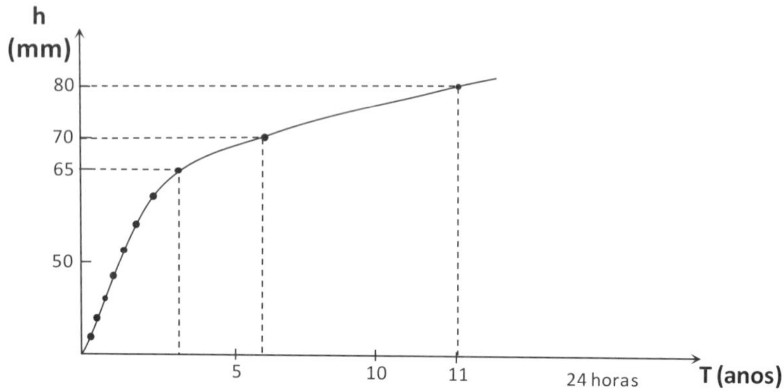

Figura 3.7 – Alturas de chuva de 1 hora (h) em função do período de retorno (T)

No dimensionamento de estruturas de controle de águas naturais, muitas vezes é necessário trabalhar-se com chuvas de diferentes durações. Dessa forma, trabalho semelhante ao realizado para a chuva de 1 hora deve ser feito para chuvas de outras durações, variando de 10 minutos à 24 horas. Assim, o resultado final da análise de chuvas intensas de uma localidade pode ser apresentado como um conjunto de curvas, tal como é esquematizado na Figura 3.8.

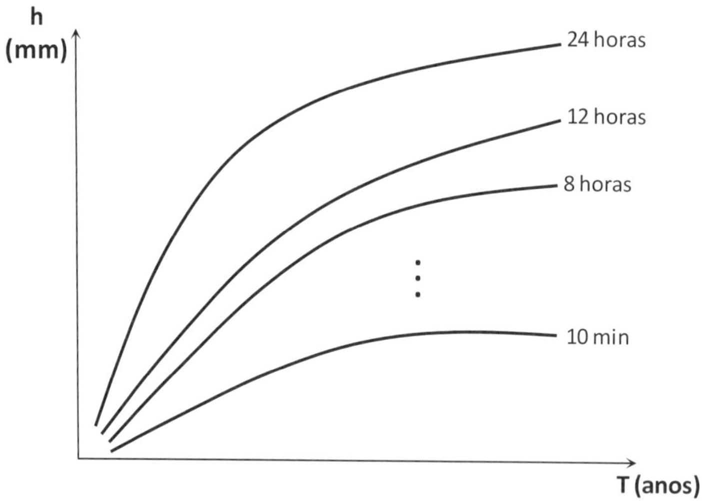

Figura 3.8 – Altura de chuvas de diferentes durações (h), em função do período de retorno (T)

Essas chuvas também podem ser expressas em função de sua intensidade média, originando outra forma de apresentação das mesmas, como ilustra a Figura 3.9, denominadas Curvas Intensidade-Duração-Frequência ou Curvas I-D-F.

A identificação das chuvas intensas nos pluviogramas e sua posterior análise (associação de i ou h com T), constitui uma tarefa bastante trabalhosa. Por isso, na grande maioria das vezes, para elaboração de um projeto de controle de águas naturais, utilizam-se dados já analisados de chuvas disponíveis na literatura especializada.

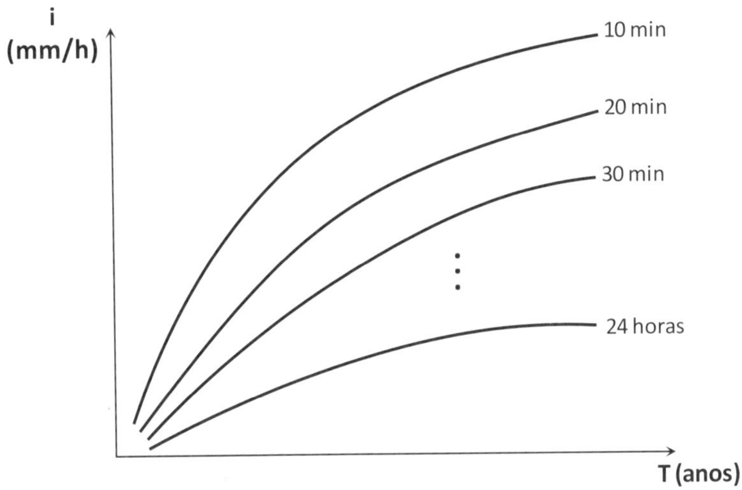

Figura 3.9 – Intensidade média de chuvas de diferentes durações (i), em função do período de retorno (T)

3.1.3 – Algumas fontes de dados de precipitações intensas já analisadas no Brasil

a) Chuvas instensas no Brasil

Esse foi um dos trabalhos pioneiros realizados no Brasil e abrangeu 98 estações. De autoria do engenheiro Otto Pafastetter, do extinto DNOS (Departamento Nacional de Obras de Saneamento), apresentava dados de altura precipitada em função da duração e do período de retorno, de forma gráfica, em obra publicada em 1957.

A obra foi publicada, também, em 1982 pela CETESB, sendo as alturas de chuva apresentadas na forma de tabelas, como mostra a Tabela 3.2, elaborada para Piracicaba – SP.

Tabela 3.2 – Alturas de chuvas intensas, em função da duração e do período de retorno, segundo CETESB (1982), para Piracicaba – SP

Tempo	Tempo (anos)					
	2	5	10	25	50	100
	PIRACICABA - SP					
15 min	21	24	27	30	33	35
30 min	30	37	42	48	53	58
1 h	39	48	55	65	73	81
2 h	48	58	66	78	88	98
4 h	57	70	81	96	108	122
8 h	56	83	95	113	128	145
12 h	74	91	104	124	140	168
24 h	87	106	121	144	162	182

As equações que geraram essas tabelas eram do seguinte modelo:

$$h_{t,T} = T^{\alpha + \frac{\beta}{T^{\gamma}}} . \left[a.t + b.Log(1 + c.t)\right] \tag{3.2}$$

Em que:

$h_{t,T}$ – altura da precipitação, correspondente à duração t e período de retorno T, mm;

T – período de retorno, anos;

t – duração da precipitação, horas; e

a, b, c, α, β, γ – constantes de ajuste de cada estação.

b) Características fundamentais das chuvas no Brasil

Esse trabalho, publicado na revista Pesquisa Agropecuária Brasileira (PAB) de outubro de 1982, de autoria dos hidrólogos José Eloir Denardin e Pedro Luiz de Freitas, utilizou os dados brutos de Pfafstetter (1957) e os ajustou a equações do tipo:

$$i = \frac{K.T^{a}}{\left(t+b\right)^{c}} \tag{3.3}$$

Em que:

i – intensidade média da chuva intensa, $mm.h^{-1}$;

T – período de retorno, ano;

t – duração da chuva, minuto; e

K, a, b, c – constantes de ajuste local.

As 98 localidades contempladas nos trabalhos de Pafafstetter (1957) e Denardin e Freitas (1982) são apresentadas na Figura 3.10. Pode-se observar que a maior parte das estações estão localizadas nas capitais brasileiras e em cidades litorâneas das regiões Sul e Sudeste do Brasil. Desta forma, houve a necessidade de se desenvolver trabalhos regionais que abrangessem um maior número de loclidades brasileiras.

c) Programa PLUVIO

Vários autores como Pruski (1997), Pinto (1996), Silva *et al.* (1999), entre outros, determinaram relações I-D-F para alguns Estados brasileiros. Esses trabalhos foram posteriormente espacializados no software PLUVIO, pelo Grupo de Pesquisas em Recursos Hídricos do Departamento de Engenharia Agrícola da Universidade Federal de Viçosa – MG. Dessa forma a equação IDF de uma localidade pode ser obtida por meio de sua denominação ou conhecendo-se suas coordenadas geográficas. O programa interpola os dados das estações estudadas de cada Estado pelo método do inverso da quinta potência da distância. Ele pode ser obtido, gratuitamente, no sítio www.ufv.br/dea/gprh.

d) Discretização de dados de pluviômetros

Caso a obra de controle a ser realizada esteja localizada em uma região que ainda não foi contemplada pelos estudos citados anteriormente, existe a alternativa de se transformar a chuva de 1 dia, obtida para um determinado período de retorno, em chuvas de duração mais curtas. Esses coeficientes de transformação foram obtidos do trabalho original de Pfafstetter (1957) e, a princípio, valem para todo o Brasil. Embora seja um procedimento apenas aproximado, ainda tem sido bastante utilizado em regiões que dispõem apenas de dados pluviométricos. Esses coeficientes são os seguintes:

– h(24 horas) = h(1 dia) x 1,14

– h(1 hora) = h(24 horas) x 0,42

– h(30 minutos) = h(1 hora) x 0,74

– h(10 minutos) = h(30 minutos) x 0,54

– h(12 horas) = h(24 horas) x 0,85

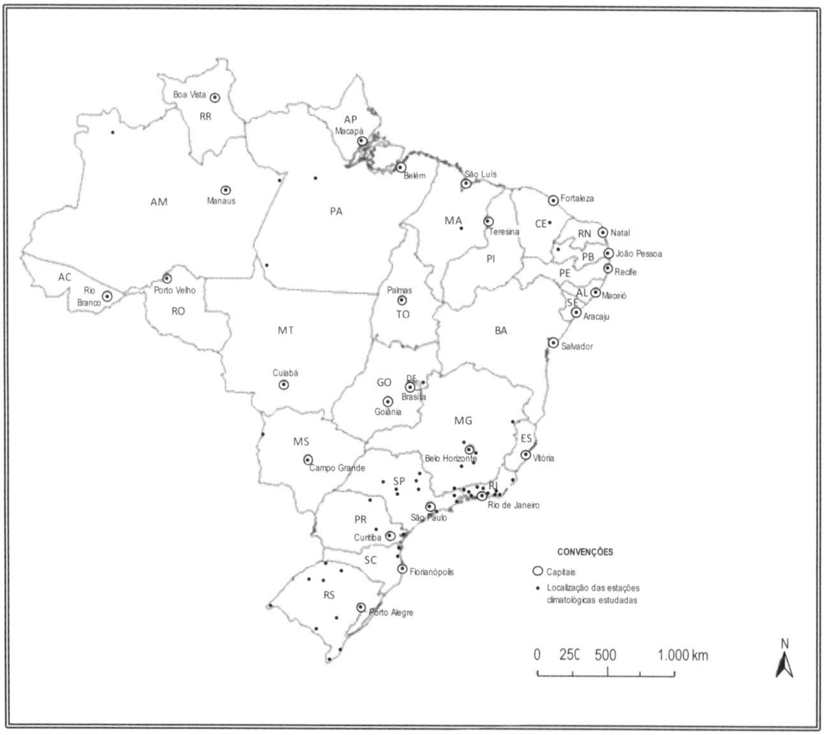

Figura 3.10 – Localidades do Brasil contempladas nos trabalhos de Pfafstetter (1957) e Denardin e Freitas (1982)

Exemplo 3.2:

Obter a altura (h) e a intensidade média (i) de uma chuva de 30 minutos de duração, com um período de retorno de 10 anos, para Piracicaba – SP, pelos seguintes procedimentos:

1º) Utilizando a tabela de chuvas de Pfafstetter (1982) [Tabela 3.2]

2º) Utilizando a equação fornecida por Denardin e Freitas (1982), ou seja,

$$i = \frac{2.017,05.\,T^{0,16}}{(t+21)^{0,91}}$$

3º) Utilizando a equação obtida no programa PLUVIO 2.1, qual seja,

$$i = \frac{1.773,932.\,T^{0,173}}{(t+24,999)^{0,798}}$$

4º) Discretizando a chuva de 1 dia , sabendo-se que: h[Piracicaba; 1 dia; T=10 anos] = 102 mm.

Resposta:

1º) h = 42 mm; i = 84 $mm.h^{-1}$;

2º) h = 40,7 mm; i = 81,4 $mm.h^{-1}$;

3º) h = 54,0 mm; i = 107,9 $mm.h^{-1}$; e

4º) h=36,1 mm; i = 72,2 $mm.h^{-1}$.

3.1.4 – Exercícios propostos sobre chuvas intensas

a) Pretende-se dimensionar um bueiro de concreto para um período de retorno de 20 anos, com o objetivo de permitir a passagem de uma estrada rural sobre um córrego. O tempo de concentração para o ponto da travessia foi estimado em 30 minutos. A região dispõe apenas de um posto pluviométrico próximo, que forneceu 72 chuvas máximas anuais de 1 dia apresentadas na Tabela (a).

Tabela (a) – Chuva anual máxima de 1 dia em mm (período de 1917 a 1988)

Anos	0	1	2	3	4	5	6	7	8	9
1910								65,0	68,0	65,0
1920	64,0	65,0	55,0	64,0	60,0	57,0	66,5	64,0	50,0	89,2
1930	86,5	93,0	69,0	65,0	83,0	50,0	64,4	58,8	58,0	109,5
1940	83,3	77,9	104,9	97,7	111,2	95,3	64,4	75,2	46,8	108,4
1950	55,5	62,4	73,9	54,4	57,8	80,1	39,9	59,1	80,0	78,4
1960	83,8	55,5	82,9	52,0	48,3	80,4	70,7	49,1	63,0	73,7
1970	71,6	68,5	80,4	99,5	68,6	76,0	72,7	71,8	46,4	63,4
1980	50,7	59,2	68,6	114,0	51,1	70,4	62,0	103,2	86,7	

Pede-se:

* Estimar a intensidade média da chuva de duração igual a 30 minutos e período de retorno de 20 anos, utilizando os coeficientes de correção originados do trabalho de Otto Pfafstetter (1982), quais sejam:

h(24 horas) = 1,14 h(1 dia); h(1 hora) = 0,42 h(24 horas);

h(30 min) = 0,74 h(1 hora).

*Lembrar que $T = \dfrac{n+1}{m}$

Resposta

i = 77,04 mm/h

b) O pluviograma a seguir representa uma chuva intensa de 5 horas de duração, ocorrida no dia 02/02/1983, das 16 às 21 horas, em Piracicaba - SP. Considerando a intensidade média desta chuva e a relação intensidade-duração-frequência de Piracicaba fornecida a seguir, estime o período de retorno deste evento.

$$i = \frac{2017{,}05.T^{0{,}16}}{(t+21)^{0{,}91}}$$, sendo i em mm/h; t em minutos e T em anos.

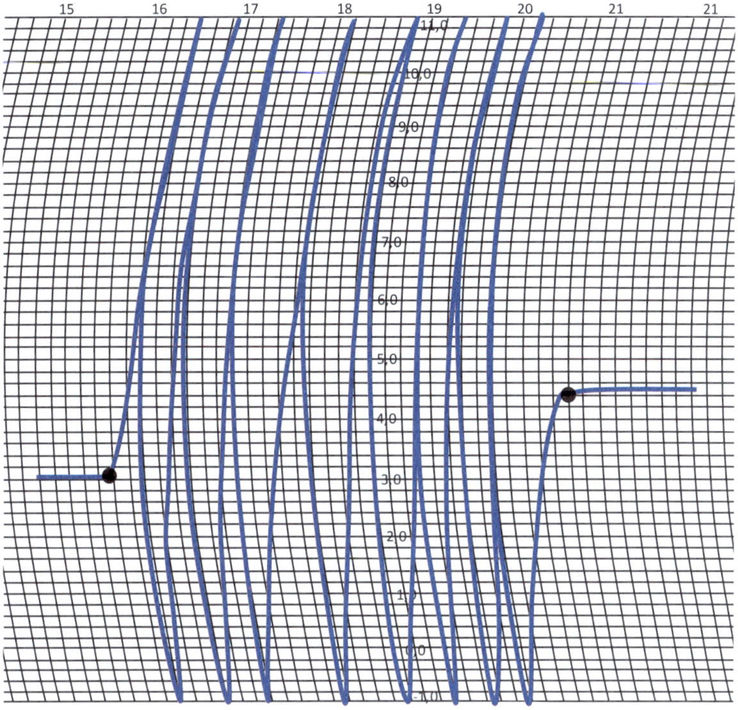

Resposta:

T ≈ 45 anos

3.2 – O escoamento superficial

3.2.1 – Objetivo da estimativa da magnitude do escoamento superficial

As águas naturais são originadas por dois fenômenos principais: o escoamento subterrâneo e o escoamento superficial. Principalmente nos pequenos cursos d'água, quando ocorrem os picos de enxurrada, a maior parte da vazão escoada é de origem superficial, podendo o escoamento subterrâneo ser muitas vezes desprezado. Dessa forma, quando o escoamento superficial é estimado por modelos chuva-vazão, várias estruturas de controle podem ser dimensionadas como terraços, canais escoadouros, bueiros, aduelas, vertedores de pequenas barragens, drenos coletores e principais de áreas drenadas, entre outras.

3.2.2 – Destinos da precipitação intensa que atinge uma bacia

Com o objetivo de melhor caracterizar o escoamento superficial, serão descritos, brevemente, os destinos da água proveniente de uma chuva intensa e prolongada, que atinge uma bacia vegetada.

1 – Interceptação vegetal – O primeiro contato da água da chuva com a bacia se dá por meio da vegetação. A interceptação vegetal representa a fração da chuva que molha o dossel e que, terminada a chuva, evapora. Assim, do ponto de vista hidrológico, a interceptação vegetal representa uma perda (retorno da água à atmosfera). Do ponto de vista da modelagem desse efeito, a interceptação é considerada um "reservatório", que pode estar cheio (dossel saturado) ou mais vazio (dossel seco). Dessa forma, se muitos dias sem chuva já transcorreram, a interceptação será maior do que após um dia chuvoso. Estudos têm demonstrado que o valor da interceptação é de poucos milímetros por chuva. Assim, quando ocorre uma chuva intensa de dezenas de milímetros, a perda devida à interceptação tem um efeito pequeno sobre o total precipitado. Por outro lado, quando se contabiliza o total precipitado em um ano, a interceptação pode atingir valores entre 10 a 20%.

2 – Retenção na zona radicular – A água que atravessou o dossel e atingiu o solo poderá se infiltrar e passar a fazer parte do armazenamento disponível às plantas; essa fração também representa uma perda, pois irá retornar à atmosfera por transpiração. A magnitude do armazenamento na zona das raízes depende da profundidade do sistema radicular e do tipo de solo; ela é da ordem de alguns milímetros por centímetro de solo explorado pela planta.

3 – Armazenamento superficial – Se a precipitação persiste, a velocidade de infiltração da água no solo diminui e a água começa a se acumular na superfície do terreno, constituindo o armazenamento superficial. A modelagem desse fenômeno costuma dividir esse armazenamento em micro-armazenamento (rugosidade do terreno) e macro-armazenamento (depressões e poças d'água). A ordem de grandeza dessa fração da chuva depende bastante do tipo de superfície e varia de poucos milímetros para superfícies sistematizadas a algumas dezenas de milímetros para o caso de intensa ondulação do terreno. A água retida no armazenamento superficial irá infiltrar e ser transpirada pela vegetação ou evaporar diretamente; portanto, essa fração da chuva também representa uma perda, do ponto de vista hidrológico.

4 – Escoamento superficial – Quando a água das poças transborda, dá-se o início do escoamento superficial. A água escorre inicialmente na forma de uma lâmina na superfície do terreno e depois se junta formando sulcos. Em seguida atinge as ravinas de drenagem (cursos d'água efêmeros) e, na sequência, o curso d'água perene, escoando neste até a seção de controle de interesse. O escoamento superficial é tido como um escoamento rápido; a ordem de grandeza de sua velocidade se assemelha à de uma pessoa andando em passos rápidos. Por isso, esse escoamento dará origem a uma resposta rápida em termos de aumento de vazão do curso d'água.

5 – Escoamento sub-superficial – Esse escoamento é aquele que se dá quando a água infiltra no solo, atinge um horizonte de menor permeabilidade, e passa a escoar sobre esse horizonte, paralelamente à superfície do terreno. Espera-se que esse tipo de escoamento seja importante no fundo da camada de solo arada ou em solos em que há um gradiente textural forte entre os horizontes A e B, como em alguns argissolos e planossolos; em latossolos profundos o escoamento sub-superficial tende a ser mínimo. Sua quantificação é difícil, mas espera-se que seja um movimento quase tão rápido quanto o escoamento superficial. Assim, do ponto de vista prático, o escoamento sub-superficial é geralmente englobado pelo superficial, que pode ser modelado com maior facilidade.

6 – Escoamento subterrâneo – Representa o movimento da água que percolou profundamente e atingiu o lençol freático. Sua velocidade depende da condutividade hidráulica do solo saturado e do gradiente de potencial da água no solo; costuma ser extremamente lento, de forma que a água pode levar semanas ou meses para atingir a seção de saída. Essa característica faz com que o escoamento subterrâneo garanta a perenidade do curso d'água quando a precipitação cessa.

7 – Precipitação direta na calha – Representa a fração da precipitação que ocorreu diretamente sobre a calha dos cursos d'água perenes. Quando se compara a superfície desses cursos d'água com a área da bacia, verifica-se que a primeira é muito pequena na maioria das vezes, de forma que a precipitação direta na calha pode ser desprezada.

3.2.3 – Representação do escoamento superficial

Na Figura 3.11 está representado um fluviograma (gráfico da vazão em função do tempo) de um rio. Se fosse possível separar a fração do escoamento de origem subterrânea daquela de origem superficial, possivelmente a área hachurada representaria a vazão subterrânea (ou vazão de base), que sofre uma variação bem menor do que o escoamento total. Os picos de vazão são originados pela ocorrência de precipitações intensas sobre a bacia, e estão associados à precipitação que os causaram.

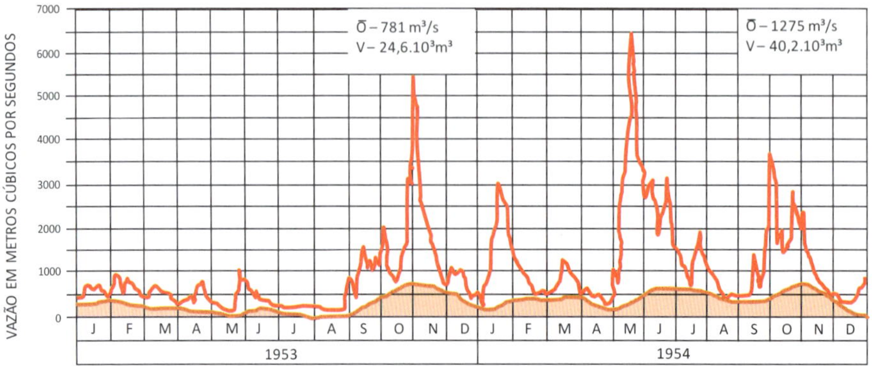

Figura 3.11 – Fluviograma de um curso d'água, englobando um período de 2 anos, estando o escoamento subterrâneo representado pela area basal hachurada

A Figura 3.12 representa, esquematicamente, um dos picos observados na figura anterior, associado à respectiva chuva que o causou. A representação da chuva (i x t) é chamada de hietograma e a representação da respectiva variação de vazão na seção de controle (Q x t) é denominada hidrógrafa ou hidrograma. No hietograma, estão separados os destinos da precipitação, arbitrariamente, desprezando-se a fração da chuva que caiu sobre a calha. Os destinos 1, 2 e 3 se referem à fração da chuva que retorna à atmosfera (perdas); os destinos 4 e 5 representam o escoamento rápido em direção ao curso d'água, enquanto o 6 representa a contribuição subterrânea. A fração da chuva responsável pela resposta rápida do curso d'água (4 e 5) é denominada de precipitação efetiva; ela está intimamente relacionada ao pico do hidrograma. Já o escoamento subterrâneo (6), por ser muito lento, não tem correlação imediata com o escoamento de base.

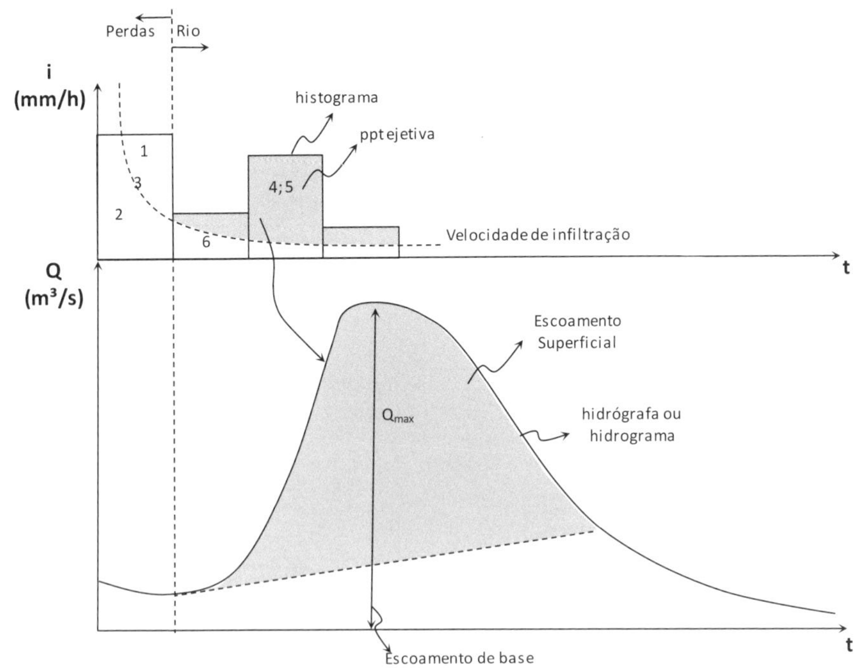

Figura 3.12 – Hietograma e hidrograma correspondente

Tendo em vista que o escoamento superficial (englobando também o sub-superficial) é aquele que será o responsável pela maior parte do pico de descarga (Qmax), e que ele está intimamente relacionado a fração efetiva da precipitação intensa, para se dimensionar uma estrutura de controle, determina-se Qp (vazão de pico de escoamento superficial) por meio de um modelo chuva-vazão e assume-se que Qp pode ser considerado uma boa aproximação de Qmax (Figura 3.13), ou seja, despreza-se a contribuição subterrânea.

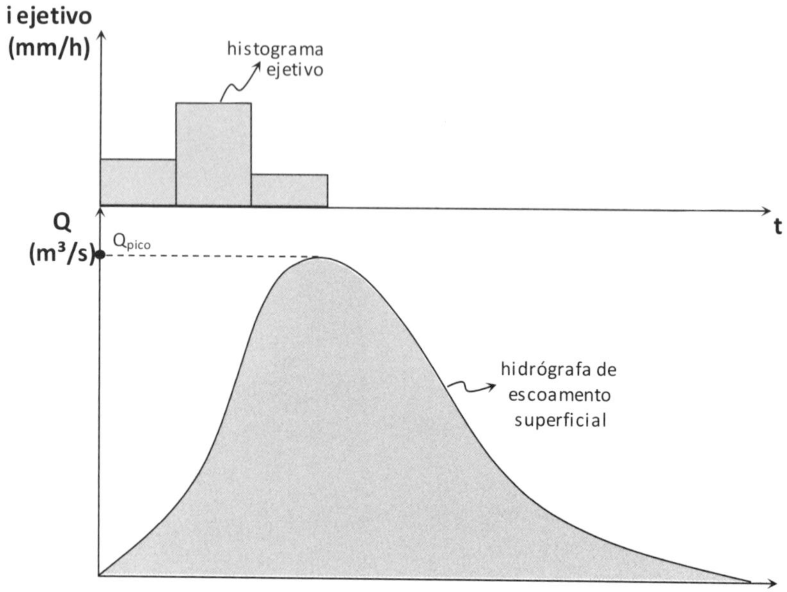

Figura 3.13 – Hietograma efetivo e hidrograma (ou hidrógrafa) do escoamento superficial correspondente

3.2.4 – Estimativa do escoamento superficial

a) A Fórmula Racional

Até meados do século XIX, as expressões utilizadas para se prever picos de escoamento eram simples correlações empíricas entre vazões de cheia e áreas de bacias; a maior parte dessas fórmulas foram obtidas por meio de observações realizadas na Europa e nos Estados Unidos e, portanto, não podiam ser utilizadas em outras regiões. Dentre essas destacam-se as fórmulas de Meyer, Cook, Cypress Creek, Iskowsky, entre outras.

Em 1851, um engenheiro irlandês chamado Mulvaney apresentou a proposta de um método denominado Racional, que foi o primeiro a transcender a simples correlação empírica. Segundo esse método, a vazão de pico de escoamento superficial ocorreria para uma chuva de duração igual ao tempo de concentração da bacia (tc); esse tempo corresponde à trajetória de uma gota de água desde o ponto hidrologicamente mais distante até a seção de saída. Isto por que a chuva deve ser suficientemente longa para que toda a bacia contribua simultaneamente, mas também curta o suficiente, já que a intensidade das chuvas intensas tende a diminuir com a duração.

Mulvaney, por simplicidade, imaginou uma chuva com distribuição temporal homogênea, de duração igual ao tc, que geraria uma hidrógrafa de escoamento superficial com a forma de um triângulo isósceles, conforme é ilustrado na Figura 3.14.

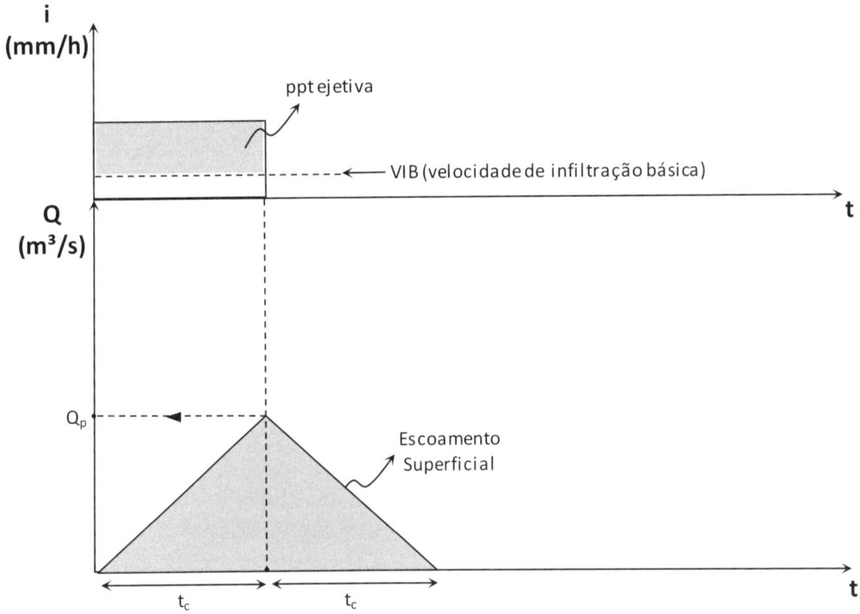

Figura 3.14 – Hietograma e hidrograma triangular de escoamento superficial segundo Mulvaney (1851)

Considerando que a área sob o hietograma e sob o hidrograma representam, respectivamente, lâmina e volume escoados, pode-se escrever:

Volume chuva efetiva = Volume escoamento superficial

Ppt. Efet. x Área bacia = Volume escoamento superficial (3.4)

Definindo-se o chamado coeficiente de escoamento superficial (C) como:

$$C = \frac{\text{ppt. efet.}}{\text{ppt. total}} \tag{3.5}$$

E substituindo-se 3.5 em 3.4, obtém-se:

$$C\,.\ \text{ppt total}\,.\,\text{Área} = \frac{Qp\,.\,2tc}{2} \quad \therefore \quad Qp = \frac{C\,.\,\text{ppt total}\,.\,A}{tc}$$

$$Qp\,(m^3/s) = C\,(\text{adimensional})\,.\,i\,(m/s)\,.\,A(m^2)$$

Alterando-se as unidades, para facilitar o uso da fórmula, obtém-se:

$$Qp = \frac{C\,.\,i\,.\,A}{360} \tag{3.6}$$

Em que:

Qp – vazão de pico de escoamento superficial, $m^3 . s^{-1}$;

C – coeficiente de escoamento superficial, adimensional;

i – intensidade média da chuva de duração igual ao tempo de concentração, $mm. h^{-1}$; e

A – área de contribuição, ha.

O coeficiente C pode ser obtido em tabelas; na literatura especializada são encontradas dezenas delas. Nesse texto utilizar-se-á aquela que é a mais completa para áreas rurais (Soil Conservation Service – USA), apresentada na Tabela 3.3. Nela, o coeficiente C é função da textura do solo, do declive do terreno e do tipo de superfície; quando a área de contribuição apresentar-se de forma heterogênea, deve ser usado um valor médio ponderado em função do tamanho de cada sub-área.

Tabela 3.3 – Coeficientes de escoamento superficial para áreas rurais (USDA, 1972)

Declive %	TIPO DE SOLO Barro arenoso	Barro argiloso-limoso	Argiloso
Florestas			
0 - 5	0,10	0,30	0,40
5 – 10	0,25	0,35	0,50
10 – 30	0,30	0,50	0,60
Pastagens			
0 - 5	0,10	0,30	0,40
5 – 10	0,15	0,35	0,55
10 – 30	0,20	0,40	0,60
Terras cultivadas			
0 - 5	0,30	0,50	0,60
5 – 10	0,40	0,60	0,70
10 – 30	0,50	0,70	0,80

O tempo de concentração é obtido calculando-se o tempo gasto em possíveis trajetórias da gota d'água sobre a área de contribuição; a trajetória mais longa fornecerá o tc, ou seja:

$$tc = \left(\sum tp\right)_{MAX} \tag{3.7}$$

$$tp = \frac{L}{V} \tag{3.8}$$

$$V = K \, . \sqrt{I} \tag{3.9}$$

Em que:

tc - tempo de concentração, seg;

tp – tempo de percurso parcial, seg.;

L – comprimento do percurso, m; e

V – velocidade do escoamento superficial, $m.s^{-1}$.

O valor do coeficiente K pode ser encontrado na Tabela 3.4, e é função do tipo de superfície sobre a qual a água escoa.

Tabela 3.4 – Expressões para o cálculo da velocidade do escoamento superficial, em função da natureza da superfície

1. Floresta ou mata natural com grande depósito vegetal na superfície do solo; Forrageiras fechadas formando estolões; Braquiárias; grama:

$$V = 0{,}08\sqrt{I}$$

2. Solo não cultivado; Cultivo mínimo em faixas; Área reflorestada:

$$V = 0{,}15\sqrt{I}$$

3. Pastagens de baixo porte em touceiras:

$$V = 0{,}21\sqrt{I}$$

4. Terreno cultivado:

$$V = 0{,}27\sqrt{I}$$

5. Solo nu; Formações d aluviões em leque em direção ao vale:

$$V = 0{,}30\sqrt{I}$$

6. Canais com vegetação; Terraços ou depressões naturais com vegetação; Talvegue:

$$V = 0{,}45\sqrt{I}$$

7. Áreas pavimentadas; Sulcos de erosão:

$$V = 0{,}60\sqrt{I}$$

Exemplo 3.3

Calcular o tc de uma bacia sabendo-se que a trajetória que fornece o maior tempo é de 300 m em solo com cobertura de mata e declive 21%, mais 1,6 Km no talvegue com declive 3 por mil.

Solução:

$$tc = tp_{\text{mata}} + tp_{\text{talvegue}}$$

$$tc = \frac{300\,\text{m}}{0{,}08\sqrt{21}} + \frac{1.600\,\text{m}}{0{,}45\sqrt{0{,}3}} = 7.309{,}8\,\text{seg} = 2{,}03\,\text{horas}$$

Exemplo 3.4

Estimar a vazão de pico de escoamento superficial para uma bacia de 50 ha e um período de retorno de 5 anos pelo Método Racional. Utilizar a Tabela de chuvas 3.2 (para Piracicaba), tc = 2,0 horas e C = 0,30.

Solução:

$$i = \frac{h}{t} = \frac{58\,\text{mm}}{2{,}0\,\text{horas}} = 29{,}0\,\text{mm/h}$$

$$Qp = \frac{C.i.A}{360} = \frac{0{,}30.\,29{,}0.\,50}{360} = 1{,}208\,\text{m}^3/s$$

Exemplo 3.5

Calcular a vazão de pico de escoamento superficial para o dreno de cintura (2-3-4) da figura a seguir. A declividade do dreno é de 2 por mil.

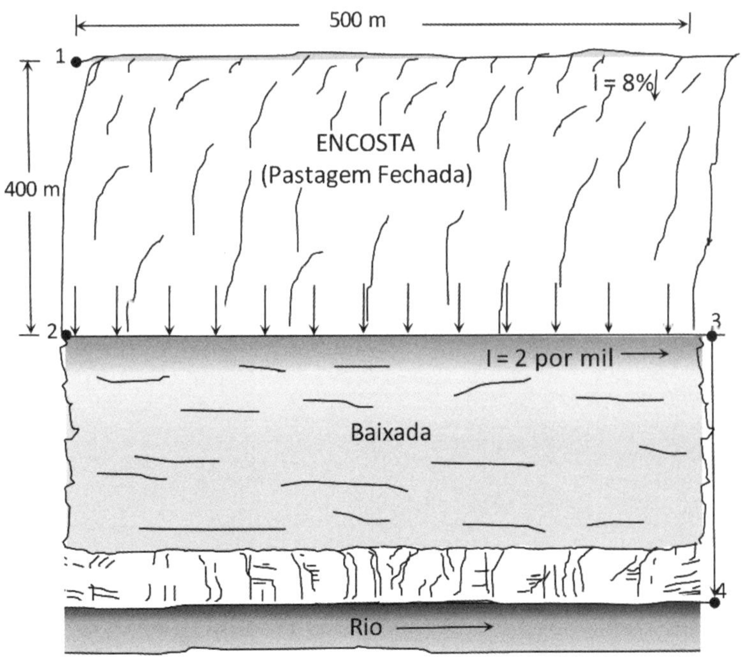

Dados complementares:

– Considerar a equação da chuva de Piracicaba, qual seja: $i = \dfrac{2.017{,}05.T^{0,16}}{(t+21)^{0,91}}$

– Considerar solo argiloso e período de retorno de 10 anos.

Solução:

$$tc = tp_{encosta} + tp_{dreno} = \frac{400\text{m}}{0{,}08\sqrt{8}} + \frac{500\text{m}}{0{,}45\sqrt{0{,}2}} = 4.252\ \text{seg} = 70{,}9\ \text{min}$$

$$i = \frac{2.1017{,}05\ .\ 10^{0,16}}{(70{,}9\ +\ 21)^{0,91}} = 47{,}65\ \text{mm/h}$$

$$Qp = \frac{C\,.\,i\,.\,A}{360} = \frac{0{,}55\ .\ 47{,}65\ .\ 20}{360} = 1{,}456\ \text{m}^3/s$$

Observação 1:

Não sendo possível se identificar com precisão os tipos de solo e o declive das subáreas, visando a estimativa do coeficiente C, considera-se aceitável utilizar a Tabela 3.5, que permite uma estimativa preliminar do valor de C, quando se lança mão de imagens de satélite da área, como as do Google Earth, por exemplo.

Tabela 3.5 – Valores de coeficiente de escoamento superficial para estimativas expeditas

USO DO SOLO OU GRAU DE URBANIZAÇÃO	VALORES	
	Mínimos	**Máximos**
Área totalmente urbanizada Urbanização futura	0,50	0,70
Área parcialmente urbanizada Urbanização moderada	0,35	0,50
Área predominantemente de plantações, pastos, etc. Urbanização atual	0,20	0,35

Observação 2:

Não sendo possível se testar diferentes trajetórias para obter-se o valor de tc, pode-se lançar mão de fórmulas empíricas simplificadas. A expressão 3.10, também conhecida como Fórmula do Califórnia Culverts Practice and Public Works, é uma das mais usadas para esse propósito:

$$tc = 57 . \left(\frac{L^2}{I} \right)^{0,385} \tag{3.10}$$

Em que:

tc – tempo de concentração, minutos;

L – comprimento do talvegue, km; e

I – declividade do talvegue, $m.km^{-1}$.

b) Limitações da Fórmula Racional

Modelos simplificados, como o Método Racional, utilizam uma série de pressuposições simplificadoras. Dentre esses modelos, os mais bem sucedidos são aqueles em que algumas simplificações que tendem a favor da segurança são contrabalançadas por outras que agem em sentido inverso. As principais simplificações do método Racional são as seguintes:

1 – A chuva é considerada homogeneamente distribuída sobre a bacia, ou seja, a distribuição espacial da chuva não é considerada;

2 – Não são consideradas diferentes distribuições temporais da chuva; esta é considerada uniforme ao longo do tempo;

3 – A umidade do solo no momento em que ocorre a chuva intensa não é levada em consideração, assumindo-se que o solo esteja próximo à saturação;

4 – O fato de que o coeficiente C possivelmente deveria diminuir para chuvas mais longas (menos intensas) não é considerado;

5 – O intervalo de tempo que vai do início da chuva ao início do escoamento é desprezado;

6 – O amortecimento da onda de cheia, proporcionado pelo enchimento da calha do curso d'água, é desprezado; e

7 – A possibilidade de chuvas com duração menor que o tc causarem maior pico, apesar da área ainda não estar contribuindo em sua totalidade, não é considerada.

O conjunto dessas simplificações tende a favor da segurança; entretanto, para áreas pequenas esta postura conservadora é até considerada positiva, devido às pequenas vazões envolvidas. Por outro lado, para áreas maiores, as pressuposições (1), (4) e (6) tendem a acarretar uma superestimativa inaceitável da vazão. Assim sendo, a Fórmula Racional é recomendada apenas para áreas menores que 50 ha (DAEE, 1987).

c) A Fórmula Racional Modificada

Na literatura são encontradas diversas propostas de coeficientes de abatimento que visam corrigir, empiricamente, a tendência de superestimativa da vazão apresentada pela Fórmula Racional, quando aplicada a áreas maiores (EUCLYDES, 1986). A equação 3.11 é uma proposta do DAEE (1987) para áreas maiores que 50 ha e menores que 200 ha.

$$Qp = \frac{C \, . \, i \, . \, A}{360} \, . \, D \; ; \quad \text{em que} \;\; D = 1 - 0{,}009 \, . \, \frac{L}{2} \qquad (3.11)$$

Em que:

Qp – vazão de pico de escoamento superficial, m^3/s;

C – coeficiente de escoamento superficial, adimensional;

i – intensidade da chuva de duração igual ao tempo de concentração, mm/h;

A – área de contribuição, ha;

D – coeficiente de abatimento da vazão; adimensional; e

L – comprimento do talvegue, km.

d) A Fórmula de I – Pai - Wu

Publicada em 1963 por autor americano, com grandes contribuições de um revisor português, a Fórmula de I – Pai – Wu (3.12) é, na verdade, uma modificação do Método Racional, feita por meio da utilização de coeficientes empíricos de abatimento. Esses coeficientes procuram corrigir as limitações (1), (4) e (6) citadas anteriormente. Seu uso é recomendado pelo DAEE (1987) para áreas maiores que 200 ha e menores que 20.000 ha.

$$Qp = 0{,}278 . C^* . i . A^{0{,}90} . k \tag{3.12}$$

Sendo:

$$C^* = C . \frac{\left(\frac{2}{1+F}\right)}{\left(\frac{4}{2+F}\right)} \quad \text{e} \tag{3.13}$$

$$F = \frac{L}{2 . \sqrt{\frac{A}{\pi}}} \tag{3.14}$$

Em que:

Qp – vazão de pico de escoamento superficial, m^3/s;

C* – coeficiente de escoamento superficial corrigido, adimensional;

i – intensidade da chuva de duração igual ao tempo de concentração, mm/h;

A – área de contribuição, km^2;

k – coeficiente de abatimento da chuva (Figura 3.15)

F – fator de forma da bacia proposto por I – Pai – Wu, adimensional; e

L – comprimento do talvegue, km;

Como a Fórmula de I – Pai – Wu é aplicada a áreas maiores, onde possivelmente o escoamento subterrâneo passa a ter importância, para a estimativa da vazão máxima o DAEE (2005) sugere que se dê uma folga de 10% sobre Qp, ou seja:

$$Qmax = 1{,}10 . Qp \tag{3.15}$$

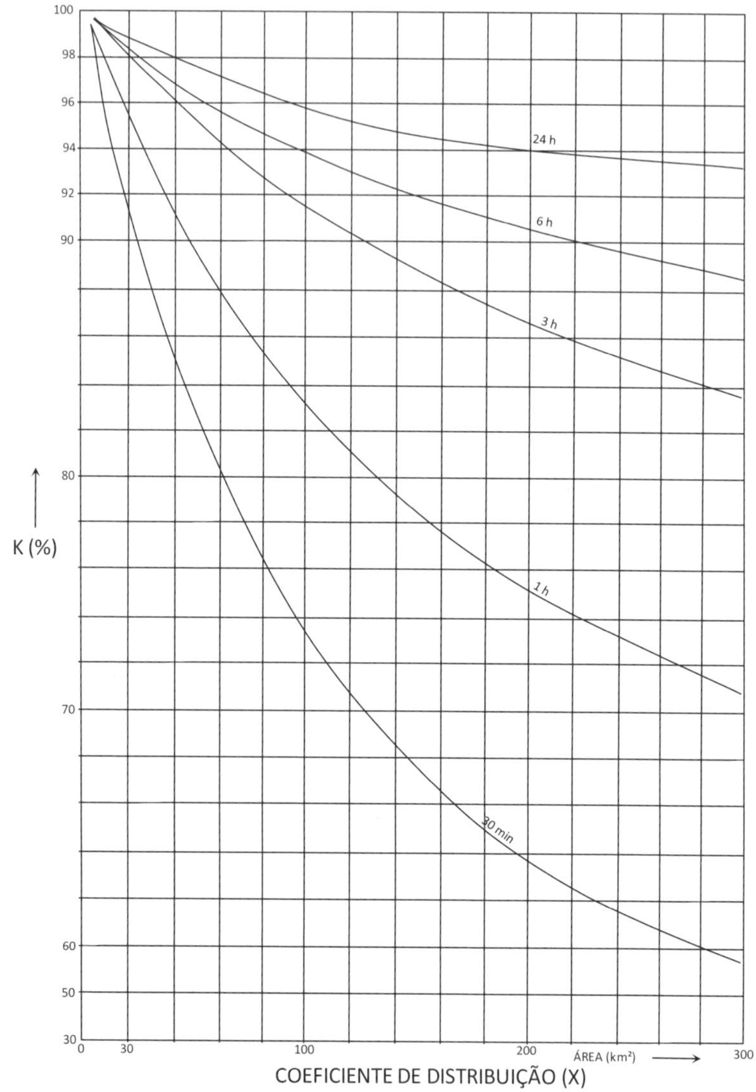

Figura 3.15 – Gráfico para a estimativa do coeficiente de abatimento da chuva (k), em função da área da bacia (A) e da duração da chuva (t)

Exemplo 3.6:

Calcular a vazão máxima de um curso d'água (Qmax) pelo método de I – Pai – Wu, e comparar com o resultado que seria obtido caso tivesse sido aplicado, por engano, o Método Racional tradicional.

Dados:

A = 20.000 ha

C = 0,30

L = 35 Km

I = 1,8 m/Km

Usar a seguinte equação de chuva: $i = \dfrac{2017{,}05.T^{0,16}}{(t+21)^{0,91}}$ (Piracicaba)

Usar T = 50 anos

Solução:

1º) Pelo método de I – Pai – Wu

$$F = \frac{L}{2.\sqrt{\frac{A}{\pi}}} = \frac{35}{2.\sqrt{\frac{200}{\pi}}} = 2{,}19$$

$$C^* = C.\frac{\left(\frac{2}{1+F}\right)}{\left(\frac{4}{2+F}\right)} = 0{,}30.\frac{\left(\frac{2}{1+2{,}19}\right)}{\left(\frac{4}{2+2{,}19}\right)} = 0{,}30.0{,}657 = 0{,}197$$

$$tc = 57.\left(\frac{L^2}{I}\right)^{0,375} = 57.\left(\frac{35^2}{1{,}8}\right)^{0,385} = 702{,}3\,\text{minutos} = 11{,}7\,\text{horas}$$

$$i = \frac{2017{,}05.T^{0,16}}{(t+21)^{0,91}} = \frac{2.1017{,}05.50^{0,16}}{(702{,}3+21)^{0,91}} = 9{,}43\,\text{mm/h}$$

K (Figura 3.15) → 0,92

$$Qp = 0{,}278.C^*.i.A^{0,90}.k = 0{,}278.0{,}197.9{,}43.200^{0,90}.0{,}92 = 55{,}9\,m^3/s$$

$$Qmax = 1{,}10 . Qp = 1{,}10 . 55{,}9 = 61{,}5 m^3 / s$$

2º) Pelo Método Racional tradicional

$$Qp = \frac{C . i . A}{360} = \frac{0{,}30 . 9{,}43 . 20.000}{360} = 157{,}2 m^3 / s$$

$$Qmax = Qp = 157{,}2 m^3 / s$$

e) Fórmula de MacMath

Assim como a Fórmula de I – Pai – Wu, a de MacMath também apresenta o mesmo fundamento da Fórmula Racional e utiliza coeficientes de abatimento para evitar superestimativa da vazão quando aplicada a áreas maiores (3.16). É bastante utilizada pelos técnicos da Ruralminas e da CODEVASF para a estimativa do escoamento superficial em áreas maiores que 500 ha. Quando comparada com a Fórmula de I – Pai – Wu, geralmente fornece valores de picos de enxurada mais baixos.

$$Qp = 0{,}0091 . C_{MM} . i . A^{4/5} . I^{1/5} \quad ; \quad Qmax = 1{,}10 . Qp \qquad (3.16)$$

Em que:

Qp – vazão de pico de escoamento superficial, m^3/s;

C_{MM} – coeficiente de escoamento superficial de MacMath (Tabela 3.6)

i – intensidade da chuva de duração igual ao tempo de concentração, $mm.h^{-1}$;

A – área de contribuição, ha;

I – declividade do talvegue, $m.m^{-1}$; e

Qmax – vazão máxima de escoamento total do curso d'água, m^3/s.

Tabela 3.6 – Coeficientes de escoamento superficial do método de MacMath (C_{MM})

Condições de escoamento	Cobertura Vegetal	Textura	Topografia
Baixa	Gramínea (0.08)	Arenosa (0.12)	Plana (0.04)
Moderada	Intensa (0.12)	Leve (0.12)	Ligeiramente ondulada (0.06)
Média	Razoável à rala (0.16)	Média (0.16)	Ondulada à montanhosa (0.08)
Alta	Razoável à esparsa (0.22)	Pesada (0.16)	Montanhosa à escarpada (0.11)
Muito alta	Esparsa à descoberta (0.30)	Pesada ou rochosa (0.30)	Escarpada (0.15)

* valor de C_{MM} = soma dos três coeficientes selecionados para caracterizar a bacia

Exemplo 3.7:

Refazer o exemplo 3.6 pela Fórmula de MacMath, considerando $C_{MM} = C$

Solução

$$Qp = 0{,}0091 . C_{MM} . i . A^{4/5} . I^{1/5}$$

$$Qp = 0{,}0091 . 0{,}30 . 9{,}43 . 20.000^{0,8} . 0{,}0018^{0,2} = 20{,}1 m^3/s$$

Qmax = 1,10 Qp = 1,10 . 20,1 = 22,1 m^3/s

3.2.5 – Exercícios propostos sobre escoamento superficial

a) A Figura a seguir representa um hidrograma de cheia, na saída de uma bacia de 200 km2 de área de drenagem. Por planimetria calculou-se que a sua parcela de escoamento superficial direto (Área A da Figura) equivaleu a 6.000.000 m3. Considerando que a precipitação total média medida na bacia, responsável por esse evento, foi de 50 mm, calcule o valor do coeficiente C de escoamento superficial para a bacia em questão.

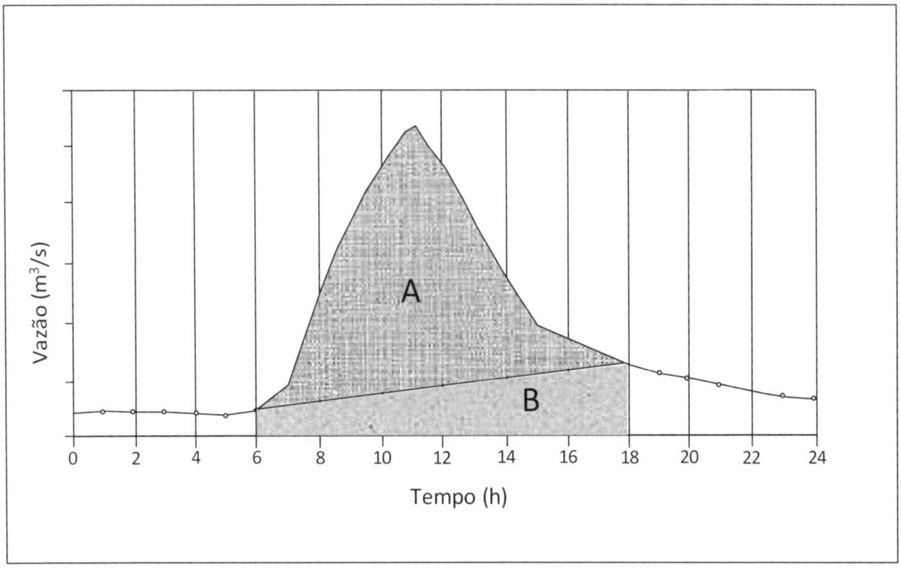

Resposta: C = 0,60

b) Pretende-se dimensionar uma estrutura de controle no ponto N da Figura a seguir. Calcular o tc até o ponto de saída N, sabendo-se que a área de contribuição é composta de duas parcelas (I) e (II) e uma canaleta MN.

Dados:

- (I) área verde com declive 4%; $V = 0{,}15\ \sqrt{I}$;
- (II) área pavimentada com declive 2%; $V = 0{,}60\ \sqrt{I}$;
- Canaleta com declive 1%; $V = 0{,}45\ \sqrt{I}$; e
- Lembrar que I é dado em %, e que V em m/s.

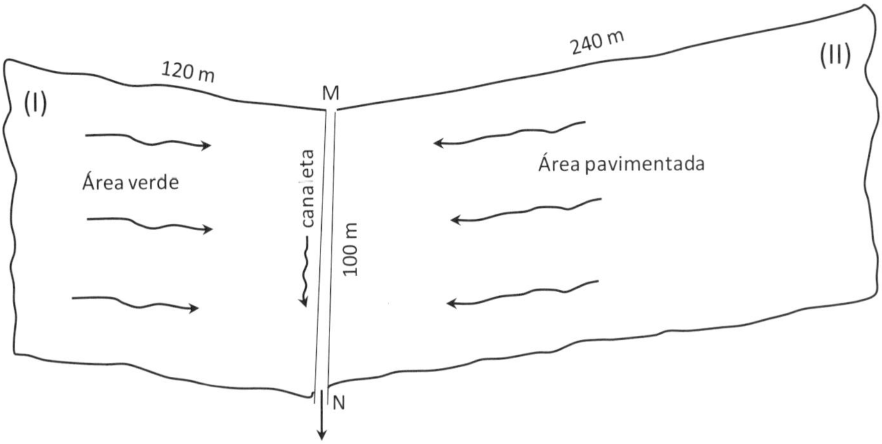

Resposta:

tc = 10,4 minutos

c) Duas áreas em paralelo possuem as seguintes características:

Área A: A=20 ha; C=0,40; tc= 30 min

Área B:A=30 ha; C=0,30, tc=20 min

Pede-se: calcular a vazão de pico do escoamento superficial pela Fórmula Racional para a saída em comum das áreas, para um período de retorno de 10 anos. Utilize a relação intensidade-duração-frequência de Piracicaba - SP, ou seja, $i = \frac{2017,05.T^{0,16}}{(t+21)^{0,91}}$ (lembrar que t é dado em minutos, T em anos e i em mm/h)

Resposta:

Qp = 3,846 m^3/s

d) Calcular Qmax pelo Método de I-Pai-Wú e comparar o resultado com o que seria obtido caso tivesse sido aplicado o Método Racional por engano.

Dados:

- A = 15.000 ha
- C = 0,30

- L = 20 Km
- Ieq = 3,2 m / km
- T = 100 anos
- Usar a equação de chuva intensa do exemplo 3.6
- $Qp = \frac{C . i . A}{360}$ (lembrar que: Qp →m^3/s; C → adimensional; i → mm/h; A → ha)
- Qp = 0,278 . C* . i . $A^{0,90}$. k (lembrar que: A⇒ km^2; i⇒ mm/h; Qp⇒ m^3/s)
- $C^* = \frac{\left(\frac{2}{1+F}\right)}{\left(\frac{4}{2+F}\right)}$ x C ; $F = \frac{L}{2\sqrt{\frac{A}{\pi}}}$ (lembrar que A⇒ km^2, L⇒ km, F⇒ adimensional)
- $tc = 57\left(\frac{L^2}{Ieq}\right)^{0,385}$ (lembrar-se que L⇒ km; Ieq ⇒ m / km; tc ⇒ min)
- k ⇒ Adimensional : gráfico da Figura 3.15
- Para I-Pai-Wú fazer Qmax = 1,10 Qp; para Fórmula Racional considerar Qmax = Qp

Resposta:

I – Pai – Wu → Qmax = 100,5 m^3/s

Racional → Qmax = 232,88 m^3/s

3.3 – Noções de escoamento em condutos livres

3.3.1 – Tipos de regime de escoamento em condutos livres

Os condutos livres englobam os cursos d'água naturais, as valetas, os drenos tubulares, entre outros (Figura 3.16). Esses condutos têm em comum o fato de apresentar uma superfície livre na qual atua a pressão atmosférica; consequentemente, não podem armazenar energia de pressão tal como os condutos forçados (tubulações), de forma que o escoamento se dá sempre por gravidade. Com exceção das saídas por recalque de "polders" (áreas baixas protegidas por diques), na grande maioria das vezes as estruturas de drenagem e controle de águas naturais são condutos livres.

Figura 3.16 – Condutos livres natural (A), aberto (B) e fechado (C)

Quanto às variações do escoamento nos condutos livres ao longo do tempo, este pode ser classificado em permanente (vazão constante com o tempo) ou variado (vazão variando com o tempo). O escoamento variado é aquele que ocorre na maioria das vezes; entretanto, para facilitar o equacionamento, assume-se escoamento permanente durante períodos específicos de tempo, com exceção do estudo de propagação de ondas de cheias.

No que diz respeito às variações da velocidade média do escoamento com o percurso, o escoamento é classificado em uniforme (velocidade média constante com o percurso) e não uniforme (velocidade média variando ao longo do percurso). A Figura 3.17 apresenta, esquematicamente, trechos de um escoamento onde há movimento permanente uniforme e não uniforme. Para atender os objetivos desse texto, o estudo se limitará ao escoamento permanente e uniforme.

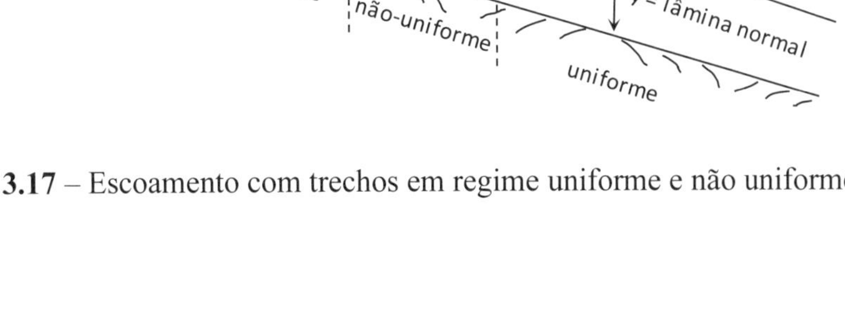

Figura 3.17 – Escoamento com trechos em regime uniforme e não uniforme

3.3.2 – Elementos geométricos dos condutos livres

Ao contrário dos condutos forçados, que apresentam seções quase sempre circulares, os condutos livres apresentam diversos tipos de forma. Assim, para caracterizar a forma há necessidade de se definir três elementos geométricos básicos:

-*Seção molhada (S):* é a área proveniente da intersecção entre o plano perpendicular ao fundo do canal e a direção do fluxo;

-*Perímetro Molhado (PM):* é a linha formada pela intersecção da seção molhada com o fundo e as paredes do canal;

-*Raio hidráulico (R):* é a razão entre a seção molhada e o perímetro molhado. O raio hidráulico apresenta dimensão linear e aumenta com o aumento das dimensões do canal, ou seja, "o raio hidráulico está para o conduto livre assim como o diâmetro do tubo está para o conduto forçado".

Observação:

Conforme ilustra a Figura 3.18, existe uma diferença entre a altura da seção (h), que é medida perpendicularmente ao fundo do canal, e a profundidade do canal (y), que é medida na vertical. Mais precisamente h = cos α . y ; entretanto, como o ângulo α é muito pequeno na maioria das vezes, cos α é aproximadamente igual a 1, ou seja, h pode ser considerado aproximadamente igual a y.

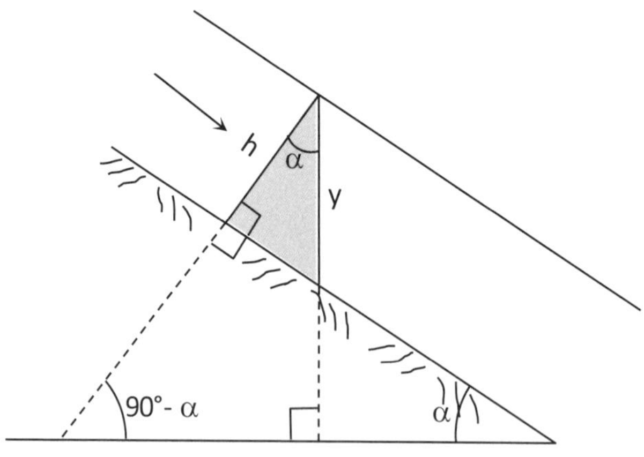

Figura 3.18 – Diferença entre a altura da seção (h) e a profundidade do canal (y)

a) Seção retangular

É a mais simples das seções. Geralmente é usada em pequenas canaletas concretadas. Alguns solos turfosos muito estáveis aceitam drenos abertos rasos (profundidade de cerca de 80 cm) com seção retangular (Figura 3.19).

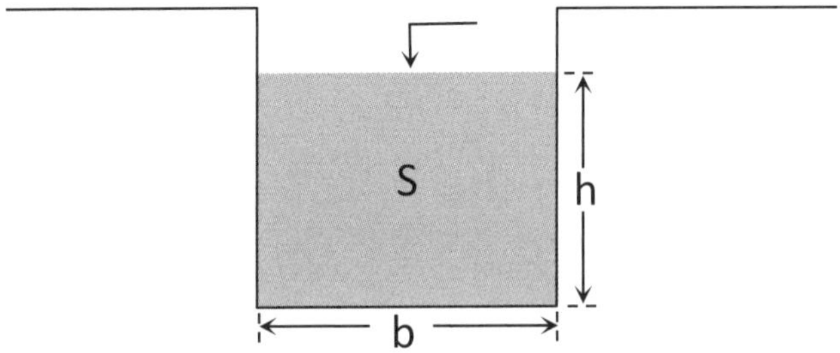

Figura 3.19 – Elementos geométricos da seção retangular

$$S = b \, . \, h \tag{3.17}$$

$$PM = b + 2.h \tag{3.18}$$

$$R = \frac{S}{PM} = \frac{b \, . \, h}{(b + 2.h)} \tag{3.19}$$

b) Seção trapezoidal

É a seção mais utilizada para coletores e canal principal dos sistemas de drenagem em áreas planas (rede principal). Na Figura 3.20 são apresentados os elementos geométricos desse tipo de seção.

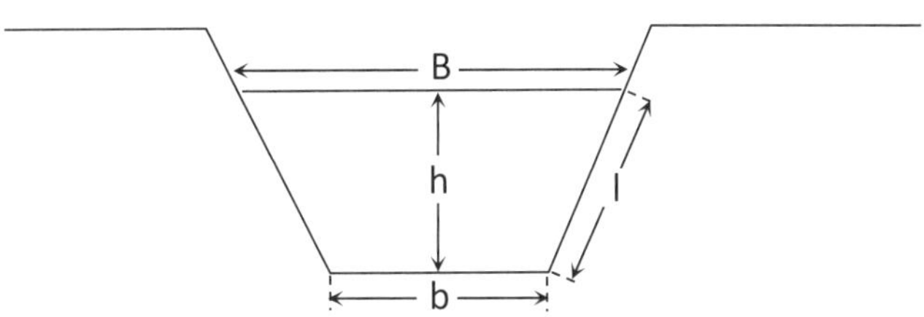

Figura 3.20 – Elementos geométricos da seção trapezoidal

$$S = \frac{(B+b)}{2}.h \qquad (3.20)$$

$$PM = b + 2.l \qquad (3.21)$$

$$R = \frac{S}{PM}$$

Na prática, é mais comum trabalhar-se com a inclinação do talude do canal (λ) do que com a dimensão inclinada do lado, tal como é apresentado na Figura 3.21. (o "h" externo da figura, na verdade é Z = profundidade total do canal).

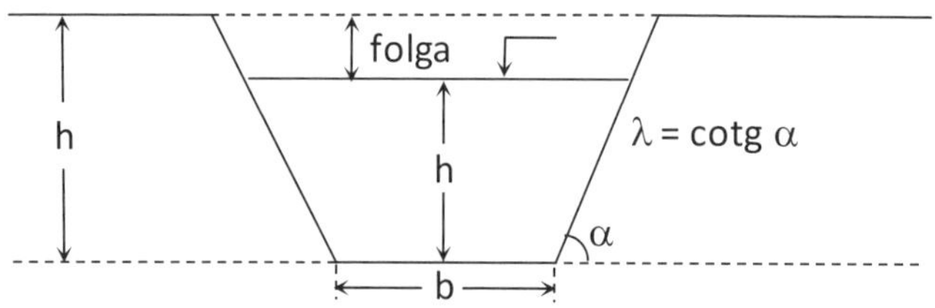

Figura 3.21 – Elementos geométricos da seção trapezoidal, em função da inclinação do talude (λ)

$$S = b.h + \lambda.h^2 \qquad (3.22)$$

$$PM = b + 2.h.\sqrt{\lambda^2 + 1} \qquad (3.23)$$

$$R = \frac{S}{PM}$$

Essas expressões valem também para seções triangulares (fazendo b= 0) e para seções retangulares (fazendo λ = 0). Os valores adotados de λ visam garantir estabilidade das laterais de canais não revestidos. Na Tabela 3.7 são apresentadas sugestões para valores de λ em função da textura do solo.

Tabela 3.7 – Valores sugeridos de inclinação do talude (λ) segundo a textura do solo

TEXTURA DO SOLO	INCLINAÇÃO DO TALUDE (λ)
Argilosa compacta	0,75 : 1
Argilosa	1 : 1
Média	1,5 : 1
Arenosa	2,0 : 1

c) Seção parabólica

Estruturas de sistemas de drenagem superficial de áreas com declive, como canais de terraços, canais escoadouros e canais divergentes são assumidas como sendo de seção parabólica; os elementos geométricos são apresentados na Figura 3.22.

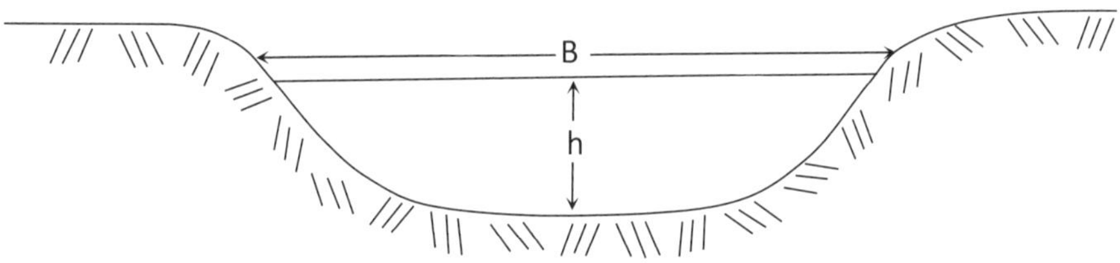

Figura 3.22 – Elementos geométricos da seção parabólica

$$S = \frac{2}{3} . B . h \quad (3.24)$$

$$PM = B + \frac{8}{3} . \frac{h^2}{B} \quad (3.25)$$

$$R = \frac{S}{PM}$$

d) Seção circular parcialmente cheia

É o tipo de seção presente em drenos tubulares, bueiros, galerias de águas pluviais e canaletas meia-cana; os elementos geométricos (Figura 3.23) são funções da relação entre a altura d'água (h) e o raio do tubo (r) conforme a Tabela 3.8.

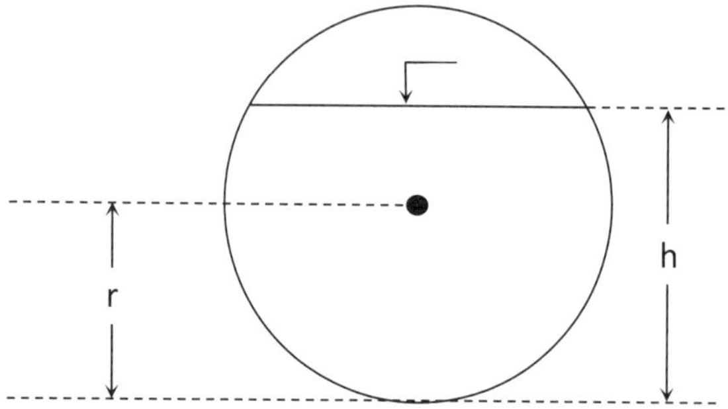

Figura 3.23 – Elementos geométricos da seção circular parcialmente cheia

$$\frac{h}{r} = Z1 \quad \Rightarrow$$

$$S = Z2 \cdot r^2 \qquad (3.26)$$

$$PM = Z3 \cdot r \qquad (3.27)$$

$$R = Z4 \cdot r \qquad (3.28)$$

Exemplo 3.8:

Um bueiro com 1,60 m de diâmetro deverá operar com uma lâmina d´água de 1,0 m. Calcular S, PM e R.

Solução:

$$\frac{h}{r} = \frac{1{,}0}{0{,}8} = 1{,}25 = Z1 \Rightarrow$$

$Z2 = 2{,}067 \rightarrow \quad S = 2{,}067 \cdot 0{,}8^2 = 1{,}323\ m^2$

$Z3 = 3{,}653 \rightarrow \quad PM = 3{,}653 \cdot 0{,}8 = 2{,}922\ m$

$Z4 = 0{,}566 \rightarrow \quad R = 0{,}566 \cdot 0{,}8 = 0{,}453\ m$

Tabela 3.8 – Seção molhada (S), perímetro molhado (PM) e raio hidráulico (R), como função da razão entre altura d'água (h) e raio do tubo (r)

Altura d'água $z_1 = \frac{h}{r}$	**Seção Molhada** $z_2 = \frac{A}{r^2}$	**Perímetro molhado** $z_3 = \frac{P}{r}$	**Raio Hidráulico** $z_4 = \frac{R}{r}$	**Vazão** $z_5 = \frac{Q}{C\sqrt{r^5 I}}$
0,05	0,021	0,635	0,033	0,004
0,10	0,059	0,902	0,065	0,015
0,15	0,107	1,110	0,096	0,033
0,20	0,163	1,287	0,127	0,058
0,25	0,227	1,446	0,157	0,090
0,30	0,295	1,591	0,186	0,127
0,35	0,370	1,726	0,214	0,171
0,40	0,447	1,855	0,241	0,220
0,45	0,529	1,977	0,268	0,274
0,50	0,614	2,094	0,293	0,333
0,55	0,702	2,208	0,327	0,412
0,60	0,793	2,319	0,342	0,464
0,65	0,885	2,426	0,365	0,545
0,70	0,980	2,532	0,387	0,610
0,75	1,075	2,630	0,408	0,638
0,80	1,173	2,739	0,429	0,768
0,85	1,272	2,840	0,448	0,851
0,90	1,371	2,941	0,468	0,941
0,95	1,471	3,042	0,484	1,023
1,00	1,571	3,142	0,500	1,111
1,05	1,671	3,241	0,530	1,199
1,10	1,771	3,342	0,548	1,289
1,15	1,870	3,443	0,515	1,378
1,20	1,969	3,544	0,555	1,467
1,25	2,067	3,653	0,566	1,556

1,30	2,162	3,751	9,576	1,641
1,35	2,257	3,857	0,585	1,726
1,40	2,349	3,964	0,593	1,808
1,45	2,449	4,075	0,598	1,887
1,50	2,528	4,189	0,603	1,963
1,55	2,613	4,307	0,607	2,035
1,60	2,694	4,428	0,608	2,102
1,65	2,773	4,557	0,608	2,163
1,70	2,846	4,692	0,607	2,216
1,75	2,915	4,838	0,602	2,262
1,80	2,978	4,996	0,597	2,301
1,85	3,035	5,173	0,587	2,324
1,90	3,082	5,381	0,573	2,355
1,95	3,121	5,648	0,553	2,321
2,00	3,142	6,283	0,500	2,221

3.3.3 – Teorema de Bernoulli para canais em regime permanente e uniforme

Conforme pode ser observado na Figura 3.24, em regime permanente e uniforme, a linha de energia (LE) é paralela à linha piezométrica (LP), que, por sua vez, é paralela a linha do fundo; a LP representa a própria linha d'água.

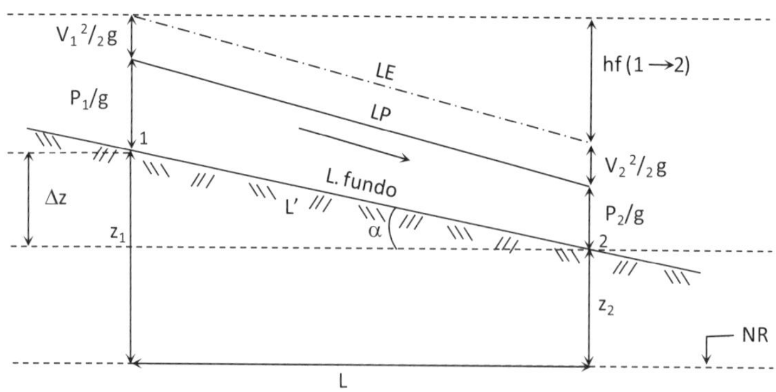

Figura 3.24 – Esquema das cargas hidráulicas envolvidas no escoamento em canais, em regime permanente e uniforme

Aplicando a lei da conservação da energia entre os pontos (1) e (2), obtém-se:

$E_1 = E_2 + hf\,(1 \rightarrow 2)$

$$\frac{P1}{\gamma} + \frac{V1^2}{2.g} + Z1 = \frac{P2}{\gamma} + \frac{V2^2}{2.g} + Z2 + hf(1 \rightarrow 2) \qquad (3.29)$$

$$Z1 - Z2 = hf\ (1 \rightarrow 2)$$

$$\Delta Z = hf\ (1 \rightarrow 2) \qquad (3.20)$$

Em que:

E – carga hidráulica total, m.c.a;

hf (1→2) – perda de carga entre as seções 1 e 2, m.c.a;

$\frac{P}{\gamma}$ - carga de pressão, m.c.a;

$\frac{V^2}{2.g}$ - carga cinética, m.c.a;

Z – carga de posição, m.c.a; e

ΔZ – diferença de cota, m.

A equação 3.30 indica que toda a diferença de energia de posição (ΔZ) se dissipa (hf) na trajetória de (1) a (2), de forma que as cargas de pressão $\left(\frac{P}{\gamma}\right)$ e de velocidade $\left(\frac{V^2}{2.g}\right)$ se mantêm constantes entre as seções (1) e (2).

Dividindo ambos os termos da equação 3.31 por L, obtém-se:

$$\frac{\Delta Z}{L} = \frac{hf(1 \rightarrow 2)}{L} \qquad (3.31)$$

Entretanto, $\cos\alpha = \frac{L}{L'}$ $\therefore$ $L = \cos\alpha \, . L'$. Como na maioria dos casos práticos α é muito pequeno, cos α ≈ 1. Assim, L ≈ L'; o que ao se substituir em 3.32 origina:

$$\frac{\Delta Z}{L} \cong \frac{hf(1 \rightarrow 2)}{L'} \quad \therefore \quad I \cong J \qquad (3.32)$$

Pela equação 3.32 verifica-se que, em regime permanente e uniforme, a perda de carga unitária (J) pode ser aproximada pelo valor da declividade do fundo do canal (I).

3.3.4 – Equação de resistência em canais

Dentre as equações semi-empíricas existentes para o cálculo da perda de carga em canais, em regime permanente e uniforme, a mais utilizada na prática é a fórmula de Manning (3.33), cuja forma de obtenção é descrita no Anexo II.

$$V = \frac{1}{n} . R^{2/3} . I^{0,50} \qquad (3.33)$$

Em que:

V – velocidade média de escoamento na seção, $m.s^{-1}$;

n – coeficiente de rugosidade; função da natureza das paredes e do fundo do canal, $m^{-1/3}.s$;

R – raio hidráulico, m; e

I – declividade da linha de energia, que é igual à do fundo do canal , $m.m^{-1}$.

Na Tabela 3.9 são apresentados valores do coeficiente "n" para canais abertos e na Tablea 3.10 para condutos fechados.

3.3.5 – Velocidades médias, mínima e máxima, em canais

Após a realização de qualquer dimensionamento hidráulico, é importante se verificar o valor previsto para a velocidade média do escoamento; a velocidade deve se situar entre um limite mínimo e um máximo. A velocidade mínima admissível visa evitar sedimentação excessiva na calha. Geralmente esse valor é de 0,30 m/s para águas naturais e de 0,60 m/s para águas de esgoto. A velocidade máxima admissível visa evitar que haja erosão na seção; a Tabela 3.11 fornece valores de referência para a velocidade máxima.

Tabela 3.9 – Valores de coeficiente de rugosidade de Manning para canais abertos

TIPO DE CANAL	Valores de (n)	
	mínimo	**máximo**
Canais Revestidos		
Semi-circular, metálico, liso	0,011	0,015
Metal corrugado	0,023	0,024
Canaleta de tábuas lisas	0,010	0,015
Canaleta de tábuas não aplainadas	0,011	0,015
Revestido de cimento liso	0,010	0,013
Concreto	0,012	0,018
Cimento e cascalho	0,017	0,030
Alvenaria de tijolos revestido de cimento	0,012	0,017
Parede de tijolos lisos, esmaltados	0,011	0,015
Superfície de argamassa de cimento	0,011	0,015
Canais não revestidos		
Terra, retilíneo e uniforme	0,020	0,025
Com leito dragado	0,025	0,033
Escoamento lento e tortuoso	0,023	0,030
Fundo com pedras, vegetação nos taludes	0,025	0,040
Fundo com pedras e taludes com cascalho	0,028	0,035
Canais escavados em rocha, lisos e uniforme	0,025	0,035
Irregulares com recortes e saliências	0,035	0,045
Canais em terra, pequeno rasos com vegetação		
Grama, alta (13"), verde	0,042	-
Grama, alta dormente	0,035	0,28
Grama rasteira (3"), verde	0,034	-

Grama rasteira dormente	0,034	-
Arbustos altos (16”) verdes	0,076	0,22
Arbustos curtos (2”) verdes	0,033	-
Cursos Naturais		
Limpos, margens retas e uniformes, leito cheio, sem desvio e sem escavações profundas	0,025	0,033
Como (1), com pedras e vegetação	0,030	0,040
Curso tortuoso, limpo, com empoçamentos e bancos de areia	0,033	0,045
Como (3), declive e secção irregulares	0,040	0,055
Como (3), algumas pedras e vegetação	0,035	0,050
Cursos muito cheios de vegetação, capim	0,075	0,150

Tabela 3.10 – Valores de coeficiente de rugosidade de Manning para condutos fechados

Tipo de conduto	Valores para dimensionamentos
Ferro fundido limpo, sem revestimento	0,013 – 0,015
Ferro fundido limpo, com revestimento	0,012 – 0,014
Ferro fundido sujo ou incrustrado	0,015 – 0,035
Aço rebitado ou soldado em espiral	0,015 – 0,017
Ferro forjado galvanizado	0,014 – 0,017
Ferro fundido galvanizado	0,015 – 0,017
Ferro forjado preto	0,013 – 0,015
Latão, bronze liso, cobre	0,011 – 0,013
Condutos de tábuas lisas, aplainadas	0,011 – 0,013
Condutos de tábuas comuns	0,012 – 0,013
Concreto com juntas ásperas	0,016 – 0,017
Concreto poroso sem acabamento	0,014 – 0,016
Concreto bem acabado	0,012 – 0,014
Cimento liso	0,011 – 0,013

Manilhas vitrificadas, para esgotos	0,013 – 0,016
Manilhas de argila comum, para drenos	0,012 – 0,015
Metal corrugado	0,023 – 0,025
Rocha, sem revestimento	0,038 – 0,041
Aço esmaltado, laqueado	0,009 – 0,011
Cimento-amianto, plástico, PVC	0,009 – 0,011
Alumínio	0,011 – 0,012
Alumínio com juntas de acoplamento rápido	0,012 – 0,013
Plástico corrugado	0,015 – 0,017

Tabela 3.11 – Valores sugeridos de velocidades médias máximas em canais

Tipo de canal	**Velocidade máxima (m/s)**
Solo arenoso	0,3 – 0,7
Solo franco-arenoso	0,5 – 0,7
Solo franco-arigiloso	0,6 – 0,9
Solo argiloso	0,9 – 1,5
Concreto	2,5 – 5,0
Grama	1,5 – 2,0

Caso o dimensionamento revele que a velocidade está excessiva, deve-se reduzir a declividade do canal, estudando um novo traçado ou lançando mão de estruturas de salto.

3.3.6 – Declividades sugeridas

Como a velocidade de escoamento depende da declividade do canal, ao serem estabelecidos limites de velocidade, limitam-se também os valores de declividade. Observando-se a equação de Manning, verifica-se que, para uma dada declividade, quanto maior o raio hidráulico (tamanho do canal) maior a velocidade. Assim, canais grandes devem ter uma declividade menor do que canais pequenos, para a velocidade não atingir valores excessivos; na Tabela 3.12 são apresentados valores limites de declividade.

Tabela 3.12 – Ordem de grandeza para declividade dos canais

Tamanho	Vazão (m^3/s)	Declividade (por mil)
Grandes	Q > 10,0	0,1 a 0,3
Medianos	3,0 < Q < 5,0	0,25 a 0,5
Pequenos	0,1 < Q < 3,0	0,5 a 1,0
Muito pequenos	Q < 0,1	1,0 a 5,0

3.3.7 – Problemas hidraulicamente determinados de canais

São problemas que conduzem a uma única solução; ocorrem quando o número de equações é igual ao número de incógnitas. Essas soluções podem ser diretas (quando a incógnita pode ser colocada em evidência) ou iterativas (quando isso não é possível). Esses problemas podem ser agrupados, basicamente, em 3 tipos (Tabela 3.13).

Tabela 3.13 – Problemas hidraulicamente determinados em canais

CASO	DADOS	PEDE-SE	SOLUÇÃO
1º	Dimensões do canal, I, n	V, Q	Direta
2º	Dimensões do canal, Q, n	V, I	Direta
3º	Uma das dimensões, Q, I, n	A outra dimensão, V	Iterativa

Exemplo 3.9 (1º Caso):

Calcular a velocidade média da seção e a vazão que um canal retangular de concreto é capaz de transportar, tendo em vista as seguintes características:

– Largura do fundo = 1,5 m;

– Altura da lâmina normal = 0,80 m;

– Declividade = 0,3 por mil; e

– n = 0,014

Solução:

$S = b \cdot h = 1{,}5 \cdot 0{,}8 = 1{,}2\ m^2$

$PM = b + 2.h = 1{,}5 + 2.\ 0{,}8 = 3{,}1\ m$

$$R = \frac{S}{PM} = \frac{1{,}2}{3{,}1} = 0{,}387\,m$$

$$V = \frac{1}{n} . R^{2/3} . I^{1/2} \quad = \frac{1}{0{,}014} . 0{,}387^{2/3} . 0{,}003^{0{,}50} = 0{,}657\,m/s$$

$Q = S \cdot V = 1{,}2\ m^2 \cdot 0{,}657\ m/s = 0{,}79\ m^3/s$

Exemplo 3.10 (2ºCaso):

Qual o declive que deve ser dado a um canal de terraço em gradiente, para que o mesmo escoe uma vazão de 250 L/s ?

Dados adicionais:

– B = 1,50 m;

– h = 40 cm;

– n = 0,025

Solução:

$$S = \frac{2}{3} . B . h = \frac{2}{3} 1{,}50 . 0{,}40 = 0{,}40\,m^2$$

$$PM = B + \frac{8}{3} . \frac{h^2}{B} = 1{,}50 + \frac{8}{3} . \frac{0{,}40^2}{1{,}50} = 1{,}784\,m$$

$$R = \frac{S}{PM} = \frac{0{,}40}{1{,}784} = 0{,}224\,m$$

$$Q = S.V \quad \therefore \quad V = \frac{Q}{S} = \frac{0,250}{0,40} = 0,625\,m/s$$

$$V = \frac{1}{n}.R^{2/3}.I^{0,50} \quad \therefore \quad I = \left(\frac{V.n}{R^{2/3}}\right)^2 = \left(\frac{0,625.0,025}{0,224^{0,667}}\right)^2 = 0,0018\,m/m = 1,8\,\text{por mil}$$

Exemplo 3.11 (3ºCaso):

Calcular a lâmina d'água para que um canal trapezoidal com base menor de 40 cm e inclinação de talude 1:1 conduza uma vazão de 160,4 L/s em regime permanente e uniforme. Considerar declividade de 1,0 por mil e coeficiente de rugosidade de Manning de 0,035.

Solução:

$$S = b.h + \lambda.h^2$$

$$PM = b + 2.h.\sqrt{\lambda^2 + 1}$$

$$R = \frac{S}{PM}$$

$$V = \frac{1}{n}.R^{2/3}.I^{1/2}$$

$$Q = S.V \quad \therefore \quad Q = \left(b.h + \lambda.h^2\right).\frac{1}{n}.\left[\frac{\left(b.h + \lambda.h^2\right)}{\left(b + 2.h.\sqrt{\lambda^2 + 1}\right)}\right]^{2/3}.I^{0,50} \quad \therefore$$

$$\therefore 0,1604 = (0,40.h + 1.h^2).\frac{1}{0,035}.\left[\frac{\left(0,40.h + 1.h^2\right)}{\left(0,40 + 2.h.\sqrt{1^2 + 1}\right)}\right]^{0,667}.0,001^{0,50}$$

Resolvendo-se a expressão anterior iterativamente, obtém-se h = 0,50 m.

Observação:

No caso particular das seções circulares parcialmente cheias, pode-se utilizar a equação 3.34 para o cálculo do diâmetro, diretamente:

$$D = \left(\frac{Q\,.\,n}{k\,.\,I^{0,50}} \right)^{0,375} \qquad (3.34)$$

Em que:

D – diâmetro da seção circular parcialmente cheia, m;

Q – vazão a ser transportada, m^3/s;

n – coeficiente de rugosidade de Manning, $m^{-1/3}.s$;

I – declividade da tubulação, $m.m^{-1}$; e

k – fator que é função da razão entre a lâmina d'água e o diâmetro (Tabela 3.14)

Tabela 3.14 – Coeficiente de correção da equação de Manning para seções circulares parcialmente cheias

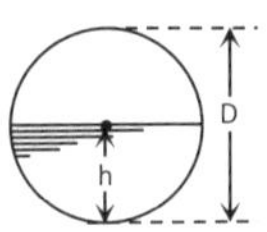	0,5	0,6	0,7	0,8	0,9	0,95	1,0
k	0,156	0,209	0,260	0,304	0,331	0,334	0,311

Exemplo 3.12:

Dimensionar um bueiro circular de concreto (n = 0,015) com um declive de 5 por mil, para transportar uma vazão de 200 L/s, com uma relação h / D = 0,80.

Solução:

$$\frac{h}{D} = 0,80 \;\Rightarrow\; k = 0,304$$

$$D = \left(\frac{0,200\,.\,0,015}{0,304\,.\,0,005^{0,50}} \right)^{0,375} = 0,478\,m$$

3.3.8 – Exercícios propostos sobre canais

a) Deseja-se calcular a capacidade de transporte de um canal trapezoidal concretado para adução de vinhaça fria. Sendo dados:

– n = 0,014 (concreto)

– b = 2 m

– h = 80 cm

– λ = 1:1

– I = 0,3 %

Calcular a velocidade de escoamento prevista e a vazão, quando o canal estiver cheio.

Resposta: V = 0,806 m/s; Q = 1,805 m³/s

b) Um bueiro circular de concreto armado conduz água com uma relação $\frac{h}{r} = 1{,}4$.

Sendo dados:

– D = 80 cm

– I – 1,0 por mil

– n = 0,015 (concreto)

Calcular V e Q.

Resposta: V = 0,807 m/s; Q = 0,303 m³/s

c) Calcular a declividade média de um canal revestido de concreto (n = 0,015), de seção retangular, com 80 cm de base e 40 cm de altura, para que o mesmo seja capaz de transportar uma vazão de 150 L/s.

Resposta: I = 0,42 por mil

d) Qual a largura e o declive que deve ter um terraço em gradiente para que o mesmo escoe uma vazão de 300 L/s com uma velocidade média de 0,9 m/s e uma altura de lâmina d'água de 40 cm ? Usar n = 0,025 (solo).

Resposta: B = 1,249 m; I = 4,1 por mil

e) Qual a altura da lâmina d'água normal e a velocidade média de escoamento num canal trapezoidal, para que o mesmo transporte uma vazão de 400 L/s ? Dados:

– n = 0,035 (solo)

– λ = 1:1

– b = 0,40 m

– I = 2,0 por mil

Resposta: h = 65 cm; V = 0,58 m/s

f) As paredes de um canal triangular fazem um ângulo de 45 graus com o plano horizontal (ou seja, $\theta = 45^o$). Sabendo-se que:

– Q = 2,0 m^3/s

– I = 0,003 m/m

– n = 0,012 (concreto)

Calcular a altura da lâmina d'água normal.

Resposta: h = 0,95 m

g) Um bueiro circular de concreto (n = 0,015) deverá conduzir uma descarga prevista de 2,36 m^3/s. O declive será de 0,2 por mil. Exige-se que a lâmina d'água atinja no máximo 90% do diâmetro do tubo. Calcular o valor do diâmetro teórico do bueiro.

Resposta: D = 2,14 m

h) Um coletor trapezoidal será projetado para conduzir uma vazão de 500 L/s. A base terá 50 cm e o talude 0,75:1. Calcule a declividade máxima que deverá ter o seu fundo para que a velocidade não exceda a 1,0 m/s (velocidade máxima não erosiva para solo argiloso), considerando um coeficiente de rugosidade de Manning de 0,030.

Resposta: I = 0,524%

3.4 – Características do solo

3.4.1 – Fatores de formação do solo

Os solos de baixadas são geralmente originados da deposição de sedimentos em áreas próximas a rios e lagoas. Dentre os fatores de formação do solo (material de origem, relevo, clima, biofesra e tempo) o relevo plano é o fator que exerce preponderância na formação desses tipos de solo, caracterizando-os como intrazonais e dotando-os de uma série de características comuns relativas à má drenagem (hidromorfismo), quais sejam:

– Acúmulo de matéria orgânica nos horizontes superficiais;

– Apresentação de cores escuras nesses horizontes;

– Gleização nos horizontes B e C, devido à ausência de ferro oxidado;

– Presença de mosqueados na zona de flutuação sazonal do lençol freático; e

– Favorecimento de formação de argilas expansivas.

A relativa homogeneidade de relevo, comum a esses solos, mascara a grande complexidade pedológica propiciada pelos outros fatores de formação do solo, que são responsáveis pela diversidade encontrada nos solos de terras planas; assim o número de classes de solo que podem ser identificadas nessas condições no Brasil passa de uma dezena. Nesse texto serão abordadas apenas as classes que ocorrem com mais frequência.

3.4.2 – Alguns tipos de solos de baixadas

a) Organossolos

São aqueles que possuem camada turfosa maior que 40 cm; seu perfil geralmente é descrito como [O; Cg]. As turfas possuem baixa densidade global (entre 0,1 a 0,25 g.cm^{-3}), alta retenção de umidade (de 800 a 900% a base de peso, quando saturadas), o que lhes conferem a sensação de colchão d´água ao caminhar.

A drenagem de turfas esbarra em problemas como a falta de estabilidade dos taludes dos drenos e a formação de crostas hidrófobas na superfície do solo. Além disso, o alto teor de matéria orgânica existente se deve às condições anaeróbicas; assim, quando esse tipo de solo é drenado, o processo de desidratação e a oxidação da matéria orgânica faz com que o mesmo sofra subsidência (rebaixamento da superfície). Observações realizadas no Rio Grande do Sul revelaram que o rebaixamento da superfície do solo atinge a 25 cm/ano nos primeiros anos e cerca de 3 a 5 cm/ano nos anos posteriores. Medidas de subsidência em solo turfoso acondicionado em lisímetros realizadas na Flórida, em função da profundidade em que era mantido o nível freático (NF), mostratam valores da ordem de 1,5 cm/ano quando o NF era mantido a 30 cm de profundidade, e 6,0 cm/ano quando o NF era mantido a 90 cm de profundidade. Conclui-se, portanto, que quanto mais intensiva for a drenagem subterrânea, menor será a vida útil da turfa. Assim, a recomendação geral atualmente é que, tendo em vista de se tratar de prática não sustentável, as turfas, ao invés de drenadas, devem ser deixadas como área de preservação de flora e fauna. Não havendo outras áreas agricultáveis disponíveis, os solos orgânicos podem ser explorados com horticultura, com drenos abertos rasos e próximos, de forma que o NF seja mantido o mais raso possível.

b) Neossolos flúvicos

Chamados pela classificação antiga de solos aluviais, são solos jovens (azonais) originados da deposição de sedimentos nas margens dos rios. Possuem perfil [A, C], ou seja, horizonte A pouco desenvolvido sobreposto a uma série de camadas gleizadas estratificadas. É difícil estabelecer uma aptidão para esse tipo de solo, pois a mesma vai depender da natureza das camadas depositadas, que varia bastante, tanto na vertical quanto na horizontal. Em baixadas estreitas, os aluviais se localizam na faixa que é deixada como área de preservação permanente e, portanto, não participam da área destinada à drenagem. Para fins de projeto, a amostragem do solo deve ser intensiva, devido à grande variabilidade espacial.

c) Gleissolos

Apresentam perfil do tipo [A, Cg ou A, Bg, Cg]; o horizonte A é espesso e escuro, e os horizontes B e C possuem cores acinzentadas devido à gleização. A textura varia de média a argilosa em todos os horizontes, não apresentando gradiente textural, o que os difere dos planossolos. Em sua classificação são subdivididos em húmicos (A > 20 cm) e pouco húmicos (A < 20 cm), sendo que nos primeiros encontram-se as condições mais adversas de drenagem. Geralmente possuem condutividade hidráulica baixa (< 0,1 $m.dia^{-1}$), o que encarece a drenagem subterrânea; se adaptam bem à prática de torpedeamento. Na Figura 3.25 é representada uma toposequência bastante comum em baixadas ribeirinhas estreitas da região Sudeste do Brasil.

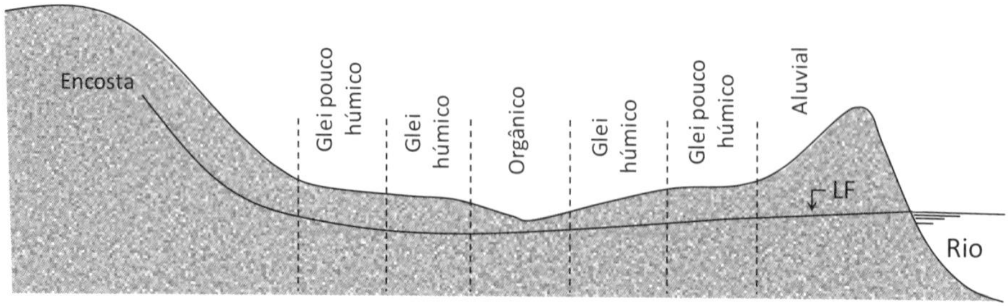

Figura 3.25 – Toposequência típica de baixadas ribeirinhas estreitas, na região Sudeste do Brasil

d) Planossolos

Geralmente localizados em cotas mais elevadas que os gleissolos, apresentam perfil [A1, A2, Btg e Cg]. O horizonte A possui textura média ou arenosa e há uma transição abrupta para o horizonte Bt argiloso, que se comporta como uma barreira para drenagem subterrânea; esse horizonte, chamado pela classificação antiga de B textural, é denominado atualmente de B plânico. Assim, nos planossolos típicos, em que o Bt está a menos de 60 cm de profundidade, a melhor aptidão é para o arroz inundado; já nos planossolos com horizonte A espesso (> 60 cm), a drenagem subterrânea pode ser viabilizada, mantendo-se os drenos sempre acima do Bt. Muitas vezes esse tipo de solo apresenta mini-relevo, exigindo aplainamento da superfície antes de sua utilização para fins agrícolas.

Principalmente no Semiárido, é comum a ocorrência de um tipo especial de planossolo denominado de Planossolo Nátrico (Solonetz Solodizado pela classificação antiga) que possui no Bt uma alta percentagem de sódio trocável (PST > 15%), o que causa dispersão das argilas e torna ainda mais severa a limitação desse horizonte à drenagem.

Outro tipo especial de planossolo, conhecido pela classificação antiga como Hidromórfico Cinzento, são solos semelhantes aos planossolos típicos, diferindo destes pelo fato de não apresentarem transição abrupta para o horizonte B; apresentam horizonte A de textura média ou arenosa, havendo um aumento suave do teor de argila em profundidade. Possuem, geralmente, condutividade hidráulica média, o que associado à ausência de barreira rasa, torna a drenagem subterrânea uma boa opção. Tal como nos planossolos, pode haver mini-ondulações que exigem regularização da superfície.

e) Neossolos quartzarênicos

Chamados pela classificação antiga de Areias Quartzosas Hidromórficas, são solos bastante pobres, constituídos essencialmente de quartzo; possuem perfil [A1, Cg]. Seu aproveitamento para fins agrícolas esbarra nas seguintes limitações: fertilidade muito baixa, baixa retenção de umidade, grande susceptibilidade de erosão pelas valas abertas e necessidade de que as mesmas tenham taludes suaves (2:1 no mínimo). As areias quartzosas eram, tradicionalmente, consideradas solos com pequena aptidão para a agricultura. Entretanto, com a difusão da irrigação localizada (gotejamento e micro-aspersão) e da fertirrigação, o cultivo nesses solos tem-se tornado mais promissor e frequente.

f) Gleissolo Tiomórfico

Também conhecidos como solos ácidos sulfatados, são solos que contém compostos de enxofre no horizonte B; possuem perfil [A1, A3, Bg ou Cg]. Ocorrem em baixadas litorâneas, apresentando o problema do hidromorfismo associado ao da salinidade. O horizonte A é escuro, com altos teores de matéria orgânica, e os horizontes Bg e Cg são argilosos, cinzentos, apresentando mosqueados amarelos. Esse material argiloso é conhecido na literatura internacional com "cat clay"; quando esses horizontes são furados pelo trado, geralmente exalam forte odor de gás sulfídrico ("ovo podre").

Quando esses solos são drenados, ocorre a oxidação dos sulfetos e liberação de ácido sulfúrico na solução do solo, segundo a equação:

$$4FeS_2 + 15O_2 + 2H_2O \rightarrow 2Fe(SO_4)_3 + 2H_2SO_4$$

Dessa forma o pH do solo geralmente cai a baixo de 3,5, podendo atingir a 1,5, causando sérios problemas nutricionais às culturas. A experiência tem demonstrado que a quantidade de corretivo (calcário) necessária para elevar o pH a valores razoáveis geralmente inviabiliza economicamente a exploração agrícola. Assim sendo, a melhor opção para solos dessa classe é deixá-los como área de preservação de flora e fauna; entretanto, quando os horizontes com tiomorfismo estão profundos e o lençol freático é raso, muitas vezes se obtém sucesso com a cultura do arroz inundado.

g) Plintossolos

Bastante comum na região Norte do Brasil, são solos profundos, nos quais o horizonte B apresenta mosqueados vermelhos e amarelos que, embora macios quando úmidos, endurecem irreversivelmente quando secam; esse material, denominado plintita (nódulos de ferro) quando endurecem formam concreções de ferro. O perfil é do tipo [A1, A2, Bt ou Btf, Cg] onde a letra "f" indica a presença de plintita. São geralmente explorados com arroz inundado ou com pastagens tolerantes ao encharcamento, já que a drenagem subterrânea tradicional não é indicada devido ao risco de formação de uma camada de concreções que possa limitar o desenvolvimento das raízes. As chamadas Lateritas Hidromórficas são solos que apresentam características semalhantes, diferindo dos plintossolos típicos devido à menor quantidade de plintita no horizonte plíntico.

h) Espodossolos

Também conhecidos como podzóis hidromórficos (classificação antiga), são solos que apresentam os horizontes superficiais arenosos e claros, e uma transição abrupta para um horizonte B escuro, para onde houve migração e acúmulo de matéria orgânica e ferro. Comuns na região Norte do Brasil e também no litoral sul do Estado de São Paulo, possuem perfil [A1, A2, Bh], onde a letra "h" representa o horizonte onde houve esse acúmulo. Possuem CTC, soma de bases e pH baixos o que, aliado à textura arenosa na superfície, conferem-lhes potencial agrícola baixo; geralmente são explorados com pastagens nativas resistentes ao encharcamento ou deixados como área de preservação da flora e fauna.

3.5 – Propriedades e parâmetros do solo

3.5.1 – Propriedades físicas e geométricas do perfil, necessárias à elaboração de um projeto de drenagem subterrânea

A classificação do solo da área do projeto é valiosa, pois como foi visto no sub-ítem 3.4, já existem na literatura observações que correlacionam o tipo de solo e o desempenho do sistema de drenagem após sua instalação. Entretanto, do ponto de vista da engenharia da drenagem subterrânea, os parâmetros fundamentais para dimensionamento dos drenos são:

– Textura do solo;

– Condutividade hidráulica do solo saturado (Ko);

– Porosidade drenável (α);

– Profundidade da barreira impermeável (PB).

No sub-item 3.6 e 3.7 serão discutidas com detalhe as técnicas para determinação de α.e Ko. Nesse sub-item será abordada a questão da identificação da barreira impermeável. e outros extratos do sub-solo.

3.5.2 – Tradagens georeferenciadas e descrição dos perfis

Além de favorecer a classificação do solo da área do projeto, as tradagens são fundamentais para se identificar a profundidade da barreira (PB). Geralmente feitas com trados manuais, atingem no máximo de 4 a 5 metros de profundidade. A equipe que realiza esse serviço deve ser composta de no mínimo 2 trabalhadores (em trabalho de revezamento) e 2 técnicos (1 para descrever o perfil e outro para as anotações). As amostras são colocadas em cima de uma lona plástica, em sequência, a fim de facilitar a separação dos horizontes. São anotadas cor, textura expedita, estrutura e consistência, em função da profundidade, toda vez que se percebe que houve mudança de material de solo. A descrição é realizada de forma simplificada, geralmente sem descer em nível de detalhe de um levantamento pedológico clássico.

3.5.3 – A barreira impermeável

A barreira impermeável é uma camada argilosa de permeabilidade muito menor que a camada superior ou uma camada rochosa. Nas regiões úmidas, onde os solos são mais profundos, é mais comum se encontrar barreiras argilosas; já no Semiárido a ocorrência de barreiras rochosas é maior.

No caso de barreiras argilosas, podem ocorrer dúvidas quanto a sua caracterização. Segundo Luthin (1965), uma camada seria considerada barreira se sua Ko fosse menor que um décimo da Ko da camada superior. Já para o Bureau of Reclamation americano, a barreira se caracterizaria por possuir Ko menor que um quinto da Ko média dos estratos superiores. A FAO (1979) considera barreira caso sua resistência hidráulica (C) for maior do que 250 dias, sendo $C = \frac{D}{Kov}$; em que D é a espessura da barreira (m) e Kov sua condutividade hidráulica vertical ($m.dia^{-1}$). Embora existam métodos para avaliar a condutividade hidráulica em profundidade, estes são muito trabalhosos, de forma que a presença da barreira, na maioria das vezes, tem sido caracterizada de forma prática: durante a tradagem percebe-se que a consistência aumentou (a movimentação do trado ficou mais difícil); confirma-se verificando se a amostra coletada está realmente bem mais seca que as amostras dos estratos superiores.

3.5.4 – A transmissividade do perfil

A transmissividade é uma variável bastante usada na hidráulica dos meios porosos, principalmente no estudo do movimento da água subterrânea. Ela é definida como o produto da espessura da camada onde se dá o escoamento horizontal da água pela condutividade hidráulica horizontal dessa camada, ou seja,

T = PB. Ko. Assim, quanto maior PB, maior a seção útil para o escoamento da água em direção aos drenos.

Na Figura 3.26 está representado um corte de uma região entre 2 drenos subterrâneos, sendo que à esquerda o escoamento se dá sobre uma barreira profunda e à direita sobre uma barreira rasa. Verifica-se que quando a barreira é rasa as linhas de corrente se estrangulam, exigindo um menor espaçamento entre drenos para o escoamento da recarga, quando comparado com a situação em que a barreira é profunda. Isto significa que quando Ko ou PB são baixos a drenagem encarece.

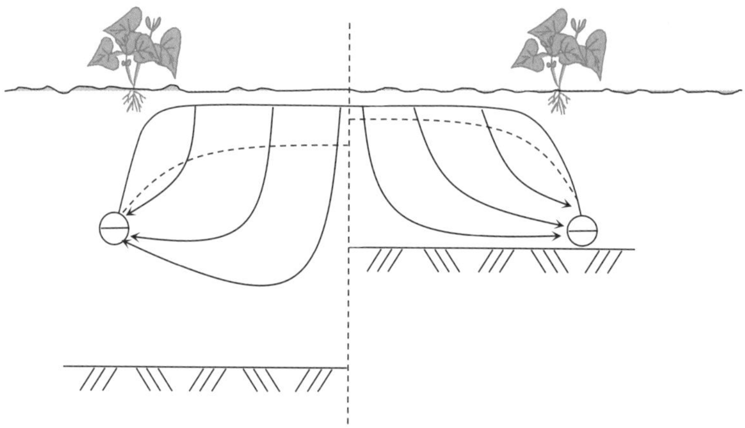

Figura 3.26 – Escoamento em direção aos drenos em condições de barreira profunda (à esquerda) e rasa (à direita). À esquerda consegue-se rebaixar o LF mais rapidamente que à direita

3.5.5 – Problemas com "seepage" vertical

a) Natureza do problema

O termo "seepage" diz respeito às entradas ou saídas de água, verticais ou laterais, que não as por chuva, drenagem ou evapotranspiração; as entradas por "seepage" vertical, provenientes de estratos arenosos semi-confinados, são bastante comuns em regiões úmidas, conforme é representado na Figura 3.27.

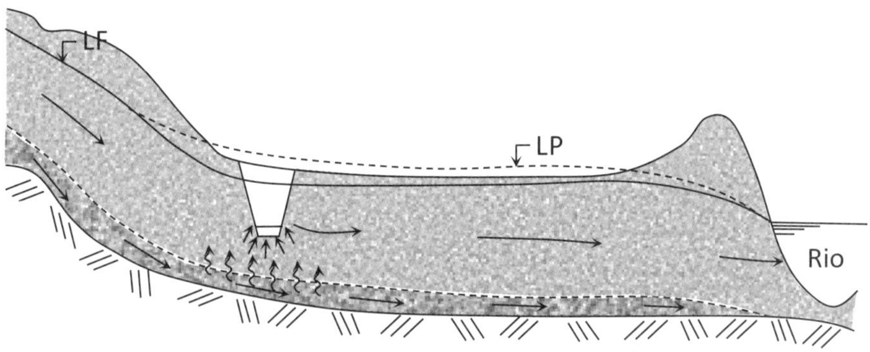

Figura 3.27 – "Seepage" vertical ascendente proveniente de extrato arenoso semi-confinado

O escoamento no extrato arenoso se dá com uma perda de carga menor que no estrato argiloso que o confina. Assim, à medida em que o mesmo desce a encosta, a linha piezométrica (LP) do estrato arenoso se posiciona acima do LF, criando gradiente de pressão que faz com que a água ascenda verticalmente, contribuindo para uma recarga extra, em relação à da chuva.

Na Figura 3.28 está ilustrada a variação da profundidade do LF, medida em duas glebas de uma área experimental do Estado de São Paulo, nas quais os drenos encontram-se posicionados a 70 cm de profundidade. A linha mais abaixo representa a posição do LF ao longo do tempo na gleba que não é influenciada pelo seepage, e a linha mais acima representa a posição do LF na gleba onde há influência do "seepage". Pode-se observar que, embora os drenos estejam instalados com espaçamento de 10 metros, o LF não consegue ser rebaixado a contento, após a recarga pluvial na gleba em que há influência do "seepage", devido à entrada vertical de água.

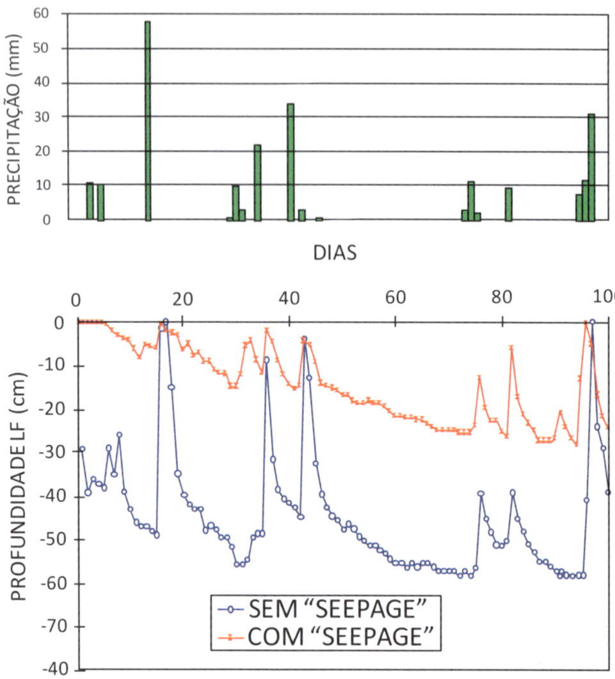

Figura 3.28 – Variação da profundidade do lençol freático ao longo de 100 dias, em função das recargas pluviais, com (linha de cima) e sem (linha de baixo) influência de "seepage" vertical ascendente

Dessa forma, toda vez que a realização de tradagens identificar camadas arenosas semi-confinadas por camadas argilosas próximas a encostas, é importante que se façam testes que possam revelar a ocorrência de "seepage" vertical.

b) Caracterização do "seepage" vertical

A comprovação clássica da possível ocorrência de "seepage" vertical é feita por meio do uso de piezômetros de solo. Os piezômetros usados são tubos de uma polegada de diâmetro que são cravados com pancadas a duas profundidades distintas (1,50 e 3,00 metros, por exemplo). Após se ter tingido essas profundidades, realiza-se tradagem no interior dos mesmos, com trado de rosca, deixando uma pequena cavidade abaixo destes. Na Figura 3.29 é representado, esquematicamente, as três situações que podem ser observadas ao serem realizadas leituras do nível da água dentro dos piezômetros.

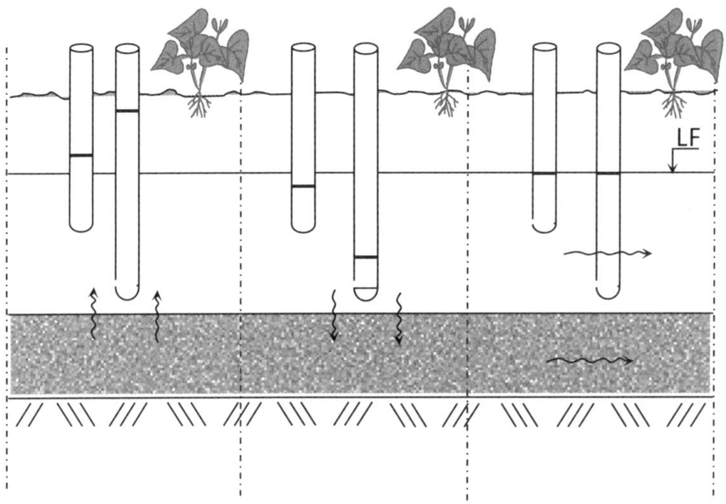

Figura 3.29 – Leituras de nível d'água em piezômetros de solo, caracterizando "seepage" vertical ascendente (esquerda), descendente (no meio) e movimentação lateral apenas (à direita)

Quando a altura da coluna de água no piezômetro mais profundo está maior, fica caracterizado movimento ascendente, o que é bastante comum em regiões úmidas. Quando este nível está menor, fica evidenciado movimento descendente, o que é mais comum em regiões semi-áridas, onde a zona saturada foi formada por perda por percolação profunda, proveniente de irrigação. Quando os níveis dos dois piezômetros coincidem, significa que não há movimentação vertical, podendo estar ocorrendo apenas movimentação lateral.

Exemplo 3.13:

Por meio da observação da leitura do nível d'água nos dois piezômetros de solo, calcular o volume diário ascendente através de uma camada argilosa semipermeável de condutividade hidráulica vertical igual a 5 mm/dia, numa área de 20 ha, sujeita à pressão artesiana. Desprezar a perda de carga vertical na camada permeável.

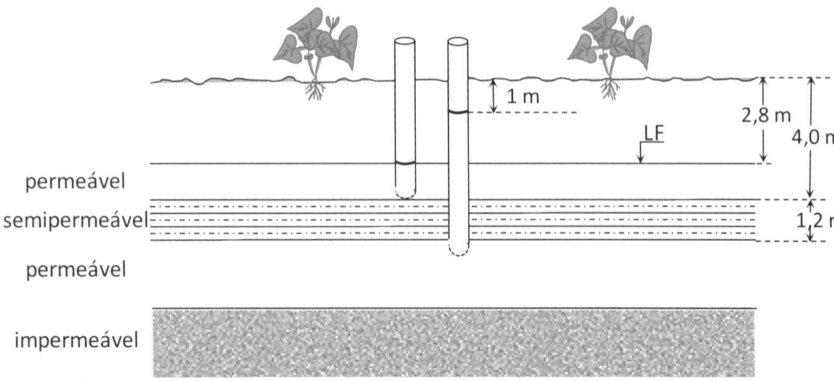

Resposta: 1.500 m^3/dia

A avaliação do fluxo ascendente por meio do uso de piezômetros é trabalhosa e cara. Dessa forma, quando se deseja apenas detectar a existência do problema, pode-se cavar dois buracos com um trado; um mais profundo (aproximando-se da camada arenosa) e outro mais raso, e realizar uma leitura da profundidade da água nos buracos. Se no furo mais profundo o nível da água estiver mais raso (Figura 3.30) é porque o problema existe.

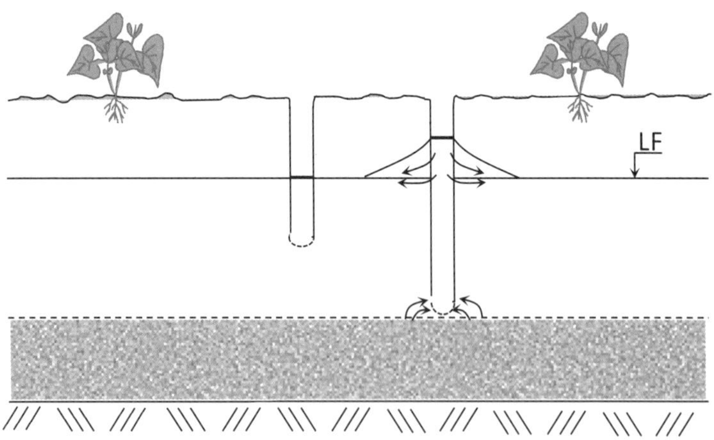

Figura 3.30 – Caracterização prática de ocorrência de "seepage" vertical ascendente com furos de trado na zona saturada do solo

c) Solução para o problema do "seepage" vertical

Embora, teoricamente, a recarga proporcionada pelo "seepage" vertical possa ser quantificada, conforme o exemplo 3.13, na prática ocorrem dois fatores complicadores: a carga na camada semi-confinada varia no tempo (segundo o regime pluviométrico local) e no espaço (segundo a distância à encosta); a magnitude dessa recarga é relativamente grande, acarretando o encarecimento do sistema de drenagem. Assim sendo, o mais recomendável é aprofundar o dreno de cintura, conforme é ilustrado na Figura 3.27, visando aliviar a pressão artesiana. Caso não haja cota suficiente na saída do dreno de cintura, uma outra opção seria o uso de drenos verticais de alívio, feitos de tubos de PVC , geralmente de duas polegadas de diâmetro. Esses tubos devem ser perfurados e envelopados com manta geotêxtil nos 30 cm finais e espaçados a 5 metros de distância, conforme mostra a Figura 3.31.

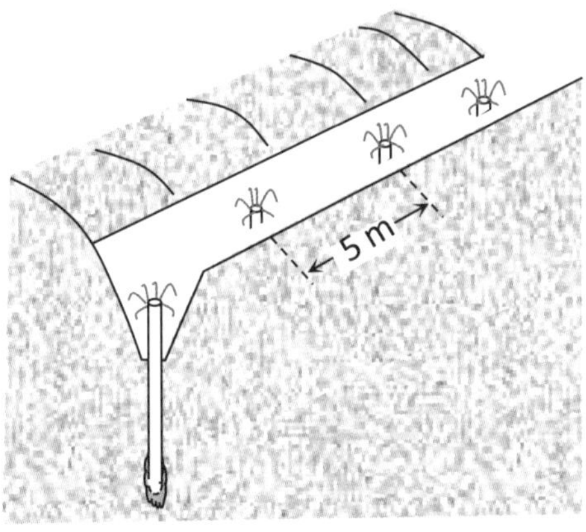

Figura 3.31 – Drenos verticais localizados dentro do dreno de cintura, para aliviar a pressão artesiana

3.5.6 – Exercício proposto

A Figura a seguir representa esquematicamente um perfil de solo composto de uma camada de argila pesada, sobreposta a uma camada de areia adjacente à rocha matriz. Supondo que tenham sido instalados 2 piezômetros de solo a profundidades diferentes, e que os níveis de água dentro dos piezômetros sejam os que estão marcados na Figura, responda:

1 – Existe movimento vertical na zona saturada da camada argilosa ? Em caso afirmativo, este movimento é ascendente ou descendente?

2 – Qual (quais) das 5 linhas pontilhadas pode (podem) representar a posição do LF?

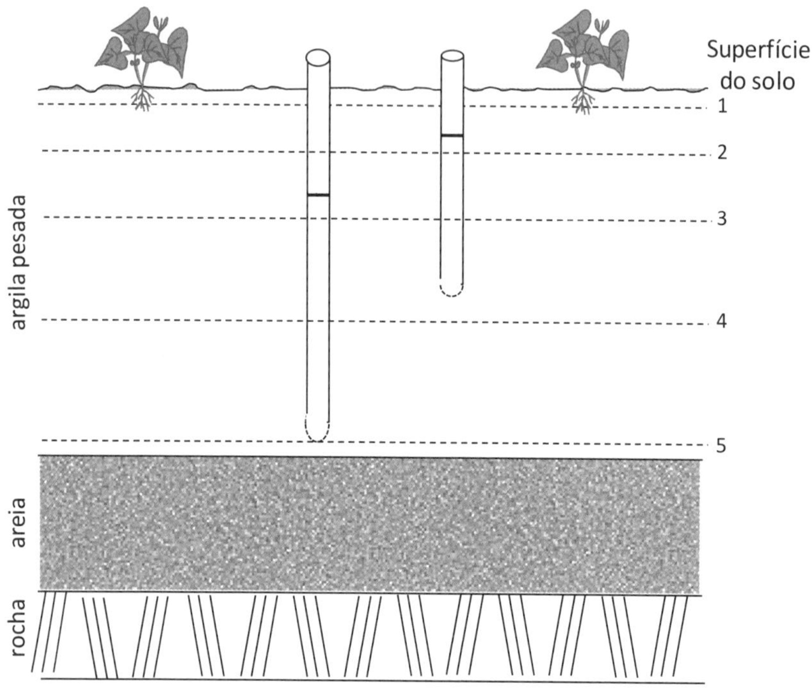

Resposta:

1 – Existe fluxo vertical no perfil; o fluxo é descendente.

2 – Das cinco linhas, a única que pode representar o LF é a linha 1.

3.6 – A porosidade drenável

3.6.1 – Conceito

A porosidade drenável é definida como o volume de água que é drenado livremente, por unidade de volume total de solo, por meio do rebaixamento do lençol freático (LF).

Para ilustrar esse conceito de forma simplificada, imagina-se um volume de solo cúbico em que o LF é rebaixado da posição LF1 para LF2; o volume de água drenado dividido pelo volume do cubo representa a porosidade drenável (α), tal como é apresentado na Figura 3.32.

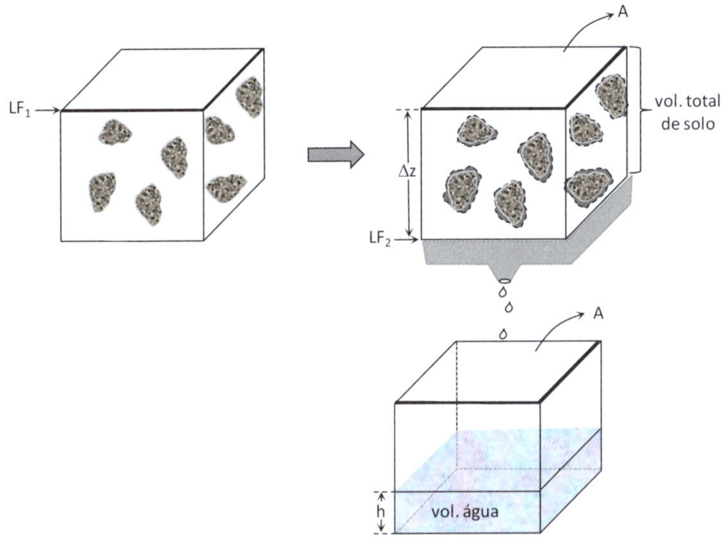

Figura 3.32 – Volume de água drenado para a caixa de baixo, devido ao rebaixamento do lençol freático na caixa com solo de cima, da posição LF1 para a posição LF2

Dessa forma α será dada por:

$$\alpha = \frac{\text{Volume de água drenada}}{\text{Volume total de solo}} \tag{3.25}$$

Considerando-se que o volume de água drenado pode ser representado pelo produto da lâmina drenada pela superfície do cubo de baixo (h . A) e que o volume total de solo será dado pelo produto da variação do LF pela superfície do cubo (Δz . A), vem que:

$$\alpha = \frac{h\,.\,A}{\Delta z\,.\,A} \;\therefore\; \alpha = \frac{h}{\Delta z} \tag{3.26}$$

Em que:

α – porosidade drenável, decimal;

h – lâmina d'água drenada, mm; e

Δz – variação da profundidade do LF, mm.

O conceito enunciado acima não considera que o teor de umidade, após a drenagem, depende da distância do ponto em questão ao LF, ou seja, depende da tensão a que estará submetido o solo após a drenagem vertical ter "praticamente" cessado. Esse fato é mostrado na Figura 3.33, onde é representado, de forma gráfica, o perfil de umidade após o rebaixamento do LF, supondo-o estático.

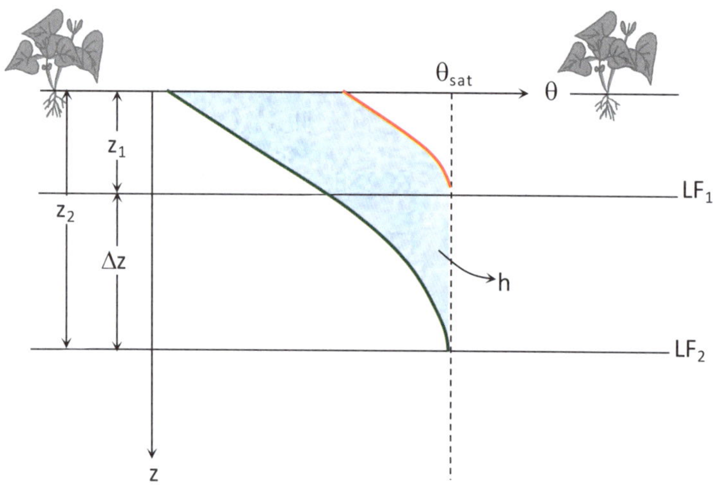

Figura 3.33 – Perfil estático de umidade do solo (θ) em função da profundidade do LF (Z), quando o LF é rebaixado de LF1 (perfil de cima) para LF2 (perfil de baixo)

Nesse gráfico a área compreendida entre os dois perfis representa a lâmina drenada (h), e portanto pode-se escrever:

$$h = \theta sat \,.\, \Delta z + \int_0^{z1} \theta(z)\,.\,dz \; - \; \int_0^{z2} \theta(z).dz \qquad (3.27)$$

Considerando que ambos os perfis revelam a umidade do solo em condições estáticas, ou seja, considerando que haverá um equilíbrio entre o potencial matricial e o potencial gravitacional, a função θ (z) será igual a θ (ψ) e poderá ser descrita por uma equação que represente a curva de retenção de água no solo. Entretanto, a maioria dos modelos que representam a curva de retenção fazem que essas integrais só tenham soluções numéricas. Assim sendo, visando facilitar o cálculo da porosidade drenável, é comum se considerar, por aproximação, que após o rebaixamento do LF, o perfil entrará totalmente na umidade da capacidade de campo, conforme é ilustrado na Figura 3.34.

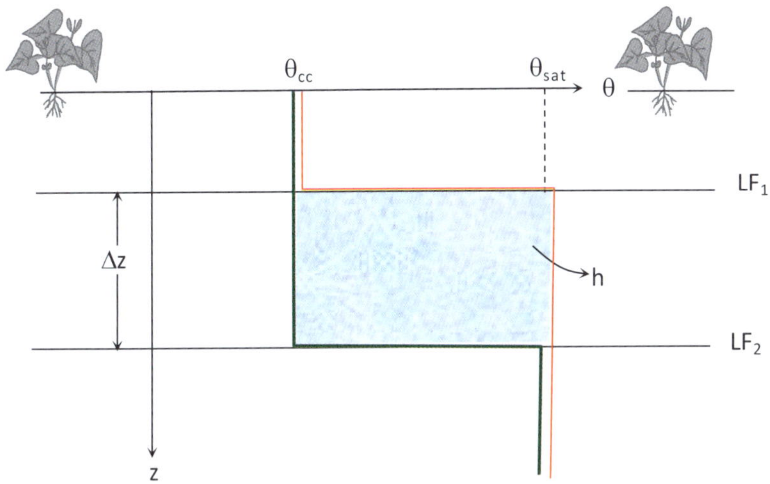

Figura 3.34 – Perfis de umidade do solo, com o LF na posição (1) e posteriormente na posição (2), considerando o conceito simplificado de capacidade de campo

Observando-se a Figura 3.34, verifica-se que a lâmina drenada (h) será dada por (θsat – θcc) . Δz. Desta forma, substituindo-se o valor de h na equação 3.26, obtém-se:

$$\alpha = \frac{h}{\Delta z} = \frac{(\theta sat - \theta cc).\Delta z}{\Delta z} \quad \therefore \quad \alpha = \theta sat - \theta cc \tag{3.28}$$

A equação 3.27 representa uma forma simplificada de se equacionar a porosidade drenável, forma essa que será utilizada para sua determinação prática.

3.6.2 – Determinação da porosidade drenável

O método mais comum para se obter o valor da porosidade drenável consiste em abrir trincheiras, uma para cada mancha de solo diferente, e se retirar amostras indeformadas com anel de Kopeck, da superfície do solo até cerca de 1 metro de profundidade. Essas amostras serão levadas para laboratório onde serão determinados θsat e θcc, sendo a umidade na capacidade de campo geralmente considerada como aquela relativa a uma tensão de 60 cm de coluna d'água, determinada na mesa de tensão, ou no funial de Buckner. O valor de α do perfil será a média ponderada dos valores de α de cada horizonte, tendo como fator de ponderação a espessura de cada horizonte.

Exemplo 3.14:

Um anel de Kopeck com 3 cm de altura e 4,7 cm de diâmetro foi utilizado para a determinação da porosidade drenável. Preencha a tabela abaixo e calcule o valor de α.

ANEL	Volume Anel	Tara + peso úmido	Tara + peso seco	Volume de água	θ	A
	(cm^3)	(g)	(g)	(cm^3)	($cm^3 . cm^{-3}$)	(%)
SAT		98,00	73,00			
CC		93,00				

Resposta: α = 9,61 %

Muitas vezes não se dispõe de um laboratório de Física do Solo próximo, capaz de realizar a determinação de α. Nesses casos uma opção é a utilização de uma equação empírica, que correlaciona o valor da condutividade hidráulica do solo saturado (Ko) com o valor de α. Essa equação se baseia no fato de que, quanto mais grosseira for a textura do solo, maior será Ko e maior será α, também (Equação 3.29).

$$\alpha = \sqrt{\text{Ko}} \tag{3.29}$$

Em que:

α – porosidade drenável, %;

Ko – condutividade hidráulica do solo saturado, cm. dia^{-1}.

Alguns trabalhos experimentais que se propuseram a testar a validade dessa equação revelaram que os resultados não foram bons. Entretanto, trabalhos mais modernos, realizados com modelos de simulação de desempenho de sistemas de drenagem, vêm mostrando que o espaçamento dos drenos não é muito sensível à variação dos valores de α, ou seja, errando-se na determinação de α, o erro obtido no espaçamento não é grande, o que justifica o uso dessa equação empírica (3.29), quando não for possível coletar amostras e encaminhar para laboratório.

A ordem de grandeza dos valores de porosidade drenável é dada na Tabela 3.15.

Tabela 3.15 – Ordem de grandeza de valores de porosidade drenável

Classificação	Valores (%)
Muito baixa	1 a 2
Baixa	2 a 10
Média	10 a 15
Alta	15 a 25
Muito alta	25 a 35

Exemplo 3.15

Qual a lâmina escoada quando o lençol freático (LF) é rebaixado de 50 cm para 100 cm de profundidade, considerando uma porosidade drenável de 20% ? Utilizar a equação 3. 26.

Resposta: 100 mm

Exemplo 3.16

Um perfil encontra-se na capacidade de campo quando chove 50 mm e esta lâmina se infiltra totalmente. Sabendo-se que o LF estava a 100 cm de profundidade antes da chuva, calcular sua nova profundidade após essa recarga, considerando $\alpha = 10\%$. Utilizar a equação 3.26.

Resposta: 50 cm

Exemplo 3.17

Ao se efetuar a leitura da umidade de um solo acima do LF, verifica-se que esta é de 30%. Sabendo-se que o LF está a 1,5 m de profundidade, calcule a nova profundidade do lençol após uma chuva de 180 mm que se infiltram totalmente. Dados: $\theta sat = 47,5\%$; $\theta cc=40\%$.

Resposta: 1,10 m

3.7 – Topografia

3.7.1 – Necessidade de mapas planialtimétricos para elaboração de projetos de drenagem

Para a elaboração do projeto de drenagem é necessário se dispor de mapas da área do projeto em si, e da área que pode contribuir com escoamento para dentro da área do projeto, denominada área de contribuição. No caso desta última, devido aos custos envolvidos, é mais comum procurar-se um mapa municipal onde esta esteja contemplada ou utilizar um mapa do IBGE que, mesmo com escala pequena, pode contribuir para o cálculo do escoamento superficial e, consequentemente, para o dimensionamento de drenos interceptores. Já para a área do projeto, na grande maioria das vezes, um levantamento topográfico detalhado, próprio para a mesma, é fundamental.

3.7.2 – Levantamento planialtimétrico da área do projeto

No caso de áreas encharcadas é necessário, inicialmente, realizar-se o chamado saneamento da área. Este consiste em duas etapas: na primeira, escavam-se, a partir do ponto de saída e em direção às cotas mais altas, algumas valas casualizadas rasas que permitam escoar a água empoçada, contribuindo para secar o terreno em algumas semanas. Esses drenos geralmente são efêmeros e deverão ser fechados quando da instalação do projeto definitivo. Na segunda etapa, abre-se o dreno de cintura, ou dreno de encosta, que procura proteger a área dos escoamentos subterrâneo e superficial laterais; esse dreno normalmente é deixado de forma definitiva. Quando necessário, após o secamento do terreno, roça-se a área para facilitar o trabalho topográfico.

O levantamento planialtimétrico pode ser realizado com trena e nível ótico (áreas pequenas), teodolito ou estação total; devido à rapidez do serviço, atualmente o levantamento tem sido feito principalmente por irradiação com estação total. Os dados colhidos na estação podem ser descarregados rapidamente em um computador com softwares apropriados. Estes softwares geralmente possuem módulos que realizam a triangulação dos pontos levantados e que traçam as curvas de nível.

O mapa da área geralmente é apresentado em escala variando de 1:500 à 1:2.000; áreas grandes são divididas em várias subáreas em escala 1:2.000, compondo um mosaico. A distância vertical desejada entre as curvas de nível depende da movimentação do relevo: áreas muito planas exigem curvas de 20 em 20 cm; áreas mais acidentadas podem ser bem representadas com curvas de até 1 em 1 metro.

3.7.3 – Estaqueamento visando sistematização

Embora em muitos países se realize sistematização do solo para facilitar a drenagem superficial, como nos Estados Unidos, por exemplo, no Brasil, devido aos custos envolvidos, os trabalhos de sistematização para fins agrícolas são realizados apenas quando se pretende irrigar a área por superfície, como é o caso da cultura do arroz irrigada por inundação. Para culturas de sequeiro, normalmente se realiza apenas uma retificação das maiores irregularidades do terreno.

Caso se opte por sistematizar o terreno (ver Capítulo 6), deve-se locar nos limites da área dois eixos coordenados que servirão de orientação para o estaqueamento do terreno, que forma um conjunto de quadrícolas. As quadrícolas têm dimensões que vão de 10 por 10 m, até 50 por 50 m, dependendo do tamanho e da regularidade da superfície; as cotas podem ser levantadas com estação total ou nível ótico.

3.7.4 – Altimetria dos perfis dos drenos

No escritório de trabalho será definida a profundidade dos drenos de campo e calculado o espaçamento entre estes (ver Capítulo 5). Esses parâmetros permitirão que se estabeleça o "layout" do projeto no mapa planialtimétrico. Para cada dreno e coletor locado no mapa é necessário que se proceda ao levantamento de seu perfil em campo.

Esse trabalho consiste em locar a posição de cada dreno em campo, estaqueando-se seu alinhamento (estacas de bambu de 3 m de comprimento) e realizando-se o levantamento das cotas dos pontos marcados pelas estacas. Para drenos abertos (valas) é comum se utilizar um espaçamento entre estacas de 25 metros; drenos fechados (tubos) exigem maior precisão, sendo recomendado não mais do que 15 metros. Obtidos os perfis realiza-se, em escritório, o estudo hidráulico, que vai definir a profundidade, e também a seção, de escavação em cada estaca.

3.7.5 – Marcação das profundidades de escavação

Não havendo controle com Laser na máquina que realizará a implantação dos drenos, é geralmente necessário se marcar a profundidade de escavação em cada estaca para orientar o maquinista. Operadores experientes muitas vezes sabem interpretar um perfil onde estejam marcadas as profundidades de corte ou as cotas do fundo do dreno, dispensando essa etapa.

3.7.6 – Estimativa do volume escavado

O acerto pelo serviço de escavação pode ser feito por empreitada, por custo da hora-máquina ou por volume de terra escavado. Neste último caso, é necessário se realizar a cubagem da terra movimentada, o que é feito, geralmente, levantando-se a profundidade das valas já prontas, a cada 50 metros.

3.8 – Freatimetria

3.8.1 – A disposição espacial do LF na área do projeto e imediações

Além da obtenção da condutividade hidráulica, da porosidade drenável e da profundidade da barreira de impedimento, os estudos básicos podem ser refinados avaliando-se a distribuição espacial do lençol freático (LF) na área. Essa distribuição geralmente é bem caracterizada desenhando-se dois tipos de mapas: o mapa das isóbatas e o mapa das isohypsas.

3.8.2 – Mapa das isóbatas

As isóbatas são curvas de igual profundidade do LF (em relação à superfície do solo). Para o seu traçado deve ser aberta, com um trado, uma rede de poços de observação, com profundidade suficiente para se atingir o LF; é importante que isso seja feito na época mais chuvosa do ano (condição mais crítica). O espaçamento entre os poços pode variar desde 50 por 50 metros, para áreas pequenas, até 500 por 500 metros para áreas grandes.

Após a medição da profundidade do LF em cada poço, traça-se o mapa das curvas de igual profundidade; atualmente existem alguns softwares que simplificam bastante esse traçado (Figura 3.35).

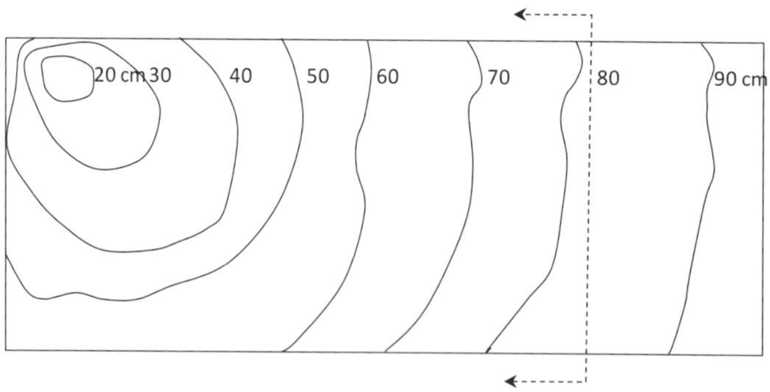

Figura 3.35 – Curvas de igual profundidade do lençol freático (isóbatas) em relação à superfície do solo, medidas em centímetros

O mapa das isóbatas fornece duas informações importantes ao projetista: primeiro, mostra com clareza a zona onde o problema de excesso de água no solo é mais severo (curva 20 cm da Figura 3.35); nessa zona, possivelmente, o terreno é mais baixo, ou a condutividade hidráulica é menor, ou a barreira está mais rasa, ou está havendo uma entrada de água lateral ("seepage"). A segunda informação é que o mapa das isóbatas mostra até aonde a malha de drenos de campo deve se estender, o que muitas vezes não fica claro quando o terreno é muito plano e está coberto pela vegetação nativa. Geralmente se considera que não é necessária drenagem subterrânea em áreas úmidas após a curva 80 cm (Figura 3.35), levantada em época chuvosa do ano.

3.8.3 – Mapa das isohypsas

Isohypsas são curvas de igual cota freática. Para obtê-las é necessário levantar as cotas das bocas dos poços de observação e subtrair dessas cotas a profundidade do LF medida em cada poço. Para interpretar o mapa das isohypsas geralmente se considera que o movimento da água na zona saturada é preponderantemente horizontal, de forma que as isohypsas podem ser consideradas equipotenciais. Considera-se, também, que o solo é isotrópico, de forma que as linhas de fluxo (ou de corrente) devem ser perpendiculares às equipotenciais (Figura 3.36).

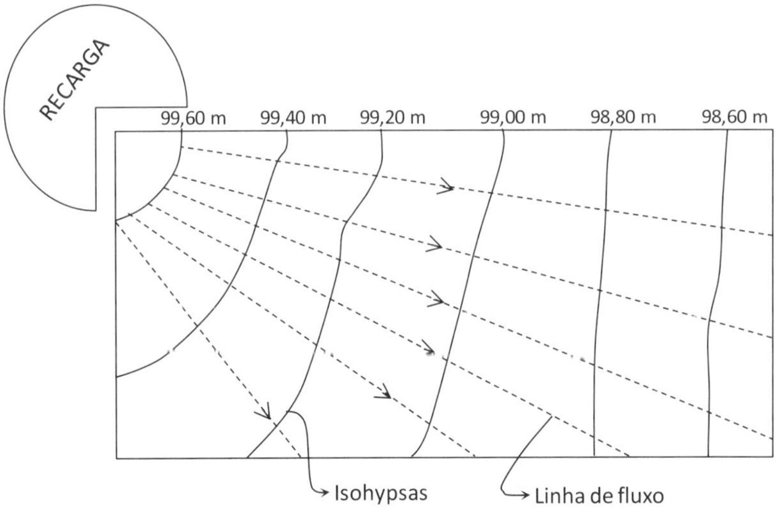

Figura 3.36 – Mapa da rede de fluxo, formado por isohypsas (linhas contínuas) e linhas de fluxo (linhas pontilhadas)

O mapa da rede de fluxo fornece três informações importantes. Primeiro, caracteriza bem a presença de zonas de recarga lateral ("seepage" horizontal) que devem ser interceptadas com drenos de cintura. Segundo, orienta o projetista quanto à direção a ser dada nos drenos de campo. A sugestão geral é a de que a direção não deve influenciar o desempenho dos drenos de campo quando a declividade das linhas de fluxo for de até 1%; entretanto, para declividades maiores, é melhor orientar os drenos de campo de forma que estes interceptem as linhas de fluxo. Terceiro, fornece informação sobre a condição hidrológica de canais pré-existentes na área: a água pode estar fluindo para o canal (dreno natural da área), pode estar indo do canal para a área (vazamento de canal de irrigação ou coletor de água superficial) ou pode estar passando paralelamente ao canal (valeta assoreada), conforme é apresentado esquematicamente nas Figuras 3.37, 3.38 e 3.39.

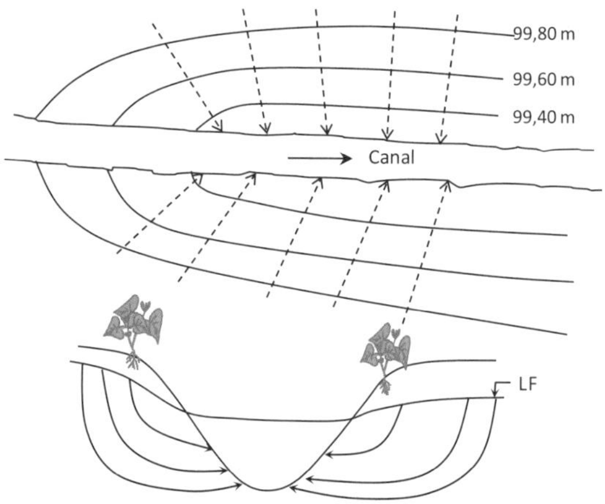

Figura 3.37 – Rede de fluxo nas vizinhanças de um canal, que opera como dreno da área (água abaixo do LF está entrando no canal)

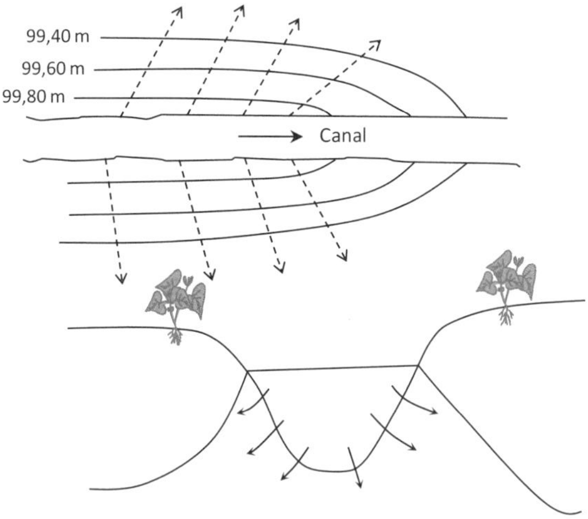

Figura 3.38 – Rede de fluxo nas vizinhanças de um canal que alimenta o lençol freático (água saindo do canal para o sub-solo)

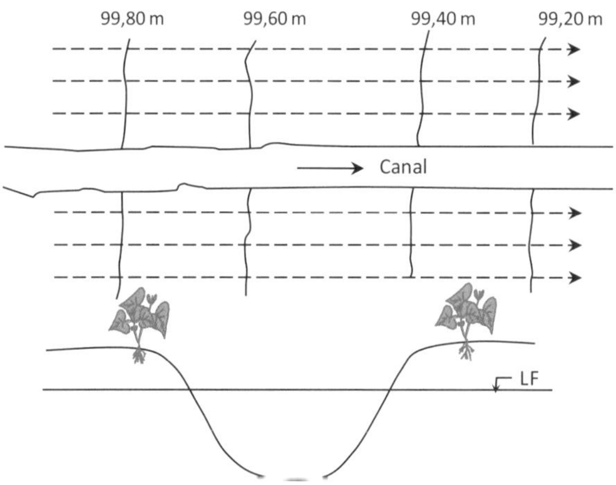

Figura 3.39 – Rede de fluxo nas vizinhanças de uma valeta assoreada (a água nem entra nem sai da valeta)

Na Figura 3.40 está esquematizado um mapa com rede de fluxo de uma baixada cortada por um córrego, localizada em Pelotas - RS. Pode-se observar, além do ribeirão, uma valeta que opera a contento e outra cujo trecho de montante está assoreado. Percebe-se, portanto, que esse tipo de estudo fornece informações valiosas ao projetista; infelizmente, muitas vezes ele não é realizado devido à urgência em se implantar o sistema de drenagem ou à necessidade de se minimizar os custos.

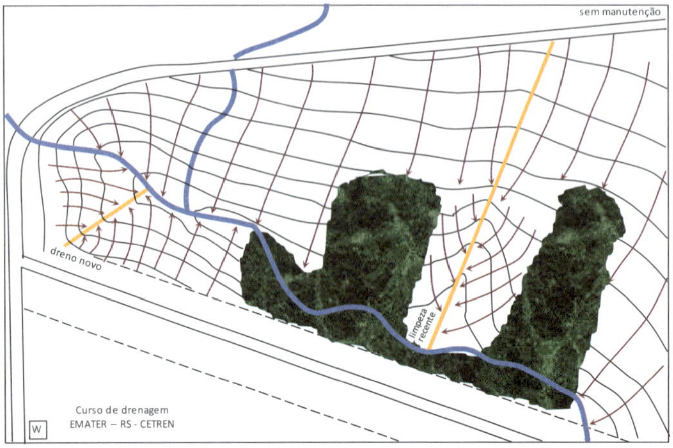

Figura 3.40 – Rede de fluxo na vizinhança de um córrego e de duas valetas, estando uma delas assoreada à montante (valeta maior à direita) e a outra funcionando perfeitamente em toda a sua extensão (valeta menor à esquerda)

CAPÍTULO 4

CONTROLE E MANEJO DA SALINIDADE

4.1 – O problema da salinização dos solos no Brasil e no Mundo

Os solos afetados por sais ocupam uma parte significativa da superfície agricultável do globo terrestre. Segundo Kovda & Szabolcs (1979), 954 milhões de hectares encontram-se afetados em todo o mundo, sendo que cerca de 4,5 milhões de hectares localizam-se no Brasil, em sua maioria na região Nordeste. Em vários perímetros irrigados, aproximadamente 25% da área irrigada já se encontrava com problemas de salinidade, e esta porcentagem poderá aumentar caso não sejam adotadas medidas preventivas urgentes (Goes, 1978).

Damasceno (1978) afirma que nos perímetros irrigados do Nordeste brasileiro, em torno de 19% da área efetiva apresenta produtividade baixa em virtude da salinidade. No Perímetro Irrigado de São Gonçalo - PB, cerca de 40% da superfície irrigada está afetada por sais e desta, aproximadamente 80% apresenta problema de caráter sódico ou salino-sódico (Cordeiro *et al*, 1988). Infelizmente, pode-se verificar que nestas áreas irrigadas foi investido um capital elevado, devido ao alto custo com a implantação da infra-estrutura, como estradas, barragens, canais, drenos, sistematização, etc.

Salienta-se, pois, que na maioria dos casos, as causas dos processos de acúmulos de sais são potencializadas por atividades antrópicas, dentre elas a agricultura irrigada, que devido a um manejo inadequado, associado a uma drenagem ineficiente, pode elevar o lençol freático, com consequente precipitação dos sais no solo agricultável. A aplicação exagerada de fertilizantes também tem se apresentado como uma causa frequente de salinização, principalmente onde são utilizados fertilizantes com alto poder de salinização.

Outro fato importante a ser analisado é o impacto ambiental causado pela salinização dos solos, que em alguns casos de salinização elevada pode ser caracterizada como um processo de desertificação de áreas anteriormente produtivas. Ressalta-se, ainda, que a lixiviação desses íons, caso se promova processos de recuperação, pode acarretar o enriquecimento de nutrientes no lençol freático e posteriormente nos corpos d´água, fenômeno denominado de eutrofização, o qual proporciona um desequilíbrio no desenvolvimento de plantas aquáticas, algas e microorganismos, causando mortandade de peixes.

Como o processo de salinização parece ser um problema inerente e crônico da agricultura irrigada, técnicas de prevenção devem ser utilizadas, visando-se precaver de situações onde o solo torna-se improdutivo, deixando-se a recuperação para casos onde não é mais possível se utilizar outra alternativa.

4.2 – Efeitos da salinização sobre o solo e as plantas

4.2.1 – Efeitos sobre o Solo

a) Salinização do solo

Entende-se como salinização o processo que permite o acúmulo de sais na solução do solo, o qual tem como principal consequência a redução no potencial total da água no solo, em função da redução no componente osmótico. De maneira prática, uma planta cultivada em um solo mais salino terá que "fazer mais força" para superar o potencial osmótico e assim absorver a solução do solo.

O potencial osmótico de um solo pode ser estimado conhecendo-se apenas a condutividade elétrica (CE), a partir da equação:

$$\psi_o \cong -0,36 \times \text{CE} \tag{4.1}$$

Em que:

ψ_o - Potencial osmótico da solução do solo, atm;

CE - Condutividade elétrica da solução do solo, dS m^{-1}.

O potencial total com que a água é retida, em um solo salino, pode ser expresso por:

$$\psi_T = \psi_m + \psi_o \tag{4.2}$$

Em que:

ψ_T - Potencial total com que a água é retida no solo, atm;

ψ_m - Potencial matricial da água no solo, atm; e

ψ_O - Potencial osmótico da solução do solo, atm.

b) Sodificação do solo

A consequência principal da sodificação do solo é a expansão da argila quando úmida e a contração da mesma quando seca, devido ao excesso de sódio trocável; pode também ocorrer a fragmentação das partículas, causando a dispersão da argila e modificando a estrutura do solo. Dessa forma, os solos sódicos passam a apresentar problemas de permeabilidade, de modo que qualquer excesso de água pode causar encharcamento na superfície do solo, impedindo a germinação das sementes e o crescimento das plantas por falta de aeração, além de potencializar processos erosivos.

A dispersão do solo pode ser explicada com base na interação dos cátions com a argila. Como mencionado anteriormente, o complexo sortivo do solo, ou melhor, a superfície da argila tem cargas predominantemente negativas, que são neutralizadas por meio da atração de cátions presentes no sistema coloidal. Por outro lado, os ânions, por terem cargas negativas, são repelidos, afastando-se da partícula de argila. Desse modo, é formada ao redor da argila uma dupla camada difusa. Com o solo úmido a dupla camada se expande, causando o fechamento dos poros e diminuído a condutividade hidráulica do solo. A pressão que originou a expansão empurra as partículas individuais de argila uma contra outra, dispersando o solo e quebrando os agregados que formam sua estrutura.

4.2.2 – Efeitos sobre a planta

As plantas respondem diferentemente aos níveis de sais e sódio trocável encontrados no solo, ou seja, certas plantas, denominadas halófitas, atingem uma produtividade aceitável com altos níveis de sais; já outras, as glicófitas, são prejudicadas mesmo em baixos níveis de salinidade. Isto se deve à capacidade que algumas plantas têm de adaptação. Estas plantas conseguem absorver água da solução do solo mesmo sob baixos potenciais osmóticos. O conhecimento prévio dos limites de tolerância à salinidade e sodicidade de determinadas culturas permite escolher culturas adequadas para solos afetados por sais, sem que a produtividade destas culturas seja comprometida sensivelmente (Maas, 1990).

Em condições salinas, ocorre uma redução na disponibilidade de água, ou seja, com o acúmulo de sais no solo o potencial total da solução irá sofrer uma redução, devido à contribuição do potencial osmótico Como a água tende a deslocar-se do ponto de maior para menor potencial, surgirá essa dificuldade à absorção de água, apesar do potencial osmótico não ser similar ao mátrico, já que as plantas adaptam-se diferentemente às condições de salinidade (LIMA,1997). Embora algumas plantas possuam mecanismos de ajuste osmótico e consigam sobreviver, o fato de parte da "energia" ser utilizada para esse mecanismo pode haver um reflexo negativo ao crescimento e desenvolvimento (DAKER, 1984). Ainda pode haver desequilíbrio nutricional, toxicidade de alguns íons, interferência no equilíbrio hormonal, capazes de diminuir a plasticidade da célula e causar a redução da permeabilidade da membrana citoplasmática. Citam-se, também, além de influências no processo da fotossíntese, já que a salinidade afeta o conteúdo de clorofila nas plantas (LARCHER, 1995). Conforme CRUCIANI (1987), sob condições de estresse salino, as folhas podem apresentar uma coloração verde azulada escura, maior espessura e cerosidade, enquanto as raízes mostram uma diminuição do alongamento e suberização, o que afeta a absorção de água e nutrientes.

As espécies de plantas apresentam ampla variação em tolerância à salinidade, havendo diferenças ainda entre os cultivares e as fase fenológica. Na Tabela 4.1 são apresentados os valores médios das tolerâncias de algumas culturas, em termos de condutividade elétrica do extrato de saturação.

Tabela 4.1 – Valores de salinidade limiar para algumas culturas comuns em regiões áridas e semi-áridas

Cultura	CEes (dS.m^{-1})	Cultura	CEes (dS.m^{-1})
Abacate	1,3	Feijão fava	1,6
Abobrinha	3,2	Laranja	1,7
Alface	1,3	Limão	1,7
Algodão	7,7	Melão	2,2
Amendoim	3,2	Milho	1,7
Arroz	3,0	Morango	1,0
Batata	1,7	Nabo	0,9
Batata doce	1,5	Pimentão	1,5
Beterraba	4,0	Rabanete	1,2
Brócolis	2,8	Repolho	1,8
Cana-de-açúcar	1,7	Soja	5,0
Cebola	1,2	Sorgo	4,0
Cenoura	1,0	Tomate	2,5
Couve flor	2,5	Pepino	2,5
Espinafre	2,0	Vagem	1,5
Feijão	1,0	Uva	1,5

Fonte: Adaptado de Ayers & Westcot (1991)

Maas & Hoffman (1977) indicam que acima de um valor determinado de salinidade, o crescimento vegetativo diminui linearmente com o aumento da concentração de sais. Ayers & Westcot (1991) denominaram esse valor máximo de condutividade elétrica do extrato de saturação do solo tolerado pela cultura, sem afetar seu rendimento, de salinidade limiar; a relação entre salinidade limiar e o rendimento pode ser representada pela seguinte fórmula:

$$Y = 100\text{-}b\,(CEes\text{-}SL) \qquad (4.3)$$

Em que:

Y- rendimento potencial, %;

CEes - condutividade elétrica do extrato de saturação, $dS.m^{-1}$;

SL - salinidade limiar da cultura, $dS.m^{-1}$; e

b - diminuição do rendimento por aumento unitário de salinidade acima do valor da salinidade limiar, % . $(dS.m^{-1})^{-1}$.

Alguns íons como o sódio, o cloreto e o boro podem causar toxicidade específica (LIMA, 1997); porém, o sódio e o cloreto são os mais evidentes nos solos salinos do Nordeste brasileiro. Os sintomas da toxicidade causada pelo sódio não são fáceis de serem identificados, mas são caracterizados por queimaduras ou necroses nas bordas das folhas, e à medida que o sintoma se intensifica, a necrose se espalha progressivamente na área internervural até o centro das folhas, aparecendo, inicialmente, nas folhas mais velhas (AYERS & WESTCOT, 1991). Segundo Pizarro (1978), culturas como amendoim, abacate, citros, uva e milho são mais sensíveis ao sódio na solução do solo, sendo que o abacate e os citros podem apresentar sintomas de toxicidade mesmo em concentrações abaixo de 5 $mmol.\ L^{-1}$ (RHOADES & LOVEDAY, 1990).

Os sintomas mais evidentes de toxicidade por cloreto são inicialmente observados nas pontas das folhas, progredindo ao longo das bordas, sendo que a necrose excessiva pode vir acompanhada de desfolhação prematura (AYERS & WESTCOT, 1991). As plantas cultivadas sob condições de salinidade causadas pelo cloreto apresentam maior tolerância aos sais do que as cultivadas sob condições de salinidade causadas pelo sulfato, apesar de sua resistência à seca, calor e frio ser menor. Na Tabela 4.2 pode-se observar os limites de tolerância ao cloreto e a porcentagem de decréscimo no rendimento de algumas culturas cultivadas no Nordeste.

Tabela 4.2 – Limite de tolerância ao cloreto e percentagem de decréscimo no rendimento de algumas culturas cultivadas no Nordeste

Cultura	Máx Cl^- * ($mol.m^3$)	% Decréscimo** (%por $mol.m^3$)	Cultura	Máx Cl^- * ($mol.m^3$)	% Decréscimo** (%por $mol.m^3$)
Algodão	75	0,5	Batata	15	1,2
Feijão	10	1,9	Batata doce	15	1,1
Tomate	25	1,0	Cana-de-açúcar	15	0,6
Milho	15	1.2	Cenoura	10	1,4
Arroz	30	1.2	Sorgo	70	1,6

Fonte: Adaptado de Maas (1994);

*Para converter a concentração máxima de Cl- em ppm multiplique o valor por 35;

**Para converter o decréscimo no rendimento para ppm divida o valor por 35.

Tem-se estabelecido, também, a tolerância das plantas à porcentagem de sódio trocável (FAO/UNESCO, 1973; RHOADES & LOVEDAY, 1990 e LIMA, 1997). Esta tolerância é relativa, visto que os fatores de nutrição e as condições adversas do solo podem paralisar o crescimento, antes de serem alcançados estes níveis de porcentagem de sódio trocável (PST). Na Tabela 4.3 é apresentada a tolerância ao sódio trocável de algumas culturas, frequentemente cultivadas em regiões áridas e semiáridas.

Tabela 4.3 – Tolerância de algumas culturas ao sódio trocável

Sensíveis PST < 15	Semitolerantes 15 < PST < 40	Tolerantes PST > 40
Abacate	Cenoura	Beterraba
Feijão	Alface	Capim bermuda
Algodão (germinação)	Cana-de-açúcar	Algodão
Milho	Cebola	Capim Angola
Laranja	Arroz	Capim de Rhodes
Tangerina	Tomate	
Amendoim	Sorgo	

Fonte: Adaptado de Ayers & Westcot (1991)

4.3 – Técnicas de prevenção da salinização do solo e dos seus efeitos às plantas cultivadas

Diversas técnicas podem ser utilizadas para se evitar o acúmulo de sais no solo, podendo essas técnicas serem organizadas em quatro ações: avaliação da qualidade da água utilizada para irrigação, controle da condutividade elétrica pela lixiviação de íons, técnicas de cultivo em solos salinizados e monitoramento da salinidade do solo.

4.3.1 – Qualidade da água para irrigação

A diferença da qualidade da água utilizada na irrigação é função da zona climática, da fonte de água, do percurso anterior da água, da época do ano, da geologia da região e do desenvolvimento da irrigação (SHALHEVET & KAMBUROV, 1976). Em geral, as águas de zonas úmidas apresentam menores teores de sais do que as de zonas áridas; águas subterrâneas são mais salinas do que as águas de rios; águas próximas da foz contêm mais sais do que próximas à nascente; águas de rio, durante o outono, são mais salinas do que na primavera, em uma determinada região, as águas de rios e as subterrâneas tendem a ser menos concentradas antes do desenvolvimento de projetos de irrigação.

A qualidade da água de irrigação pode variar significativamente segundo o tipo e a quantidade de sais dissolvidos. Os sais encontram-se em quantidades relativamente pequenas, porém significativas e têm sua origem na intemperização e na dissolução das rochas, incluindo a dissolução lenta do calcário, do gesso e de outros minerais de baixa solubilidade. Os sais são transportados pela água e depositados no solo, onde se acumulam na medida em que a água é evaporada ou consumida pelas plantas (AYERS & WESTCOT, 1991). O importante é o conhecimento da quantidade e do tipo de sais presentes na água de irrigação, para que técnicas apropriadas possam ser utilizadas, minimizando o processo de salinização do solo.

O manejo a ser utilizado pode estar embasado em limites preconizados em diferentes classificações propostas em trabalhos científicos, tais como: Wilcox & Durum (1967); Richards (1954); FAO/UNESCO (1973); Yaron *et al.* (1973); UCCC - University of California Committe of Consultants (1974); Doneen (1975); Christiansen et al. (1976); Bhumbla (1977); Pizarro (1978), entre outros. Todos levam em consideração os aspectos da salinidade, e os riscos de sodificação e toxicidade dos íons específicos. Quanto ao potencial da água em provocar acúmulo de sais no solo e toxicidade dos íons nas plantas, a maioria das classificações são parecidas, embora apresentem número de classes diferentes.

4.3.2 – Lixiviação dos Sais

Imprescindível se torna a lixiviação dos sais solúveis em excesso, nos solos irrigados, sem o que haverá sua acumulação, que é diretamente proporcional ao teor de sais da água de irrigação e à lâmina de água aplicada. Segundo Daker (1984), a lixiviação é absolutamente indispensável na irrigação em zonas áridas e semi-áridas, pois sem esta prática a acumulação de sais aumenta a ponto de tornar o solo improdutivo em curto prazo.

a) Necessidade de lixiviação

O aumento da concentração salina se dá devido à evaporação e à transpiração e à consequente redução na umidade do solo, em virtude do fato de que apenas moléculas de água são transferidas para atmosfera, deixando assim os sais acumulados no solo. Deve-se cuidar do balanço de água no solo em sistemas irrigados, a fim de proporcionar uma lixiviação adequada. Para tanto, deve-se conhecer as lâminas de água de irrigação (hi) e de drenagem (hd), com suas respectivas condutividades elétricas (CEi e CEd). Estes valores estão relacionados pela equação que calcula as necessidades de lixiviação (NL).

$$NL = \frac{CEi}{CEd} = \frac{hd}{hi} \tag{4.4}$$

Já que os sais se movem com a água, a salinidade dependerá diretamente do manejo da água, ou seja, da irrigação, da lixiviação e da drenagem. Para se obter a máxima eficiência, deve-se considerar estes três aspectos conjuntamente (RICHARDS, 1954). A necessidade de lixiviação depende da concentração de sais na água e da máxima concentração permissível na solução do solo. A concentração máxima poderá ocorrer na parte inferior da zona radicular exceto para as crostas de superfície.

b) Momento da lixiviação

A frequência de lixiviação deve ser tal que se mantenha a concentração de sais abaixo do teor suportado pelas plantas. Ayers & Westcot (1991) recomendam para regiões chuvosas, nos meses frios, intensificar a lixiviação neste período. Para isto, deve-se irrigar a área até a capacidade de campo, antes do início das chuvas e quando estas chegarem proporcionarão a lixiviação total ou parcial dos sais.

Deve-se lixiviar os sais acumulados no período anterior, a cada cultivo, para possibilitar novas irrigações com alta eficiência. A lixiviação também pode ser feita a cada irrigação, em irrigações intercaladas, em cada estação de cultivo, ou ainda, em intervalos maiores. (AYERS & WESTCOT, 1991).

Existem algumas práticas que são aplicadas para aumentar a eficiência de lavagem e diminuir a água necessária; são elas:

– Lixiviar os sais durante as estações frias, pois aumenta a eficiência e facilita a lixiviação, já que a ETc é mais baixa;

– Utilizar culturas de maior tolerância à salinidade. Isto implica em uma NL menor e permite economia de água;

– Preparar o solo para diminuir o escoamento superficial e evitar caminhos preferenciais, que diminuem a eficiência da lixiviação;

– Dentro do possível, programar a lixiviação durante os períodos de menor consumo de água pelas culturas. Caso contrário, adiar a lixiviação para depois da colheita;

– No caso de solos de baixa infiltração, deve-se prever a irrigação de pré-semeadura, ou a lixiviação fora da época de cultivo, para evitar aplicações excessivas de água durante o período de crescimento;

– Evitar períodos de repouso, particularmente durante verões quentes, já que os mesmos favorecem a rápida salinização secundária proveniente do lençol freático alto.

4.3.3 – Técnicas de cultivo em solos salinos

São práticas de controle da salinidade que podem influenciar na germinação, na emergência, no desenvolvimento inicial das plantas e nos rendimentos. (AYERS & WESTCOT, 1991). As práticas de controle são as seguintes: nivelamento da superfície, programação das irrigações, colocação das sementes e a fertilização adequada.

a) Nivelamento do solo

O nivelamento deve ser praticado anualmente, ou ao término de cada período que mudar as culturas, pois se torna mais fácil controlar a salinidade quando se dispõe de uma área bem nivelada (RICHARDS, 1954). Já que a água se acumula nos pontos mais baixos, ocasionando alagamentos e problemas de drenagem, se ao invés disso a água não chegar até às depressões e a água infiltrada deixará de se deslocar por capilaridade, diminuindo a quantidade de sais concentrados no solo.

Deve-se ter bastante cuidado com o nivelamento, pois, há tipos de solos que podem sofrer compactação com o tráfego de máquinas pesadas. Nesse caso é necessário romper essa camada compactada para melhorar a penetração da água.

b) Programação das irrigações

Devem-se planejar os sistemas de irrigação para proporcionar água na quantidade e frequência adequadas, sem deficiência ou excesso, ambos prejudiciais às plantas. Logo, sistemas eficientes baseiam-se nas necessidades hídricas das plantas, na lixiviação requerida, na topografia adequada e no teor de sais na água e no solo.

A diminuição da frequência pode acarretar perdas de água e, consequentemente, problemas de drenagem; por isso, para se determinar a eficiência adequada, é necessário se conhecer as necessidades de água da cultura durante todo seu desenvolvimento.

Nos casos em que as precipitações do período chuvoso forem insuficientes para eliminar todos os sais, deve-se irrigar antes das chuvas para que, quando as mesmas chegarem, proporcionem a lixiviação desejada.

c) Colocação das sementes

A germinação é a fase de maior sensibilidade para a maioria das plantas; sendo assim, as práticas de semeio são muito importantes, podendo a cultura resistir satisfatoriamente durante o resto do seu desenvolvimento. (DAKER, 1984).

Mantendo condições favoráveis durante a germinação e formação das plantas, alguns cultivos podem desenvolver-se normalmente em condições de salinidade moderadamente elevada.

Na irrigação por sulcos normais, por capilaridade, a água desloca-se juntamente com os sais, até o centro do camalhão, e devido a evaporação os sais se concentram na parte superior dos mesmos. Portanto, se as sementes forem postas em uma só fileira no centro do camalhão, elas estarão sujeitas a maior concentração de sais. Se as sementes forem semeadas em fileiras duplas, estarão situadas em zona de menor concentração de sais e, consequentemente, terão maiores possibilidades de melhor germinação.

Outra prática recomendada é a irrigação por sulcos alternados, quando os sais se acumulam no camalhão, em seu extremo oposto à água de irrigação. Não se recomenda fileira dupla, neste caso. Uma maneira de melhorar a germinação das sementes é aumentar a profundidade da água nos sulcos, seja em fileira simples ou dupla. Uma prática ainda melhor para controlar a salinidade é construir os camalhões em declive e colocar as sementes imediatamente acima do nível da água. A irrigação deve ocorrer até quando à frente de molhamento ultrapassar as fileiras das sementes.

d) A fertilização

Segundo Ayers e Westcot (1991) não se deve colocar fertilizantes naturais, químicos ou corretivos próximos às sementes das plantas pois, devido a sua alta concentração de sais solúveis, eles provocam ou intensificam os problemas de salinidade. As plantas na fase inicial de desenvolvimento requerem pouca fertilização. Podem-se aplicar os fertilizantes em pequena quantidade, antes ou no momento da semeadura e o restante pode ser aplicado entre a emergência e o crescimento vigoroso. Deve-se sempre utilizar fertilizantes com menor potencial de salinização. Na Tabela 4.4 pode-se verificar o índice de salinidade para diferentes fertilizantes.

e) Métodos de irrigação

Os métodos de irrigação afetam a eficiência de aplicação da água e a salinidade. O método de irrigação por sulcos adapta-se a culturas em linha; há tendência dos sais se elevarem na superfície do solo entre dois sulcos vizinhos. Os sais, além de aumentarem com a profundidade, se acumulam nas partes não alcançadas pela água.

Na irrigação por gotejamento, os sais acumulam-se na periferia do bulbo molhado, e com o tempo esse acúmulo de sais pode se constituir em um sério perigo. No entanto, com adequado manejo e chuvas suficientes para lixiviar os sais, esse método não apresentará problemas de salinidade, quando se utiliza água salina. O método de irrigação por aspersão é eficiente quanto ao uso da água; oferece as vantagens da aplicação uniforme, como se fosse uma chuva, permitindo ao mesmo tempo uma adequada e uniforme lixiviação dos sais. No entanto, pode causar necroses nas folhas das plantas sensíveis à salinidade. O método de irrigação por inundação promove lavagem adequada dos sais, e sob determinadas condições, é o mais indicado se a salinidade for um problema sério. No entanto, só deverá ser utilizado com este fim mediante a estudos prévios dos parâmetros físicos do solo e da disponibilidade de água da bacia hidrográfica.

Tabela 4.4 – Efeitos salinizantes relativos de materiais fertilizantes sobre a solução do solo

Material Fertilizante	Índice de Salinidade	Índice de salinidade por Unidade de Nutriente
Amônia anidra	47,1	0,572
Bifosfato de amônio	29,9	1,614
Carbonato de cálcio (Calcário)	4,7	0,083
Calnitro, 13,5%	105,9	8,475
Calnitro, 17,5%	109,4	6,253
Cianamida de cálcio	31,0	1,476
Cloreto de potássio, 50%	109,4	2,189
Cloreto de potássio, 60%	116,3	1,936
Cloreto de potássio, 63%	114,3	1,812
Cloreto de sódio	153,8	2,899
Dolomita (carbonato de cálcio e magnésio)	0,8	0,042
"Manure salts", 20%	112,7	5,636
"Manure salts", 30%	91,9	3,067
Fosfato de amônio (11-48)	26,9	2,442
Monofosfato de amônio	34,2	2,453
Monofosfato de cálcio	15,4	0,274
Nitrato amoniacal	61,1	2,982
Nitrato de amônio	104,7	2,990
Nitrato de cálcio	52,5	4,409
Nitrato de potássio	73,6	5,336
Nitrato de sódio	100,0	6,060
Solução nitrogenada, 37%	77,8	2,104
Solução nitrogenada, 40%	70,4	1,724
Sulfato de amônio	69,0	3,253

Sulfato de cálcio (gesso)	8,1	0,247
Sulfato de potássio	46,1	0,853
Sulfato de potássio e magnésio	43,2	1,971
Superfosfato, 16%	7,8	0,487
Superfosfato, 20%	7,8	0,390
Superfosfato, 45%	10,1	0,224
Superfosfato, 48%	10,1	0,210
"Uramon"	66,4	1,579
Ureia	75,4	1,618

Índice de salinidade para vários fertilizantes quando se aplica o mesmo peso. O nitrato de sódio, com um índice de salinidade igual a 100, é utilizado como base.

4.3.4 – Monitoramento da salinidade do solo

O monitoramento da salinidade do solo parece ser a técnica mais racional de controle da salinidade do solo, pois o conhecimento da concentração iônica da solução do solo permite utilizar técnicas que visam minimizar o problema. Dentre os métodos empregados para estimar a concentração de sais no solo, a medida dos valores da condutividade elétrica de soluções do solo é o método mais prático.

A condutividade elétrica de uma solução representa a facilidade que esta tem de transportar corrente elétrica, ou seja, mede a resistência à passagem dos elétrons, que é função da quantidade de solutos iônicos presentes na solução. Geralmente, a concentração de sais dissolvidos na solução do solo, expressa em termos da condutividade elétrica a 25°C, envolve um processo bastante simples e rápido, e tem uma precisão em torno de 90% para estimar o teor de sais na solução do solo (DONEEN, 1975). A CE normalmente é expressa em dS m^{-1} ou mmho cm^{-1} a 25°C. Além desta, outras unidades podem ser utilizadas para expressar a concentração de sais na água, como meq L^{-1}, mmol L^{-1}, ppm ou mg L^{-1} e g L^{-1}.

A determinação da condutividade elétrica pode ser feita em soluções de solo a diversos níveis de umidade; todavia, a quantificação da condutividade elétrica do extrato de saturação (CEes) é a mais evidenciada na literatura e, portanto, tida como método padrão. Neste método a solução é extraída de uma pasta saturada por vácuo, utilizando funis de Buckner acoplados a kitasatos. As classificações de solos salinizados fixam valores limites em termos de condutividade elétrica do extrato de saturação. Dentre estas classificações, destacam-se a classificação do Laboratório de Salinidade dos Estados Unidos, a qual estabelece o valor de 4 dS m^{-1} como limite entre solo salino e não salino (RICHARDS, 1954) e a do Comitê de Terminologia da Sociedade Americana de Ciência do Solo, que fixa o valor limite em 2 dS m^{-1} (BOHN *et al.*, 1985). Todavia, a determinação da CEes exige um bom treinamento técnico, além de certas precauções em relação à textura do solo (QUEIROZ *et al.*, 1997). Rhoades (1994) afirma que podem ser cometidos erros quanto à identificação do ponto em que o solo se encontra ou não saturado. Outra desvantagem deste método refere-se ao fato do mesmo configurar-se como trabalhoso e lento, devido à exigência de um repouso de 12 horas. Acrescenta-se, ainda, a necessidade encontrada em alguns solos argilosos e /ou sódicos de tempo de extração superior a 24 horas.

Geralmente, o método de determinação da condutividade elétrica no extrato saturado tem se revelado excessivamente trabalhoso, para um controle rotineiro em nível de propriedade rural. Experiências bem-sucedidas vêm sendo realizadas com os métodos do extrato 1:1; 1:2,5 ou 1:5 (PEREIRA *et al.* 1981); mas, em algumas condições, o excesso de diluição poderá promover a solubilização de certos sais de baixa solubilidade (RICHARDS, 1954) e superestimar o valor da salinidade.

Uma das alternativas seria a determinação da salinidade na solução do solo em sua umidade natural, obtida por meio de extratores, visto que essa é a própria condição explorada pela planta; além disso, a diluição de sais nessa solução seria aproximadamente a mesm absorvida pelas raízes (BURGUEÑO, 1996). Outra forma de determinar a salinidade do solo em condições de campo seria pelo uso de equipamentos de instalação direta no solo e eletromagnéticos, como o Probe e o portátil EM-38 sugeridos por Rhoades *et al.* (1999). Entretanto, esses são de custo elevado para aquisição por parte de produtores, em comparação aos extratores de solução.

Desde o início do século XX diversos pesquisadores vêm procurando aperfeiçoar aparatos para extração da solução do solo, de forma que a solução se apresente a mais próxima da realidade em termos de concentração iônica. Dentre eles, citam-se os trabalhos de Lipman (1918), que propunha a extração da solução por compactação de uma amostra de solo à umidade elevada, Krugel *et al.* (1935), que utilizou cápsulas cerâmicas para extrair a solução do solo com a finalidade de investigar a fertilidade dessa, e Richards (1941), que fez uso de uma câmara de pressão para promover a retirada da solução.

Diversas são as técnicas para retirar a solução do solo. Wolt (1994) cita vários métodos: a) deslocamento da solução em coluna pela adição ou retirada de gases, ou adição de líquidos, b) centrifugação a baixa e alta pressão, c) câmara de pressão, d) por vácuo no extrato saturado e soluções aquosas, e) métodos de adsorção molecular e f) extratores providos de cápsulas porosas.

Entretanto, Silva *et al.* (1999) citam que a extração da solução do solo por intermédio de cápsulas porosas em umidades próximas a capacidade máxima de retenção de água é de fácil execução, e que várias vantagens podem ser relacionadas ao método: a solução corresponde à umidade equivalente ao momento em que a solução do solo é absorvida pela planta e assim os solutos dissolvidos são os mesmos que a planta estaria absorvendo; a amostragem é sistemática, verdadeiramente pontual e não destrutiva; a aferição da condutividade elétrica é praticamente instantânea. A solução do solo pode ainda ser extraída em diferentes níveis de umidade do solo, até o limite de 70 kPa, sendo estas quantificadas por meio da instalação de tensiômetros e curva de retenção de água pelo solo, com relativa precisão.

Em ambiente protegido, uma vez que o monitoramento periódico da solução do solo tenha sido estabelecido, a concentração de fertilizantes aplicados via água de irrigação, geralmente com frequência diária ou em intervalos de poucos dias, pode ser controlada de forma a manter a concentração da solução oscilando em uma faixa de CE adequada (BURGUEÑO, 1996). Garante-se, dessa forma, alta disponibilidade de nutrientes sem a ocorrência de problemas osmóticos. Considerando-se que a aplicação de fertilizantes esteja monitorada, não há, geralmente, necessidade de aplicações intencionais de frações de lixiviação de manutenção, evitando assim possíveis desperdícios com água, energia e fertilizantes.

Burgueño (1996) considera ainda que, a aplicação de fertilizantes deve ser diferenciada ao longo do ciclo da cultura, visto que a absorção de nutrientes específicos é função da fase fenológica da cultura. É inevitável que, com o passar do tempo, ocorram certos desequilíbrios nutricionais em virtude da dificuldade de quantificar com precisão os nutrientes absorvidos pela planta e as interferências inerentes do complexo de troca catiônica do sistema solo. Tendo em vista a ocorrência de situações onde se perde o controle sobre o equilíbrio dos nutrientes no solo, quando se realiza apenas o monitoramento da condutividade elétrica da solução, pode-se também estabelecer um acompanhamento de alguns nutrientes na solução do solo, por meio de utilização de teste rápidos, cujos equipamentos são de preços acessíveis e de fácil utilização no campo.

Silva *et al.* (1999) afirmam que o conhecimento da composição química da solução do solo, bem como da condutividade elétrica é importante para verificar a disponibilidade de nutrientes ao longo do ciclo de uma cultura. Entretanto, a amostragem e a realização de análise periódica de solo, com a finalidade de acompanhar as concentrações dos íons na solução, durante as fases de crescimento e desenvolvimento da cultura, são inviáveis economicamente em uma atividade agrícola comercial, além de não ser uma metodologia instantânea, a qual possibilita tomada de decisão imediata.

Arenas *et al.* (1996) constataram que o monitoramento da concentração dos íons nitrato, potássio, cálcio, magnésio, sódio e cloreto na solução do solo pode ser realizado a partir da extração dessa solução por intermédio de cápsulas cerâmicas, embora a predição de fósforo por esta metodologia não seja aceitável.

Todavia, é bem verdade que a solução do solo tem composição bastante variável no tempo e no espaço, devido a uma série de processos dinâmicos entre as fases sólida e líquida do solo, e absorção seletiva de nutrientes pelas raízes. Sposito (1984) enfatiza a complexidade da determinação da atividade e da concentração de íons na solução do solo. Dentre os principais problemas citam-se: a) dificilmente a solução do solo pode ser considerada diluída homogeneamente, b) em virtude das variações físico-químicas das superfícies, a variação de intensidade do vácuo no processo de sucção interfere na amostragem, ou seja, pequenas sucções esvaziam poros grandes e sucções maiores esvaziam poros menores, e como cada poro tem uma concentração iônica diferente, os resultados são variáveis, c) para complicar ainda mais, existe variação iônica dentro do mesmo poro, dada a proximidade das cargas trocáveis no complexo sortivo.

A concentração iônica da solução do solo depende de procedimentos observados durante a extração. Wolt (1994) cita como fatores interferentes na amostragem o tempo da extração, a zona de influência da cápsula, a tensão aplicada e o material condutor.

Como apresentado acima, existem diferentes formas para determinação da salinidade, o que permite o seu acompanhamento e a tomada de decisões, com a finalidade de se manter a concentração iônica na solução do solo em níveis aceitáveis.

4.4 – Classificação americana dos solos afetados por sais

Segundo o Laboratório de Salinidade dos Estados Unidos (RICHARDS, 1954), os solos afetados por sais podem ser classificados em:

Solos salinos - caracterizados por apresentarem uma condutividade elétrica no extrato saturação superior a 4 $dS.m^{-1}$ a 25^0 C, pH da pasta de saturação abaixo de 8,5 e uma porcentagem de sódio trocálvel (PST) menor que 15%. Estes solos correspondem aos solonchaks na classificação russa e recebem também a denominação de álcali branco, devido à aparência ocasionada pela presença de manchas brancas à superfície do solo, quando o problema é grave.

Solos salino-sódicos - possuem uma condutividade elétrica no extrato de saturação superior a 4 $dS.m^{-1}$ a 25^0 C, pH da pasta de saturação acima de 8,5 e uma porcentagem de sódio trocálvel (PST) maior que 15%. Quando a percentagem de sódio na solução do solo alcança níveis superiores a 50%, o cálcio e magnésio, que são mais fortemente adsorvidos à micela do solo, podem ser substituídos pelo sódio. A acumulação gradativa de sódio trocável na micela é denominada sodificação.

Solos sódicos - define-se solo sódico como aquele que apresenta valores de condutividade elétrica no extrato de saturação inferiores a 4 $dS.m^{-1}$ a 25^0 C , pH da pasta de saturação acima de 8,5 e uma porcentagem de sódio trocálvel (PST) maior que 15%. Caso ocorra presença de matéria orgânica nos solos sodificados, esta poderá ser oxidada devido ao pH alcalino, e após a ascensão e evaporação da água, poderá haver a formação de manchas escuras, originando o nome de álcali negro.

4.5 – Técnicas de recuperação de solos afetados por sais

A recuperação de solos afetados por sais é um processo que envolve muito tempo e investimento de capital, portanto, se possível, deve-se priorizar os mecanismos preventivos à salinização e posterior sodicidade, através de práticas de manejo de manutenção adequadas.

Um aspecto primordial para a recuperação de solos salinizados e ou sodificados é a drenabilidade de área a ser recuperada; deve-se, portanto, observar algumas propriedades físicas do solo como a condutividade hidráulica e a taxa de infiltração do solo, visto que, no processo de recuperação, os sais solubilizados necessitam ser lixiviados para camadas inferiores à zona radicular. Este problema torna-se mais evidente nos casos dos solos sodificados, devido ao sódio adsorvido à micela de augila, tornando-a dispersa.

É comum observar-se diversos técnicos e agricultores afirmarem que o custo com a recuperação de solos salinizados é elevado. Grande parte deste custo com a recuperação é inerente à reconstrução, ou de certa maneira “construção de drenos”. Em novas áreas será realizado da mesma forma, além de haver os custos com a nova infra-estrutura, adicionando um gasto extra, caso opte-se por implementar novas áreas irrigadas. Assim, pode-se afirmar que é interessante estudar a viabilidade de recuperação das áreas afetadas por sais, antes de abandoná-las.

4.5.1 – Técnicas fundamentais

Com a finalidade de avaliar quais as técnicas mais eficientes na recuperação de determinado solo afetado por sais, torna-se necessário a realização de um diagnóstico do problema, por meio do conhecimento de diversas características do solo. Dentre elas, pode-se citar a condutividade elétrica do extrato de saturação, a porcentagem de sódio trocável, o pH do solo, bem como a permeabilidade deste, como visto anteriormente.

Dentre as técnicas utilizadas na recuperação de solos afetados por sais há duas técnicas fundamentais: a lavagem dos sais e a aplicação de melhoradores químicos; existem também as técnicas auxiliares que tem como função potencializar as técnicas fundamentais (PIZARRO, 1978). Observa-se que o principal objetivo da implantação das técnicas auxiliares é melhorar a permeabilidade dos solos, com a finalidade de potencializar a lixiviação dos sais que estão na forma solúvel.

A seleção das técnicas mais apropriadas para a recuperação dos solos afetados por sais depende do diagnóstico e da extensão do problema. Em solos apenas salinos é indicado a aplicação de elevadas lâminas de irrigação, com a finalidade de lixiviar os sais presentes na solução do solo para profundidades maiores (SANTOS & HERNANDEZ, 1997).

Nos solos sódicos é necessário, além da lavagem, a utilização de melhoradores químicos os quais provocam a substituição, no complexo coloidal, do sódio trocável por outros cátions, mais comumente o cálcio. Nos solos sodificados, é bastante interessante a utilização das técnicas auxiliares, pois os solos sódicos apresentam, como características físico-hídricas comuns, baixas condutividade hidráulica e estabilidade dos agregados, o que pode ser explicado pela dispersão das argilas, ocasionada por um aumento da dupla camada difusa, devido à adsorção de sódio à micela (RIMMER & GREENLAND, 1976).

Como técnicas auxiliares, existem técnicas mecânicas, como por exemplo a aração profunda, a subsolagem, a adição e a mistura do solo com areia, a inversão de perfis. Já as técnicas biológicas compreendem a adição de matéria orgânica e o cultivo de vegetais com elevada evapotranspiração potencial (FAO/UNESCO, 1973).

Os solos salino-sódicos necessitam do mesmo manejo utilizado nos solos sódicos, por apresentarem características semelhantes. No caso dos primeiros possírem caráter mais salino do que sódico, é comum apresentarem melhor capacidade de transporte de água do que no caso contrário (solo sódico).

A recuperação consiste em uma combinação de técnicas que sejam mais apropriadas para o solo a ser recuperado. Nunca pode-se dizer que um corretivo ou uma técnica é a melhor que a outra; cada caso é um caso. Portanto, é bastante interessante, antes de recuperar toda a área, fazer estudos experimentais em parcelas de pequeno tamanho. É importante lembrar que é impossível fazer recuperação em solos com drenagem deficiente, ou seja, caso a drenagem natural do solo não seja boa, deve-se começar pela instalação de um sistema de drenagem subterrânea.

a) Hidrotécnicas

Consiste na eliminação dos sais solúveis por intermédio da aplicação de uma lâmina de água que lixivia estes sais para camadas de solo abaixo da zona radicular; esta técnica é essencial para recuperação de todos os solos afetados por sais.

1º) Métodos de lavagem

I) Lavagem superficial – Consiste na aplicação de grandes lâminas de água, aplicadas rapidamente, visando eliminar crostas salinas da superfície do solo. À medida que a água escorre sobre a superfície do solo, vai carreando a crosta ou sais dissolvidos para dentro de um dreno coletor. Para a eficiência deste método, o solo deve ter uma declividade tal que a velocidade lateral da água seja maior do que a infiltração, e que a crosta esteja presente em toda a área. Não se recomenda, neste caso, a gradagem para não aumentar a infiltração da água.

II) Lavagem contínua - Consiste na aplicação de uma lâmina constante, de aproximadamente 8 cm, por todo o período da recuperação; é possível obter-se melhor eficiência nos solos com menor permeabilidade, devido à carga hidráulica promovida pela lâmina; tem a desvantagem de consumir um volume maior de água.

III) Lavagem intermitente - Diversos estudos têm mostrado que lâminas de lavagem aplicadas pelo método intermitente apresentam uma melhor eficiência em relação ao método contínuo. Na lavagem intermitente o movimento de sais é mais lento, com picos pronunciados e uma pequena superfície de concentração.

2º) Estimativa das lâminas de lavagem

É bastante difícil se estimar com exatidão a lâmina necessária para a lixiviação, devido à presença de fendas no solo, dissolução dos sais precipitados, restrições na difusão dos sais e dispersão hidrodinâmica. Os modelos matemáticos desenvolvidos ainda não conseguem representar adequadamente as grandes variações que ocorrem em condições naturais de campo. Devido a isto, as estimativas baseadas em relações empíricas oriundas de experiências de campo são as mais utilizadas. Pode-se considerar que de 70 a 80% dos sais solúveis inicialmente contidos no solo poderão ser lavados com uma lâmina igual à profundidade de solo considerada, variando com a textura. Hoffman (1980) preconiza a utilização da seguinte equação para estimativa da lâmina de lavagem.

$$[(C - Ci)/(Co - Ci)] \cdot (Dl/Ds) = K \quad (4.5)$$

Em que:

C – concentração de sais que se deseja obter no solo após a lixiviação, $mg.L^{-1}$;

Ci – concentração da água aplicada para a lavagem, $mg.L^{-1}$;

Co – concentração de sais original do solo, $mg.L^{-1}$;

D1/Ds – lâmina de água por profundidade unitária do solo, $m.m^{-1}$; e

K – constante que depende da técnica de lavagem e do tipo de solo, adimensional.

Para inundação contínua, que dependendo do tipo de solo, K assume os valores de 0,45 para solo turfoso, 0,3 para franco argiloso e 0,1 para franco arenoso; porém, em média, se utiliza o valor de 0,3. Quando se utiliza a inundação intermitente ou aspersão, K não depende do tipo de solo e assume o valor de 0,1.

3º) Eficiência da lavagem

Para que haja eficiência na lavagem dos sais do solo é necessário que a água aplicada se misture com a água do solo (solução do solo). A concentração da água drenada da zona radicular deve ser a mistura da concentração de sais da água aplicada com a concentração de sais da solução do solo. Muitas vezes, parte da água aplicada para a lavagem não se mistura com a água do solo, por se infiltrar por fendas, gretas do solo ou canalículos deixados pelas raízes, acarretando, assim, falta de contato com a solução do solo. Este processo ocorre com maior frequência em solos argilosos, devido a maior quantidade de gretas.

A lâmina de água que se mistura dividida pela lâmina total aplicada recebe o nome de eficiência de lavagem e é representada pela letra "f"; e o seu valor depende do sistema de irrigação e do tipo de solo. Com relação ao tipo de irrigação, a aspersão apresenta maior eficiência, maior "f", e a irrigação por sulcos os menores valores.

Do total da água que se mistura, uma parte se mistura bem com a solução do solo e outra menos, mas na prática não se considera esta subdivisão. A precisão não é prejudicada já que os valores de “f” são determinados experimentalmente e estão apresentados na Tabela 4.5.

Tabela 4.5 – Valores aproximados da eficiência de lavagem "f"

Textura do Solo	f
Arenoso	0,8
Franco-limoso, Franco-arenoso	0,5 - 0,6
Franco-argilosiltoso, Franco-argiloarenoso, Franco	0,4 - 0,5
Argiloso	0,2 - 0,3

Mediante ao exposto, a água que percola devido à lavagem (R), cuja salinidade é Cr, é composta de duas partes:

– Água não misturada com a do solo, (1 - f), que sai com salinidade igual à da água de irrigação, Ci.

– Água misturada com a do solo (f), que sai com uma salinidade igual à da solução do solo na capacidade de campo, Ccc.

Então:

$$Cr = f.Ccc + (1 - f)Ci \tag{4.6}$$

b) Melhoramento químico do solo

A função dos melhoradores químicos, também denominados corretivos, é provocar uma substituição do sódio trocável, ou seja o sódio que está adsorvido na micela (complexo do solo), por outros cátions, normalmente pelo cálcio. O tipo e a quantidade de melhoradores químicos que se vai aplicar em um solo, com a intenção de substituir o sódio trocável, depende das características do solo, da velocidade de substituição desejada e de limitações econômicas (FAO/UNESCO, 1973).

Segundo Richards (1954), os melhoradores químicos, normalmente utilizados na recuperação dos solos sódicos, podem ser classificados da seguinte forma: sais de cálcio solúvel (gesso, cloreto de cálcio); sais de cálcio de baixa solubilidade (calcário dolomítico, resíduos dos engenhos de cana-de-açúcar, resíduo do acetileno); ácidos ou formadores de ácidos (enxofre, ácido sulfúrico, sulfato de ferro, sulfato de alumínio e polisulfito de cálcio).

1º) Adequabilidade dos melhoradores químicos

O corretivo mais adequado depende basicamente de dois fatores: presença ou ausência de carbonatos alcalinos terrosos no solo e pH do solo. Os solos podem ser classificados em três grupos: grupo 1 - solos com carbonatos alcalinos terrosos; grupo 2 - solos sem carbonatos alcalinos terrosos e pH > 7,5; grupo 3 - solos sem carbonatos alcalinos terrosos e pH< 7,5. Na Tabela 4.6 mostra-se a adequabilidade dos melhoradores para grupo de solo:

Tabela 4.6 – Adequabilidade de diferentes melhoradores químicos aos 3 diferentes grupos de solo, agrupados segundo à quantidade de carbonato de cálcio e pH

MELHORADORES	SOLO/GRUPO		
	1	2	3
GESSO	A	A	A
CLORETO DE CÁLCIO	A	A	A
ENXOFRE	MA	A	AR
POLISULFITO DE CÁLCIO	MA	A	AR
ÁCIDO SULFÚRICO	MA	A	AR
SULFATO DE Fe e Al	MA	A	AR
CALCÁRIO	I	PU	A
RESÍDUOS DE CANA-DE-AÇÚCAR	I	PU	A

Onde, A= adequado, MA= muito adequado, AR= adequado com restrições, I= inútil, PU= pouco útil.
Fonte: Pizarro (1978)

2º) Reações e características dos melhoradores

I) Gesso

O gesso é o corretivo mais utilizado para a recuperação de solos sódicos, por dois motivos: o preço baixo e sua adequabilidade a todos os grupos de solo citados anteriormente; abaixo, mostra-se, em sua reação, como o cálcio contido no gesso vai substituir o sódio adsorvido a micela.

MICELA --Na2+ + CaSo4 = MICELA^{-} -- Ca++ + Na_2So_4

A única limitação desta reação é a solubilidade do gesso, que em condições normais de temperatura é aproximadamente igual a 2 g/l; portanto, quando se calcula a lâmina de lavagem, deve-se levar em conta este fator. O gesso pode ser aplicado superifcialmente e incorporado no solo ou aplicado na água de irrigação. No caso de se utilizar este melhorador, a reação é reversível; portanto, é necessário, logo após a aplicação do gesso, eliminar o Na_2So_4 presente na solução, mediante lavagem com drenagem satisfatória. A eficiência do gesso depende de vários fatores, como: nem todo o produto será usado para substituir o sódio, parte deste irá substituir outros cátions como o magnésio e o potássio; a distribuição do gesso pode ser irregular; parte do gesso será transportado por percolação da água para o subsolo e não irá substituir o sódio na camada superficial do solo (este fenômeno pode ser mais pronunciado em solos ricos em NaCl solúvel, pois este sal aumenta a solubilidade do gesso); o refino do gesso, ou seja, a aplicação terá uma melhor eficiência se as partículas apresentarem tamanho inferior a 2mm; o tipo de sais solúveis contidos no solo, além da existência de caminhos preferenciais (fendas), influenciam no processo.

O gesso utilizado com melhorador poderá ser proveniente de duas fontes: diretamente do processo de extração de rochas (gipsita e anidrita) ou como subproduto da fabricação do superfosfato triplo, quando é denominado comercialmente de fosfogesso.

II) Cloreto de cálcio

Trata-se de um melhorador de ótima eficiência e de efeito muito rápido devido a sua alta solubilidade, que é de 427 g/l a 20^0 C; também é adequado aos três grupos de solo, mas não é muito utilizado devido ao seu custo, que em geral é bem elevado. Ao ser aplicado ao solo o cloreto de cálcio produz a seguinte reação:

MICELA --Na_2^+ + $CaCl_2$ = MICELA -- Ca^{++} + $NaCl_2$

III) Enxofre

Trata-se de um formador de ácido; portanto, é mais adequado para solos que contêm carbonatos alcalinos terrosos. Para solos com pH abaixo de 7,5 o uso deve ser baseado em pré-ensaios. É bastante utilizado por seu baixo preço, más é de reação lenta por ter que sofrer oxidação como é mostrado a seguir:

$S_2 + 3O_2 = 2SO_3$ (oxidação microbiológica)

$SO_3 + H_2O = H_2SO_4$

$H_2SO_4 + CaCO_3 = CaSO_4 + CO_2 + H_2O$

MICELA $-- Na_2^+ + CaSO_4 =$ MICELA $-- Ca^{++} + Na_2SO_4$

Por necessitar da oxidação, é importante que não seja feita a lavagem do solo logo em seguida à aplicação de enxofre: apenas deve-se deixar o solo úmido para favorecer a atividade microbiana; o corretivo deve ser o mais fino possível e ser incorporado ao solo, diminuindo assim o tempo de oxidação, que é em média de 20 a 30 dias.

IV) Ácido sulfúrico

O ácido sulfúrico é um melhorador de ação rápida e de preço acessível, mas seu uso é limitado a solos que contenham carbonatos alcalinos. Como se pode notar, o processo de reação é idêntico ao corretivo enxofre, apenas não sendo necessário os processo de oxidação e hidrólise; a reação se limita a:

$H_2SO_4 + CaCO_3 = CaSO_4 + CO_2 + H_2O$

MICELA $--Na_2^+ + CaSO_4 =$ MICELA $--Ca^{++} + Na_2SO_4$

Assim como o enxofre, para solos com pH abaixo de 7,5, o uso deve ser baseado em pré-ensaio.

V) Polisulfito de cálcio

O polisulfito de cálcio sofre oxidação no solo formando gesso e ácido sulfúrico, conforme a reação abaixo :

$CaS_5 + 8O_2 + 4H_2O = CaSO_4 + 4H_2SO_4$

$H_2SO_4 + CaCO_3 = CaSO_4 + CO_2 + H_2O$

$$\text{MICELA} \text{--}Na_2^{+} + CaSO_4 = \text{MICELA} \text{--}Ca^{++} + Na_2SO_4$$

Por se tratar de um formador de ácido, tem limitação para ser utilizado em solos com pH abaixo de 7,5, pois pode provocar uma acidez excessiva.

VI) Sulfato de ferro e de alumínio

Estes sulfatos, por intermédio de hidrólise, são transformados em ácido sulfúrico, possuindo as mesmas propriedades e características já citadas anteriormente.

VII) Calcário dolomítico

O calcário dolomítico é um corretivo de custo baixo, mas devido a sua baixa solubilidade, que pode ser aumentada na presença de CO_2, deve ser utilizado em solos com baixo pH e ausência de carbonatos alcalinos. É bastante adequado para recuperação de solos sódicos degradados; para melhorar a sua eficiência, é recomendado aplicar o calcário junto com adubos orgânicos. Sua reação poderá ocorrer de duas formas, conforme pode-se conferir abaixo:

$$\text{MICELA} \text{--}Na_2^{+} + CaCO_3 = \text{MICELA} \text{--}Ca^{++} + Na_2CO_3$$

$$\text{MICELA} \text{--}Na_2^{+} + H_20 = \text{MICELA} \text{-}H^{+} + NaOH$$

$$\text{MICELA} \text{--}H_2^{+} + CaCO_3 = \text{MICELA} \text{--}Ca^{++} + CO_2 + H_2O$$

VIII) Resíduos industriais

Os subprodutos da indústria açucareira são produtos acidificadores e contêm cálcio na sua composição, na forma de carbonatos; estes são de boa solubilidade devido a sua finura, além de conter matéria orgânica que colabora na reação química. São utilizados também resíduos da fabricação do acetileno na recuperação dos solos sódicos.

3º) Cálculo da dosagem dos melhoradores químicos

Como já foi citado anteriormente, o principal objetivo dos melhoradores químicos é substituir o sódio adsorvido na micela por cálcio, ou seja, diminuir a porcentagem de sódio trocável (PST) de um solo. O valor de PST necessário a se atingir depende basicamente da tolerância da cultura a ser implantada; da profundidade que se deve diminuir o PST e do sistema radicular da cultura que se deve implantar. A dose teórica de melhorador é dada pela fórmula preconizada por Pizarro (1978):

$$Dt = \frac{(PSTi - PSTf) * CTC * PE * h * ds}{100} \qquad (4.7)$$

Em que:

Dt – dose teórica de melhorador, Kg/ ha;

PSTi – percentagem de sódio trocável inicial, %;

PSTf – percentagem de sódio trocável final, %;

CTC – capacidade de troca de cátions, $cmol_c/dm^3$ de solo;

PE – peso equivalente do melhorador (dados na Tabela 4.7);

ds – densidade do solo, g/cm^3; e

h – profundidade do solo a ser recuperado, cm.

Tabela 4.7 – Peso equivalente (PE) dos melhoradores químicos utilizados na recuperação de solos de caráter sódico

MELHORADOR	PE
gesso	86
cloreto de sódio	73
enxofre	16
polisulfito de cálcio	100
ácido sulfúrico	49
sulfato de ferro	139
sulfato de alumínio	111
calcário	50
resíduos açucareiros	17-30

Fonte: Pizarro (1978)

Como ao ser deduzida a fórmula anterior não foi considerado a eficiência dos melhoradores, ou seja, se ele é 100 % puro, realmente, e se todo corretivo vai ser aproveitado sem perdas, é necessário portanto, calcular a dose prática dada pela fórmula:

$$Dp = Dt * C \quad (4.8)$$

Em que:

Dt – dose teórica, Kg/ha;

C – coeficiente de correção (dados na Tabela 4.8).

Tabela 4.8 – Coeficientes de correção dos melhoradores químicos

MELHORADOR	C
gesso	1,25
cloreto de cálcio	1,10
enxofre	1,25
polisulfito de cálcio	1,25
ácido sulfúrico	1,10
calcário	1,25
sulfatos de ferro e alumínio	1,10

Fonte: Pizarro (1978)

Chauchan & Chauchan (1979) sugerem, para o cálculo da necessidade de gesso, a seguinte relação: Y= 1,1.X - 0,52, onde Y corresponde aos teores de sódio trocável ($cmol_c$ Kg^{-1}). Estima-se, também, que para a correção de 1mmolc de sódio, até a profundidade de 15cm, precisa-se de aproximadamente 2,016 mg de $CaSO_4$.

Outra forma de se quantificar a necessidade de gesso é utilizar a metodologia proposta por Richards (1954), onde é colocado 5g de gesso e um litro de água em um balão volumétrico; esta solução é agitada varias vezes durante uma hora; filtra-se a solução. É adicionado a 5g de solo seco ao ar, 100 ml desta solução; filtra-se a suspensão e determina-se novamente a concentração de cálcio; por diferença é encontrada a necessidade de gesso.

4º) Aplicação dos melhoradores químicos

Os melhoradores químicos em forma de pó, como o gesso, o enxofre e o calcário podem ser aplicados a lanço e incorporados ao solo, logo a seguir, como o auxílio de grades, arados de disco, etc. A incorporação deve ser completa, principalmente no caso do enxofre, para assegurar sua rápida oxidação. Com exceção de quando se usa o enxofre, os solos sodificados devem ser lavados imediatamente após a aplicação do corretivo, para que a água de lavagem o dissolva e o transporte para baixo, eliminando os sais solúveis do solo que se formam em consequência do intercâmbio de cátions. Quando se usa o enxofre, a lavagem deve ser feita mais tarde, dando tempo para que este elemento se oxide. Nesse caso o solo deve ser mantido úmido, pois a umidade é essencial para o processo de oxidação microbiana.

O ácido sulfúrico necessita de um cuidado especial em sua aplicação, devido ao poder de corrosão do produto; pode ser aplicado diretamente ao solo por meio de equipamentos especiais para essa função ou na forma diluída manualmente. O importante é uniformizar de forma mais eficiente o produto e evitar acidentes de trabalho.

4.5.2 – Técnicas auxiliares

As técnicas auxiliares têm o objetivo de melhorar a eficiência das técnicas fundamentais, através de melhorias nas propriedades físicas e químicas do solo. Nota-se que estas são empregadas em um período de tempo relativamente maior; poderão a vir causar reduções significativas no PST dos solos sodificados, por meio do processo de hidrólise. Podem ser classificadas, em:

a) Técnicas mecânicas

O principal objetivo das técnicas mecânicas é melhorar as propriedades físicas do solo, principalmente a permeabilidade, assim como remover mecanicamente da zona radicular solos com características indesejáveis.

1º) Aração profunda

Esta técnica é utilizada quando se necessita eliminar camadas de baixa permeabilidade em meio a outras mais permeáveis. Quando se tem excesso de sódio na superfície do solo e gesso a maiores profundidades, a técnica traz bons resultados, pois à medida que se traz o gesso para superfície, enterra-se a camada de solo com excesso de sódio.

2º) Subsolagem

A principal função desta técnica é melhorar a permeabilidade dos solos por meio do rompimento de camadas impermeáveis; tem efeito de ação limitada de um a dois anos. Poderá também ser utilizados torpedos acoplados ao implemento.

3º) Mistura do solo com areia

Melhora a permeabilidade do solo por intermédio da adição de partículas mais grossas, alterando assim a textura do solo.

4º) Inversão de perfis geológicos

Consiste em enterrar camadas de solo de características indesejáveis, trocando assim este material por camadas que apresentem características mais favoráveis.

b) Técnicas biológicas

1º) Adição de material orgânico

Quando se aplica esterco de curral ou matéria verde proporciona-se dois efeitos desejáveis para ajudar a recuperação dos solos salinos e sódicos: melhora-se a estrutura e a permeabilidade do solo, e melhora-se a solubilidade dos carbonatos alcalino, mediante a liberação do CO_2. Outra forma de material orgânico utilizada mais recentemente são os polímeros, como, por exemplo, o ácido polimaleico, os quais promovem uma melhoria na permeabilidade do solo, promovendo uma redução da PST, por intermédio do processo de hidrólise (SILVA, 1997).

2º) Implantação de culturas com elevada evapotranspiração

Estas culturas provocam o abaixamento do lençol freático, facilitando a lavagem de sais. Se a salinidade inicial não permitir a introdução de culturas mais rentáveis como a alfafa e outras forrageiras, o solo pode ser útil para a cultura da cana-de-açúcar e do eucalipto. Além do efeito da alta evapotranspiração, estas culturas dão sombra, evitando a evaporação direta do solo.

c) Técnicas termoelétricas

Esta técnica foi testada, em fase experimental, em trabalhos realizados em Montana, nos Estados Unidos e na Rússia, onde demostrou-se que o tratamento com correntes elétricas e altas temperaturas pode ajudar na recuperação de solos salinos e sódicos. Uma desvantagem deste método é a rápida deterioração do eletrodo metálico, causando contaminação do solo com metais.

d) Técnicas de aplicação de soluções eletrolíticas no solo, com diluições sucessivas

Reeve & Bower (1960) indicam a possibilidade de recuperação de solos sódicos pelo uso de água de alta concentração eletrolítica, com diluições sucessivas ao longo do tempo. A velocidade de infiltração da água através de um solo sódico depende consideravelmente da sua concentração eletrolítica. Desta forma, a lavagem desses solos pode ser facilitada ou iniciada com água de alta concentração eletrolítica, pois os sais, agindo como floculantes, aumentam a permeabilidade do solo (FAO/UNESCO, 1973). Alem disso, os cátions presentes nas águas de alta concentração eletrolítica ocupam o lugar do sódio no complexo sortivo do solo.

Estas reduções na concentração das soluções eletrolíticas necessitam ser feitas de maneira o mais suave possível, pois se forem alteradas abruptamente poderão vir a ocasionar a desestruturação do solo e, consequentemente, redução na sua permeabilidade, inviabilizando o método.

CAPÍTULO 5

PLANEJAMENTO E PROJETO DA DRENAGEM SUBTERRÂNEA

5.1 – A necessidade de drenagem

A maioria das áreas com problemas de drenagem exige técnicas de controle da água que está na superfície do solo (drenagem superficial) e abaixo do lençol freático (drenagem subterrânea), simultaneamente. Entretanto, como o armazenamento e o movimento da água na superfície do solo é bastante diferente do armazenamento e do movimento da água abaixo do lençol freático (LF), para fins de equacionamento e para facilitar a obtenção da solução, é comum, inicialmente, encarar essas duas técnicas de drenagem separadamente. Posteriormente, obtidas as duas soluções, faz-se uma conciliação para a obtenção do resultado final.

Outro aspecto relevante na definição de estratégias para a solução do problema de drenagem, particularmente importante para a drenagem superficial, é a classificação da área-problema em área plana (declive médio menor que cerca de 1%) e área com declive (declividade média maior que cerca de 1%). No primeiro caso, o objetivo principal é eliminar a água estagnada na superfície, enquanto no segundo, o objetivo é principal é o controle da erosão.

Nesse Capítulo, serão abordadas as etapas que envolvem o planejamento da drenagem subterrânea, enfocando inicialmente o problema das áreas planas. No capítulo 7 serão desenvolvidas a estratégias usualmente adotadas para a drenagem superficial.

Para melhor esclarecimento dessas subdivisões, no que se refere às áreas planas, são apresentadas, na Tabela 5.1, algumas situações que geralmente requerem obras de drenagem superficial e subterrânea.

Tabela 5.1 – Exemplos de necessidade de drenagem superficial e subterrânea

SITUAÇÃO	DRENAGEM	EXEMPLO
1-LF ausente	Só superficial	Campos de futebol, viveiros de mudas, aterros de estufas, campos de golfe, etc
2-LF presente, mas de difícil controle	Só superficial e para culturas tolerantes	Gleissolo com Ko <0,1 $m.d^{-1}$
3-LF presente com possibilidade de controle	Superficial e subterrânea	Maioria dos solos de baixadas
4-LF presente e solo com infiltração muito alta	Só subterrânea	Areia quartzosa hidromórfica profunda
5-Controle da lâmina d'água e melhoria na trafegabilidade	Só superficial	Arroz inundado

5.2 – Regimes do fluxo de água para os drenos

Com o objetivo de facilitar o equacionamento do movimento da água em direção aos drenos subterrâneos, os regimes, ou tipos de movimento, são classificados em permanente e não permanente.

5.2.1 – Regime permanente

O regime permanente é uma abstração simplificadora, que só pode ser obtida, a rigor, em modelos físicos de laboratório. Nesse regime, o LF se mantém estabilizado, a uma certa profundidade, devido a uma recarga constante e de baixa intensidade, que se infiltra totalmente no solo. Desta forma, a quantidade de água que penetra pela superfície do solo é a mesma que escoa através dos drenos.

Embora esse regime não se observe na prática, ele é assumido por simplificação, com bons resultados, em alguns países da Europa, como a Holanda, por exemplo, quando, durante o período de inverno úmido, o LF se mantém praticamente estabilizado, devido à ocorrência de chuvas de elevada constância e baixa intensidade (ILRI, 1978).

O critério de drenagem, para a utilização das equações de espaçamento de drenos, baseado nesse regime, é relativamente simplificado, pois envolve apenas a magnitude da chuva (mm/dia) e a profundidade em que se deseja que o LF se estabilise.

5.2.2 – Regime não permanente

O regime não permanente assume que, após uma chuva intensa, o LF irá subir, podendo, inclusive, invadir a zona radicular, e que deverá ser rebaixado em um tempo suficientemente curto, para não causar danos à cultura.

As equações que descrevem o regime não permanente são divididas em dois grupos: as que prevêem recarga instantânea (ascensão imediata do LF) e aquelas que consideram o tempo para a ascensão do LF.

As do segundo grupo são, na verdade, aquelas que descrevem com melhor aproximação a realidade de campo. Elas são capazes de prever, inclusive, a flutuação do LF causada por recargas variáveis, ao longo de vários dias, meses ou anos. Entretanto, exigem programas de computador bem elaborados para que se atinja esse objetivo. Como exemplo dessas equações citam-se: a de Krayjenhoff van der Leur, a de De Zeuw & Hellinga e a equação de Schilfgaarde para recarga intermitente. Exemplos de aplicações dessas equações serão vistos no Capítulo 8.

O regime não permanente de recarga instantânea pode ser equacionado sem o uso de computadores. O critério de drenagem, entretanto, é um pouco mais complexo, pois exige, além da magnitude da recarga (considerada de infiltração instantânea através da superfície do solo), e da posição para a qual se deseja que o LF seja rebaixado, o tempo necessário para que haja esse rebaixamento, sem comprometimento da produtividade da cultura.

5.3 – Critérios de drenagem

Os critérios de drenagem são imposições que são feitas ao desempenho do sistema de drenagem, necessárias ao cálculo do espaçamento entre os drenos de campo. Essas imposições são geralmente baseadas na sensibilidade das culturas, segundo o regime hidrológico de cada região.

5.3.1 – A profundidade ideal do lençol freático

A primeira variável a ser definida para o estabelecimento de um critério de drenagem é a profundidade permissível ao LF, que não cause danos à cultura. Conforme visto no Capítulo 1, a posição do LF é uma forma simplificada de se caracterizar problemas de deficiência de aeração (hipoxia) na zona radicular. Essa profundidade, por assim dizer, ideal, depende de uma série de fatores:

1) Profundidade efetiva da zona radicular: a princípio, quanto mais profundas forem as raízes da cultura, maior deve ser a profundidade do LF, que não cause danos às mesmas;

2) Altura da franja capilar: imediatamente acima do LF existe uma zona do perfil do solo que se mantém saturada, chamada franja capilar. Essa franja tende a ser mais alta em solos argilosos do que em solos arenosos. Assim, considerando os outros fatores constantes, deve-se manter o LF um pouco mais profundo em um solo argiloso do que em um solo arenoso.

3) Necessidade de irrigação: em regiões úmidas, quando não está previsto se instalar um sistema de irrigação paralelamente ao sistema de drenagem, pode ser benéfico se manter o LF não muito profundo, para que as raízes extraiam água proveniente do fluxo ascendente no perfil, a partir do LF. Por outro lado, quando se prevê a prática de irrigação pressurizada ou por superfície, o benefício do fluxo ascendente pode ser mínimo.

4) Controle da salinidade: quando a drenagem é realizada em região árida ou semi-árida, tendo, portanto, o objetivo de também controlar a salinidade do solo, o fluxo ascendente deve ser minimizado ao máximo pois, juntamente com a água que ascende no perfil, deslocam-se também os sais, que causam problemas. Nesse caso, deve-se prever profundidades maiores para o LF.

5) Variações climáticas: na realidade o desempenho de um sistema de drenagem varia de um ano para o outro. Um sistema mais intenso (drenos mais profundos e com menores espaçamentos) pode ter um desempenho excelente em um ano que chova muito, enquanto que um sistema de drenagem menos intenso (drenos mais rasos e mais espaçados) pode propiciar melhores produtividades em um ano que chova pouco. Daí concluir-se que um bom sistema de drenagem seria aquele que, em média, permitisse produtividades próximas à potencial da cultura na maior parte de sua vida útil.

Considerando todos esses fatores que são importantes na definição de uma profundidade ótima para o LF, Williamson & Kriz (1973) fizeram uma revisão de vários trabalhos científicos que contemplaram esses aspectos, e encontraram valores de profundidade ótima do LF variando desde 15 cm até 150 cm. Pizarro (1978) também sugere valores de profundidade ótima de LF, para alguns tipos de culturas. Cruciani (1987) aborda em seu livro o efeito de diferentes texturas de solo (problema da franja capilar) sobre a profundidade ideal do LF.

Tendo em vista a necessidade de se definir esse parâmetro para o estabelecimento de um critério de drenagem prático, adotar-se-á, nesse texto, um critério modificado do preconizado pelo SCS/USDA (1973), estabelecendo que a profundidade ótima do LF deva ser a profundidade efetiva do sistema radicular mais 5 cm, para solos arenosos, e mais 10 cm, para solos argilosos.

5.3.2 – A recarga para o projeto de drenagem subterrânea

No que diz respeito ao regime permanente, existem várias propostas para se definir qual seria a magnitude da recarga constante e de baixa intensidade, segundo a qual o sistema de drenagem subterrânea seria capaz de estabilizar, a uma profundidade adequada, a posição do LF. Smedema & Rycroft (1983) propõem que se realize um balanço hídrico na região onde se localiza o projeto, para se definir essa recarga. Pizarro (1978), particularmente para áreas irrigadas, propõe critérios a serem aplicados na época chuvosa e na época de irrigação. Batista *et al.* (1999) sugerem um critério bastante realista, embora trabalhoso, baseado na fração de chuva de 3 dias consecutivos com período de retorno de 5 anos. Entretanto, a maioria dos técnicos holandeses são unânimes em afirmar que nenhum critério teórico é ainda capaz de ser superado pela observação prática em campo da descarga de sistemas de drenagem bem sucedidos, já instalados. Baseadas nessas observações, realizadas em várias partes do mundo, as recargas de projeto, para regime permanente, tem variado de um mínimo de 1 mm/dia até um máximo de 25 mm/dia. Experiência já adquirida pela CODEVASF em áreas drenadas no Vale do Rio São Francisco, no Brasil, sugere valores de 4 mm/dia à 6 mm/dia.

Já para a recarga intensa necessária ao dimensionamento em regime não permanente, as propostas também são várias. Entretanto, a própria FAO (1984) já admitia não dispor, ainda, de experiência prática suficiente para realizar uma recomendação segura para esse tipo de regime. Nesse texto, será adotado o critério proposto por Cruciani (1987), modificado, que assume como recarga de projeto uma chuva intensa de 6 horas de duração, com período de retorno de 5 anos, considerando o solo próximo da saturação e sua capacidade de infiltração variável, dependente do tipo de solo, conforme será abordado posteriormente.

5.3.3 – O tempo para o rebaixamento do lençol freático

Quando se opta por calcular o espaçamento dos drenos subterrâneos utilizando uma equação de regime não permanente, é necessário se definir quantos dias, após a recarga intensa, o LF deve ser rebaixado para uma profundidade que não comprometa a respiração das raízes. Existem, basicamente, três fatores que influenciam esse período de tempo:

1) Sensibilidade da cultura: as culturas toleram, de forma diferente, períodos mais ou menos prolongados de hipoxia (deficiência de aeração). As gramíneas, por exemplo, são sabidamente mais tolerantes que as solanáceas.

2) O estádio de desenvolvimento da cultura: vários experimentos tem demonstrado que, um mesmo período de anoxia (falta de aeração), pode causar danos diferentes, conforme o estádio de desenvolvimento da cultura em que ele ocorre. Geralmente, o estádio inicial de desenvolvimento da cultura e o período de floração são considerados os dois estádios em que há maior sensibilidade.

3) Temperatura: quando o encharcamento ocorre durante um período de alta demanda evapotranspirativa, a necessidade de oxigênio na zona radicular, incluindo a micro-flora e micro-fauna do solo, também é alta; como consequência, os danos tendem a ser severos. Já em períodos frios, a tolerância ao encharcamento, geralmente, é bem maior.

Resultados de experimentos realizados em lisímetros no Brasil, sobre o tempo de rebaixamento do LF, necessário a não comprometer a produtividade da cultura, estão resumidos na Tabela 5.2, e servirão de base para os dimensionamentos realizados em regime não permanente, nesse texto. Cabe destacar que esses valores são apenas indicativos, pois pode haver variações conforme as condições climáticas em que foram realizados os trabalhos, os tipos de solo, as cultivares ou os híbridos utilizados, entre outros.

Tabela 5.2 – Tempo necessário para o rebaixamento do lençol freático, segundo a sensibilidade à hipoxia de algumas culturas

CULTURA	TEMPO	REFERÊNCIA
Alface	12 horas	Mingoti *et al.*(2004; 2006)
Batata	12 horas	Flecha (2004)
Cenoura	12 horas	Mingoti *et al.*(2002)
Ervilha	12 horas	Sá (2002)
Quiabo	1 dia	Duarte *et al.*(1990)
Aveia	1 dia	Cruciani & Minami (1984)
Pimentão	1 dia	Cruciani & Minami (1987)
Milho	2 dias	Cruciani (1985); Duarte *et al.*(1992)
Feijão	2 dias	Duarte *et al.*(2000); Cantos *et al.* (1999)
Soja	2 dias	Sá (2005)
Lentilha	2 dias	Sá *et al.* (2004)
Trigo	3 dias	Cruciani (1981); Sá *et al.* (2005)
Batata doce	3 dias	Duarte *et al.*(1991)
Beterraba	4 dias	Soares *et al.*(2000)
Cana-de-açúcar	9 ou 15 *dias	Tavares (2009) e Souza(2011)

Braquiária brizantha	15 dias	Guerra Júnior (2012)

*Quando o regime pluviométrico local garante que não haverá encharcamento em um período de 90 dias antes da colheita, pode-se utilizar 15 dias.

5.4 – Profundidade dos drenos subterrâneos

Uma etapa anterior a do cálculo do espaçamento dos drenos de campo é a definição da sua profundidade de instalação. A profundidade de instalação, simbolizada pela letra P, nesse texto, é a distância que vai da superfície do solo ao fundo da valeta, no caso de drenos de campo abertos, ou, da superfície do solo à geratriz inferior do tubo, no caso de drenos de campo fechados (Figura 5.1)

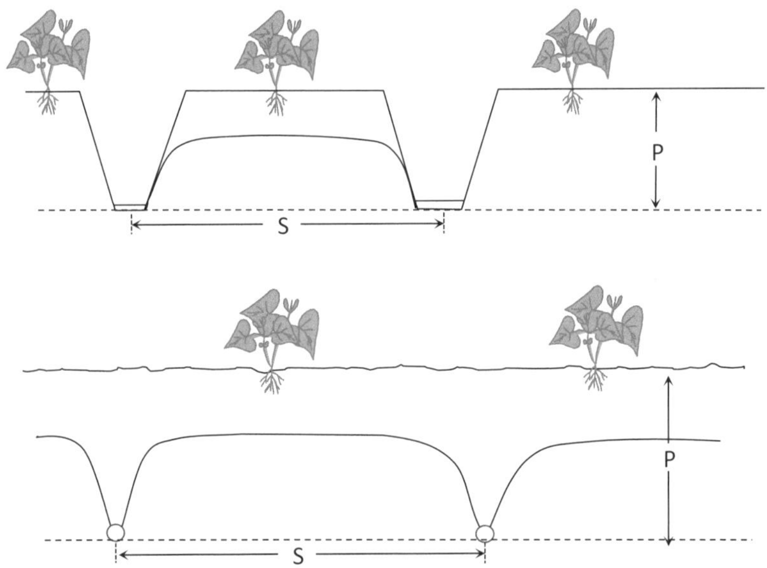

Figura 5.1 – Representação da profundidade (P) e do espaçamento (S) de drenos subterrâneos abertos e fechados

A definição da profundidade mais adequada para instalação dos drenos depende de vários fatores, quais sejam:

1) Relação entre custo de 1 metro de dreno versus número de drenos: na Figura 5.2 está esquematizado um perfil de solo, entre dois drenos paralelos, em que o LF é mantido estabilizado, a partir de uma recarga R(mm/dia), garantindo uma profundidade aerada "p" para a zona radicular da cultura. O desenho esquemático procura ilustrar que, a mesma profundidade p pode ser garantida com drenos instalados a uma profundidade P1 e com espaçamento S1, ou, com drenos instalados a uma profundidade P2 e com espaçamento S2. Ao se adotar a opção (1), o metro linear dos drenos ficará mais barato (menor custo de escavação), mas haverá um maior número de drenos por unidade de área. Por outro lado, ao se optar por (2), o metro linear dos drenos ficará mais caro, mas haverá um menor número de drenos por unidade de área. Conclui-se, portanto, de que se trata de uma decisão econômica, cujo ponto de custo mínimo pode ser obtido fazendo-se algumas tentativas, caso se disponha de estimativas de dados econômicos construtivos do sistema de drenagem a ser implantado (BOUMANS & SMEDEMA, 1986).

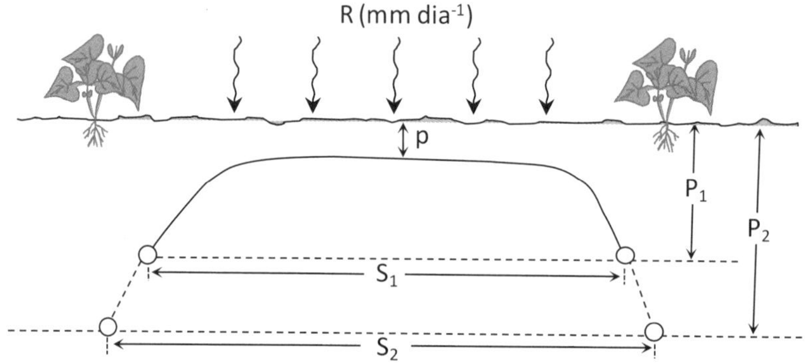

Figura 5.2 – Zona aerada "p", sendo mantida com drenos espaçados de S1 a uma profundidade P1, e a um espaçamento S2 com profundidade P2, em regime permanente, sob uma recarga constante R

2) Tipo de máquina de escavação: a máquina que vai ser utilizada para a escavação dos drenos pode estabelecer limitação à profundidade. As retro-escavadeiras e as escavadeiras hidráulicas abrem valetas a profundidades elevadas. Entretanto, no Brasil, algumas valetadeiras, embora permitam serviço mais rápido, tem a profundidade de escavação limitada a cerca de 1,0 metro. Algumas valetadeiras desse tipo são bastante utilizadas na abertura de valetas para drenagem superficial de tabuleiros de arroz, no Rio Grande do Sul. Outro tipo de valetadeira, que além de abrir a valeta, permite também a instalação do tubo drenante corrugado, disponível em algumas empresas do Vale do Rio São Francisco, opera também a cerca de 1,0 metro de profundidade. Máquinas especialmente desenvolvidas para instalação direta de drenos tubulares ainda não estão disponíveis no Brasil.

3) Presença de barreiras: barreiras impermeáveis argilosas ou rochosas podem, também, estabelecer limitação à profundidade de instalação dos drenos. À princípio, mesmo que haja viabilidade construtiva, deve-se evitar implantar os drenos subterrâneos abaixo dessas barreiras, sem que haja estudo mais aprimorado do movimento da água em direção aos drenos.

4) Cota da saída do sistema de drenagem: outro fator que pode limitar a profundidade dos drenos de campo é a cota disponível para saída, sempre que possível por gravidade, da rede principal do sistema. Cota média de enchente do rio onde será feito o deságue, cota de fundo de bueiros que atravessem estradas importantes, cota de galeria de águas pluviais próxima a sítios urbanos, são alguns exemplos de limitações na saída do sistema, que podem acarretar a necessidade de se re-planejar a profundidade de instalação dos drenos de campo.

Considerando todos esses aspectos, e com o objetivo de dar uma noção de ordem de grandeza ao leitor, a profundidade de drenos tubulares instalados em perímetros irrigados do Nordeste do Brasil, tem variado de 1,0 à 1,5 metros. Já na Zona da Mata Nordestina e nas regiões Sul e Sudeste, onde há maior tradição com o uso de drenos abertos, tem-se utilizado valores desde 80 cm (valetas em baixadas orgânicas para cultivo de hortaliças) até valas que atingem de 1,40 à 1,60 metros, para as culturas de cana-de-açúcar e citros, respectivamente.

5.5 – Equações de espaçamento entre os drenos

As equações de espaçamento são expressões matemáticas que fornecem a distância que deve ser dada entre dois drenos subterrâneos paralelos, para que eles, sob uma certa carga hidráulica média, sejam capazes de estabilizar ou rebaixar uma recarga de projeto, estabelecida pelo critério de drenagem. Essas fórmulas são deduzidas, baseadas na teoria do movimento da água no solo, assumindo diferentes graus de simplificação.

O grande interesse que se tem pelo uso dessas expressões se justifica pelo fato dos drenos de campo serem, geralmente, responsáveis por cerca de 80 a 85% do custo do projeto de drenagem. Assim, quanto mais apropriado for esse cálculo, maiores as chances de se viabilizar, economicamente, o projeto de drenagem (CARTER & CAMP, 1994).

Na sequência serão vistas, inicialmente, as equações para regime permanente, que são as mais simples e, posteriormente, as equações para regime não permanente, com recarga instantânea. As equações para regime não permanente, embora sejam mais didáticas e completas, pois conseguem descrever melhor os vários fatores que interferem no cálculo do espaçamento de drenos, não tem, ainda, a bagagem prática que o uso e a observação das equações de regime permanente já adquiriu. Entretanto, considerando que no Brasil as chuvas são tipicamente intensas, é mais indicado o uso de equações de regime não permanente. Exceção se faz para o Semiárido Nordestino, onde a experiência da CODEVASF tem avalizado o uso das equações de regime permanente; a rigor, mesmo nesta região, seria mais indicado utilizar as equações de regime não permanente, devido à alta intensidade das chuvas que ocorrem no pequeno período chuvoso do ano.

5.5.1 – Equações para regime permanente

No processo contínuo do caminhamento da água, desde que ela atinge o LF até seu escoamento pelos drenos, são distinguidas, para fins didáticos, quatro etapas, ou quatro tipos de movimentos, com suas respectivas resistências:

1) Movimento vertical: considerado relativamente pequeno, pois a distância entre os drenos subterrâneos geralmente é muitas vezes maior que sua profundidade;

2) Movimento horizontal: é aquele que, geralmente, ocasiona a maior perda de carga durante o escoamento;

3) Movimento radial: acarreta uma perda também importante, pois esse movimento ocorre quando as linhas de corrente passam a se aproximar, uma das outras, à medida em que a água converge em direção ao dreno;

4) Entrada d'água no drenos: pode ser uma resistência importante ou não, dependendo da característica do envelope colocado ao redor do dreno. Envelopes granulares, por exemplo, geralmente propiciam uma perda de carga na entrada quase que desprezível.

Tomando por base o conhecimento que foi adquirido, por volta do início do século XX, sobre a Hidráulica dos meios porosos necessária para se descrever o movimento da água em direção a poços subterrâneos, várias expressões foram, posteriormente, deduzidas para o cálculo do espaçamento de drenos (que são na verdade "poços horizontais"), em condições de LF estabilizado. Essas expressões procuram descrever um ou mais dos movimentos da água em direção aos drenos, caracterizados anteriormente. Entre elas, destacam-se as equações de Donnan, Hooghoudt, Kirkham, Ernest e de Fukuda.

Serão apresentadas apenas as equações de Donnan, de Hooghoudt e de Fukuda, por serem as mais utilizadas na prática.

a) Equações de Donnan para drenos assentados imediatamente sobre a barreira impermeável

A Figura 5.3 representa, esquematicamente, duas valetas, em corte, instaladas em um perfil, cuja barreira impermeável está localizada a uma distância PB da superfície do solo. Esses drenos estão instalados a uma profundidade P = PB, e possuem distância nula até a barreira. Assume-se que está ocorrendo uma recarga R (mm/dia), constante e de baixa intensidade, que se infiltra totalmente no solo. Para garantir aeração na zona radicular, deseja-se que o LF se estabilize a uma profundidade "p", fazendo com que o escoamento em direção aos drenos se dê sob uma carga hidráulica "h".

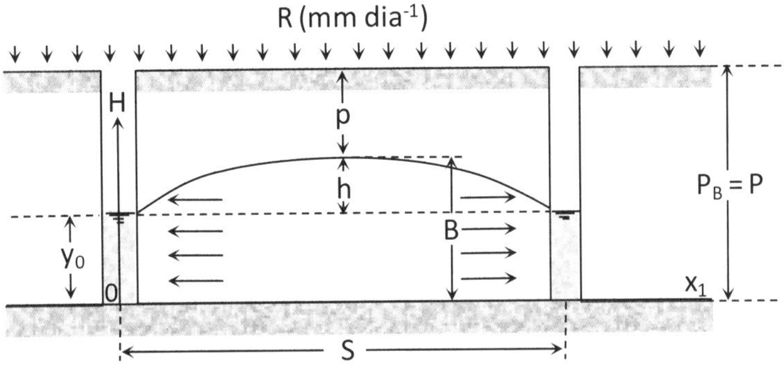

Figura 5.3 – Geometria idealizada por Donnan, para o cálculo do espaçamento dos drenos S, considerando apenas o escoamento horizontal

Baseado nesse esquema, foram deduzidas as equações de Donnan, (equações 5.1 e 5.2), que se constituem nas expressões mais simples para o cálculo do espaçamento de drenos subterrâneos. Elas consideram apenas o escoamento horizontal (hipótese de Dupuit-Forcheimer), e sua dedução matemática pode ser consultada no Anexo 1. São aplicadas para valetas, ou tubos, instalados diretamente sobre a barreira de impedimento, e para solos que não sejam muito argilosos.

$$S^2 = \frac{4.Ko}{R}\left(B^2 - yo^2\right) \qquad (5.1)$$

Em que:

S – espaçamento entre as valetas, m;

Ko – condutividade hidráulica do solo saturado, $m.d^{-1}$;

B – distância da barreira impermeável ao LF estabilizado, entre os drenos, m;

yo – lâmina dágua dentro da valeta, m; e

R – recarga de projeto, de duração constante e baixa intensidade, $m.\ d^{-1}$.

Imaginando-se que a lâmina d'água dentro da valeta seja pequena (desprezível), ou seja, yo = zero, obtém-se a equação 5.2.

$$S^2 = \frac{4.Ko.h^2}{R} \qquad (5.2)$$

Exemplo 5.1:

Sendo dados:

– Cultura do milho; Região de Cabrobó – PE;

– Solo Bruno Não-cálcico argiloso e raso;

– Camada xistosa à 1,1m (considerado a barreira impermeável);

– Profundidade efetiva das raízes = 40 cm;

– Profundidade dos drenos = 1,10 m;

– Condutividade hidráulica do solo saturado = 1,5 m.d^{-1};

– Recarga de projeto = 8 mm.d^{-1}; e

– Lâmina d'água nas valetas = valor muito pequeno.

Pede-se: calcular o espaçamento entre as valetas pela equação 5.2 para que o critério de drenagem seja contemplado. Na Figura 5.4 são apresentados os dados de entrada de forma esquemática.

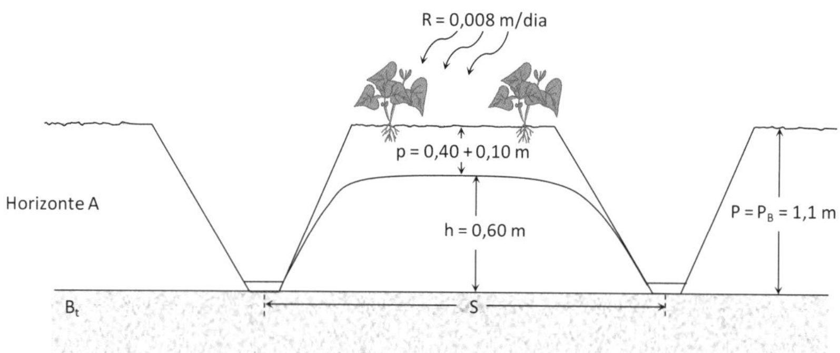

Figura 5.4 – Esquema dos elementos geométricos para a solução do Exemplo 5.1

Solução:

$$S^2 = \frac{4.Ko.h^2}{R} = \frac{4.1{,}50.0{,}60^2}{0{,}008} = 270$$

S = 16,43 m (possivelmente viável apenas para pequenos empreendimentos com culturas intensivas)

b) Equação de Hooghoudt com correção de Van Beers

A Figura 5.5 representa, esquematicamente, dois drenos tubulares, em corte, instalados em um perfil, cuja barreira impermeável está localizada a uma distância PB da superfície do solo. Esses drenos estão instalados a uma profundidade P da superfície do solo e distam "d" da barreira. Assume-se que está ocorrendo uma recarga R (mm/dia), constante e de baixa intensidade, que se infiltra totalmente no solo. Para garantir aeração na zona radicular, deseja-se que o LF se estabilize a uma profundidade "p", fazendo com que o escoamento em direção aos drenos se dê sob uma carga hidráulica h.

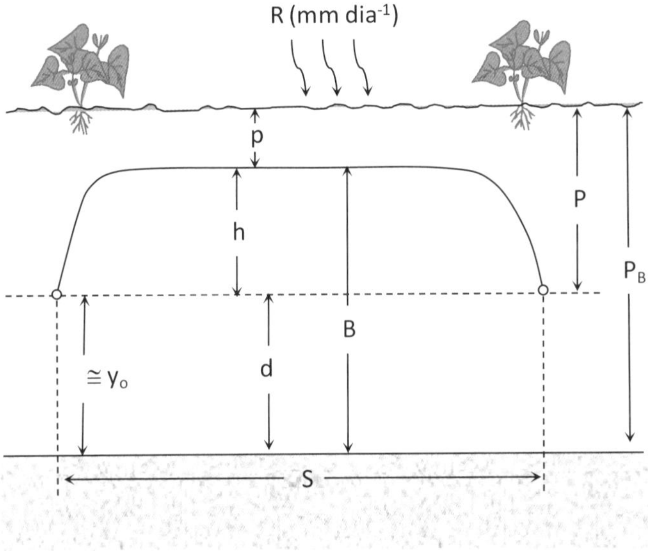

Figura 5.5 – Variáveis geométricas características para aplicação da equação de Hooghoudt, em regime permanente

Imagina-se, preliminarmente, que o escoamento da água em direção aos drenos se dê apenas na horizontal, num perfil de condutividade hidráulica Ko. Partindo-se da equação de Donnan (5.1), denominando-se yo = d, e, consequentemente, B = d + h, verifica-se que, para descarregar R, sob uma carga "h", o espaçamento preliminar So, seria dado pela equação 5.3 que, re-arranjada, fornece a equação 5.4.

$$So^2 = \frac{4 \,.\, Ko \,.\, h \,.\, \left((d+h)^2 - d^2\right)}{R} \qquad (5.3)$$

$$So^2 = \frac{4 \, . \, Ko \, . \, h \, . \, (2.d + h)}{R} \tag{5.4}$$

Em que:

So – espaçamento preliminar entre os drenos, m;

Ko – condutividade hidráulica do solo saturado, $m.d^{-1}$;

h – altura do LF sobre a linha dos drenos, m;

d – distância dos drenos à barreira impermeável, m; e

R – recarga constante do LF, $m.d^{-1}$.

Entretanto, conforme comentado anteriormente, e ilustrado na Figura 5.6, o escoamento da água em direção aos drenos, embora seja predominantemente horizontal (2), tem também uma pequena componente vertical (1), uma importante componente radial (3), e uma resistência de entrada nos drenos (4) (que se procura minimizar com o uso de envelopes, na medida do possível). Assim, a equação 5.4 necessita ser corrigida, para fornecer resultados que se aproximem mais da realidade (caso contrário ela superestimará o espaçamento).

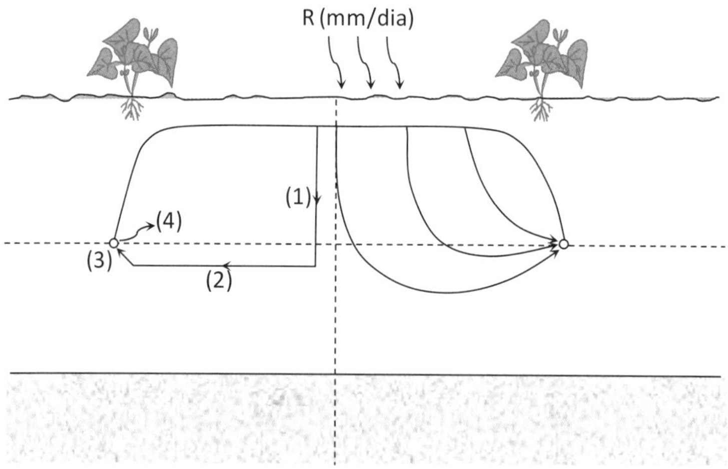

Figura 5.6 – Esquema dos movimentos da água em direção aos drenos: (1) vertical; (2) horizontal; (3) radial; (4) de entrada no dreno

A maneira mais simples de se realizar essa correção, e que evita cálculos por tentativas, é adotar-se uma correção direta, atribuída ao autor holandês Van Beers (1973):

$$S = So - C \tag{5.5}$$

Sendo:

$$C = d \,.\, Ln\left(\frac{d}{Pm}\right) \tag{5.6}$$

Em que:

S – espaçamento de drenos real a ser adotado, m;

So – espaçamento preliminar obtido em 5.4; m;

C – correção a ser realizada no espaçamento calculado preliminarmente, m;

d – distância da linha do fundo dos drenos à barreira impermeável, m; e

Pm – semi-perímetro molhado do dreno, incluindo o envelope, m.

Exemplo 5.2:

Sendo dados:

– Cultura da uva; município de Petrolina – PE;

– Latossolo com "pan" a 3,0 m de profundidade (considerado a barreira impermeável);

– Profundidade efetiva das raízes = 40 cm;

– Profundidade dos drenos = 1,10 m;

– Condutividade hidráulica do solo saturado = 1,0 $m.d^{-1}$;

– Recarga de projeto = 6 $mm.d^{-1}$;

– Diâmetro dos drenos tubulares = 100 mm; e

– Solo argiloso.

Pede-se:

Calcular o espaçamento entre drenos, utilizando a equação de Hooghoudt com a correção de Van Beers (1973).

Na Figura 5.7 os dados de entrada estão organizados de forma mais didática:

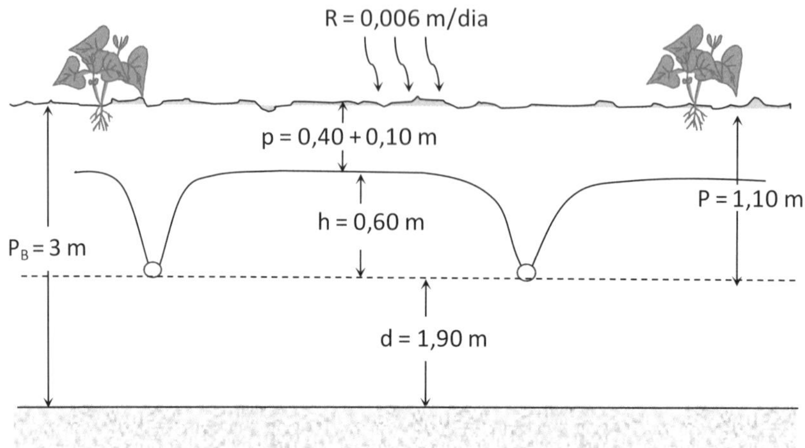

Figura 5.7 – Variáveis geométricas envolvidas no cálculo do espaçamento entre drenos, segundo os dados do exemplo 5.2

Solução:

$$So^2 = \frac{4 \,.\, Ko \,.\, h \,.\, (2.d + h)}{R} = \frac{4 \,.\, 1{,}0 \,.\, 0{,}60(2 \,.\, 1{,}90 + 0{,}60)}{0{,}006} = 1760$$

So = 41,95 m;

$$Pm = \frac{\pi \,.\, D}{2} = \frac{3{,}1416 \,.\, 0{,}100}{2}$$

Pm = 0,15708 m;

$$C = d \,.\, Ln\left(\frac{d}{Pm}\right) = 1{,}90 \,.\, Ln\left(\frac{1{,}90}{0{,}15708}\right)$$

C = 4,74 m;

S = So – C = 41,95 – 4,74 = 37,21 m (plenamente viável, em se tratando de uma cultura de alta rentabilidade como a uva).

b) Equação de Hooghoudt corrigida com o conceito do estrato equivalente

O uso da correção de Van Beers (1973), para contabilizar a perda de carga radial na aplicação da equação de Hooghoudt, tem seu mérito por ser um método de cálculo direto. Entretanto, com a popularização das máquinas de calcular programáveis e o uso das funções "solver" e "atingir metas" das planilhas eletrônicas, que eliminam o uso de ábacos, por permitir solução numérica de equações com facilidade, justifica-se, atualmente, realizar o cálculo do espaçamento de drenos com base em expressões de comprovação científica mais apurada.

Hooghoudt sugeriu que o movimento conjunto (horizontal + radial) ocorrido na camada de espessura "d", pudesse ser substituído, para fins de cálculo, por um movimento fictício (apenas horizontal) ocorrido em uma camada menos espessa, denominada "deq" (espessura do "estrato equivalente de Hooghoudt"). Assim, o movimento conjunto em "d" seria hidraulicamente equivalente ao movimento horizontal em "deq", conforme ilustra a Figura 5.8.

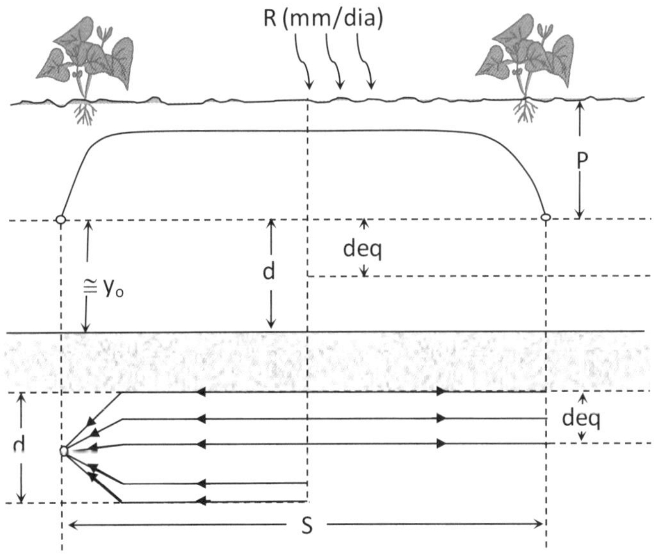

Figura 5.8 – Esquema do escoamento real (horizontal + radial), ocorrendo à esquerda, no estrato de espessura "d"; e o escoamento horizontal "equivalente" (apenas horizontal), ocorrendo à direita no estrato equivalente de Hooghoudt, de espessura "deq"

Existem diversas propostas para o cálculo de "deq". Nesse texto, serão adotadas as expressões preconizadas por Smedema e Rycroft (1983):

$$deq = \frac{d}{\frac{8.d}{\pi.S}Ln\left(\frac{d}{Pm}\right)+1} \quad ; \text{(Usada para d < ¼ .S)} \qquad (5.7)$$

$$deq = \frac{\pi.S}{8.Ln\left(\frac{S}{Pm}\right)} \quad ; \text{(Usada para d > ¼ .S)} \qquad (5.8)$$

Para se proceder ao cálculo do espaçamento, basta, na equação 5,4, considerar S = So, substituir d por deq, e calcular, iterativamente, o valor de S. A Figura 5.9 contempla algumas situações que podem gerar dúvida na obtenção de Pm.

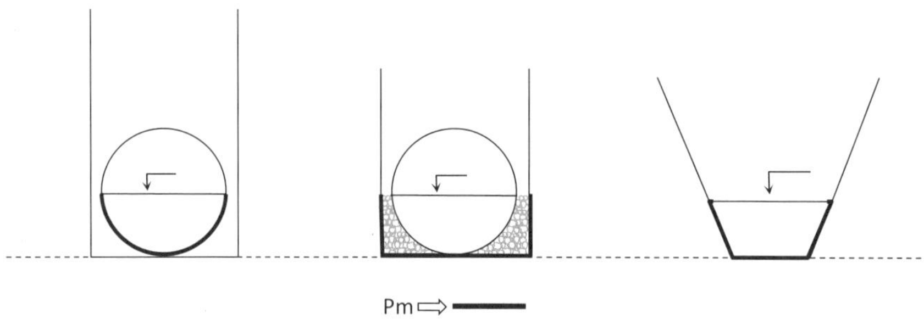

Figura 5.9 – Semi-perímetro (Pm) necessário ao cálculo do estrato equivalente de Hooghoudt. À esquerda, tubo envelopado com geotêxtil; no centro, tubo envelopado com material granular; à direita, dreno aberto

Exemplo 5.3:

Considerando os mesmos dados de entrada do Exemplo 5.2, calcule o espaçamento de drenos pela equação 5.4, considerando o estrato equivalente de Hooghoudt.(equações 5.7 ou 5.8).

Solução:

– Utilizando a equação 5.8, substituída em 5.4, obtém-se:

$$S^2 = \frac{4 . Ko . h . \left[2 . \left(\frac{\pi . S}{8 . Ln\left(\frac{S}{Pm} \right)} \right) + h \right]}{R}$$

Resolvendo-se iterativamente, encontra-se S=57,42 metros, o que não satisfaz a condição de d > ¼ .S.

– Utilizando a equação 5.7, substituída em 5.4, obtém-se:

$$S^2 = \frac{4 . Ko . h . \left[2 . \left(\frac{d}{\frac{8 . d}{\pi . S} Ln\left(\frac{d}{Pm} \right) + 1} \right) + h \right]}{R}$$

Resolvendo-se iterativamente encontra-se S=37,26 metros, o que satisfaz a condição de d < 1/4. S. Verifica-se, ainda, que o cálculo realizado pela expressão de Van Beers (1973) forneceu uma boa aproximação (37,21 metros). Assim, a resposta teoricamente mais correta será S=37,26 metros.

d) A equação de Fukuda para drenos tubulares, assentados em solos muito argilosos, imediatamente sobre a barreira impermeável

Fukuda (1968), trabalhando em uma área experimental sobre solo muito argiloso, com drenos espaçados de 30 metros, imediatamente sobre a barreira impermeável, observou que a correlação entre a descarga dos drenos e a altura do LF sobre a barreira (ou seja, R em função de h), não era quadrática como preconizava a equação 5.2, e sim linear. Este fato possivelmente se deve à conformação real do LF, que nesse caso permanece praticamente plano, conforme esquematizado na linha cheia da Figura 5.10.

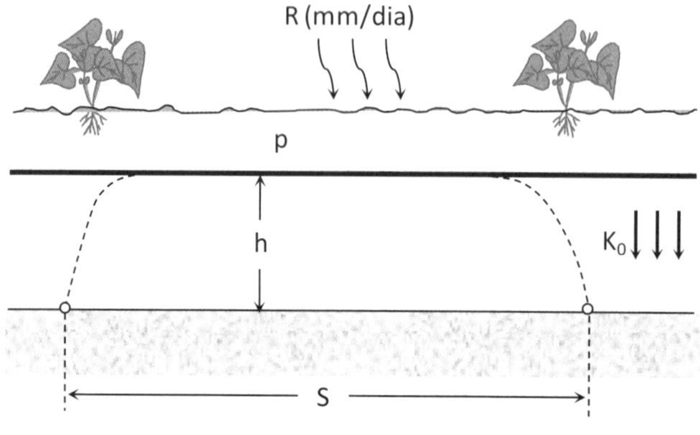

Figura 5.10 – Posição do LF em solo com permeabilidade muito baixa, sob recarga constante. Linha pontilhada (idealizada por Donnan); linha cheia (observada por Fukuda)

As observações obtidas no experimento desse autor levaram à obtenção da equação 5.9 que, apesar de empírica, é a mais recomendada para o caso de solos argilosos muito pesados, com drenos sobre a barreira, e onde é comum se formar uma carga hidráulica (zona saturada) sobre o dreno.

$$S = \frac{1{,}5 \, . \, Ko \, . \, h}{R} \quad (5.9)$$

Em que:

S – espaçamento entre drenos implantados sobre a barreira impermeável, m;

Ko – condutividade hidráulica do solo saturado, $m.d^{-1}$;

h – altura do LF sobre a linha dos drenos, em regime permanente, m; e

R – recarga de projeto, $m.d^{-1}$.

Exemplo 5.4

– Região de Mossoró – RN;

– Gleissolo muito argiloso com camada rochosa 1,2 m;

– Drenos tubulares instalados à 1,2 m de profundidade;

– Ko = 0,08 $m.d^{-1}$.

– Cultura do feijão;

– Profundidade efetiva das raízes = 30 cm; e

– Recarga de projeto = 7 $mm.d^{-1}$.

Pede-se:

Calcular o espaçamento dos drenos tubulares para que o critério de drenagem seja atendido, pela fórmula 5.2 e pela fórmula 5.4.

Solução:

- Pela aplicação direta da fórmula 5.2, obtém-se:

$$S^2 = \frac{4.Ko.h^2}{R} = \frac{4\,.\,0{,}08\,.\,0{,}80^2}{0{,}007} = 29{,}26$$

S = 5,41 m.

- Pela aplicação direta da fórmula 5,9, obtém-se:

$$S = \frac{1{,}5\,.\,Ko\,.\,h}{R} = \frac{1{,}5\,.\,0{,}08\,.\,0{,}8}{0{,}007}$$

S=13,71 m, que é o resultado considerado mais correto (muito embora, na prática, ainda não se viabilize economicamente).

e) Espaçamento entre drenos interceptores

Não é muito raro a ocorrências de rampas, sobre solo raso, que apresentam problemas de drenagem durante a estação chuvosa. Quando a declividade do terreno é maior que 1%, recomenda-se que o declive natural do LF, que estabelece um escoamento preferencial rampa à baixo, seja levado em conta no cálculo do espaçamento dos drenos.

Na Figura 5.11 está representada, esquematicamente, uma rampa com declive I, cuja profundidade natural do LF durante a estação chuvosa é dada por W. Deseja-se que o LF seja rebaixado para um profundidade mínima de "p", por meio do uso de drenos interceptores instalados a uma profundidade P. O objetivo do problema se resume em calcular o espaçamento Si (espaçamento dos interceptores), supondo que o sistema estará sujeito a uma recarga constante R.

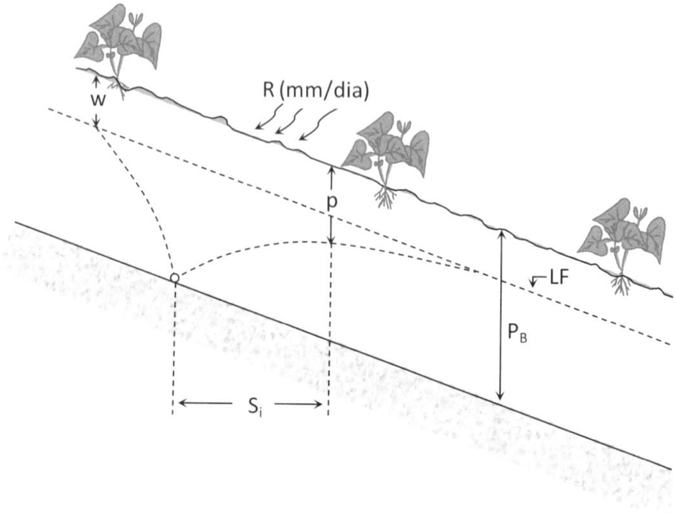

Figura 5.11 – Geometria para o cálculo do espaçamento de drenos interceptores (Si)

Baseando-se nessa geometria, demonstra-se que a expressão que fornece Si é dada pela equação 5.10.

$$Si = \frac{Ko.I}{R}(P - p) \tag{5.10}$$

Exemplo 5.5

– Região de Piracicaba – SP;

– Cambissolo com rocha a 1,2 metros de profundidade;

– Ko = 1,5 m.d^{-1};

– rampa gramada com declive = 8%;

– profundidade mínima desejada para o LF = 40 cm;

– profundidade de instalação dos interceptores = 1,2 m; e

– recarga = 8 mm.d^{-1};

Pede-se: calcular o espaçamento horizontal entre os drenos interceptores.

Solução:

$$Si = \frac{Ko.I}{R}(P - p) = \frac{1{,}5 . 0{,}08}{0{,}008}(1{,}20 - 0{,}40)$$

Si = 12 metros (possivelmente plausível de ser adotado em parques e jardins)

A expressão 5.10 não leva em consideração que, ao se instalar um dreno interceptor, promove-se não só um rebaixamento do LF à jusante, mas também um pequeno rebaixamento à montante. Devido a esse fato, observações de campo têm revelado que, quando se dispõe de tempo para ir instalando paulatinamente os interceptores, após o efeito daqueles posicionados mais a montante ter sido observado, obtém-se sistemas com drenos mais espaçados e, consequentemente, mais baratos.

5.5.2 – Equações para regime não permanente

Assim como no caso do regime permanente, existem várias expressões que foram desenvolvidas para regime não permanente. Entre elas, podem ser citadas as equações de Boussinesq-Glover, Glover-Dumm, Schilfgaarde, Terzidis, Hammad, entre outras. Nesse texto serão abordadas apenas as três primeiras, que são as de uso mais frequente e com maior quantidade de trabalhos de comprovação experimental.

a) Equação de Boussinesq-Glover para drenos instalados imediatamente sobre a barreira de impedimento

Essa equação (5.11) advém da equação diferencial de Boussinesq, e foi integrada por Glover para a condição de barreira rasa. Seu cálculo é direto, pois considera apenas movimento horizontal em direção aos drenos.

$$S^2 = \frac{9 . Ko.t}{2 . \alpha}\left(\frac{ho \times ht}{(ho - ht)}\right) \qquad (5.11)$$

Em que:

S – espaçamento entre drenos, m;

Ko – condutividade hidráulica do solo saturado, $m.d^{-1}$;

t – tempo necessário para o rebaixamento do LF, dias;

α – porosidade drenável do solo, decimal;

ho – altura do LF, sobre a linha dos drenos, imediatamente após a recarga, m; e

ht – altura do LF, sobre a linha dos drenos, após passados t dias, m.

Exemplo 5.6:

– localidade de Pirassununga – SP;

– Solo hidromórfico cinzento, textura argilosa;

– camada rochosa a 1,10 metros de profundidade;

– Ko = 0,45 m,d^{-1};

– α = 7%;

– cultura = cana-de-açúcar;

– profundidade efetiva das raízes = 50 cm;

– tempo de rebaixamento do LF = 15 dias;

– pretende-se usar valas de profundidade = 1,10 metros;

– coeficiente de escoamento superficial = 0,50; e

– equação de chuva intensa da região : $i = \dfrac{1.436{,}743.\,T^{0,125}}{(t + 24{,}980)^{0,781}}$; em que i é dado em $mm.h^{-1}$, T é dado em anos; e t é dado em minutos.

Pede-se: calcular o espaçamento entre as valas para que o critério de drenagem seja atendido.

Solução:

1º) Aplicação do critério de drenagem.

Na Figura 5.12 é apresentado um esquema gráfico para facilitar a solução do problema.

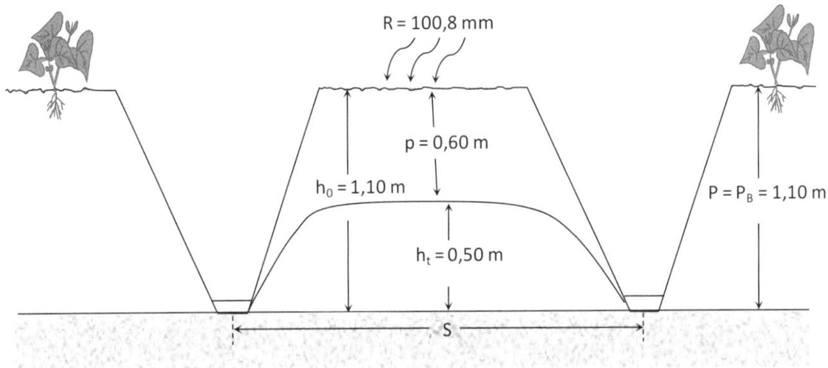

Figura 5.12 – Esquema dos elementos geométricos necessários ao cálculo do espaçamento de drenos pela equação de Boussinesq-Glover (Exemplo 5.6)

– chuva com t = 6 x 60 minutos; T = 5 anos → $i = \dfrac{1.436{,}743.\,5^{0,125}}{(360 + 24{,}980)^{0,781}}$, em que:

– i = 16,8 $mm.h^{-1}$.

– 16,8 $mm.h^{-1}$ x 6 h = 100,8 mm.

– 100,8 mm x (1 – 0,50) = 50,4 mm.

– 50,4 mm / 0,07 = 720 mm = 0,72 metros.

– Assumindo-se, inicialmente, LF na metade da profundidade dos drenos → h = 0,55 m, assim:

carga inicial sobre o dreno = 0,55 + 0,72 m = 1,27 m (LF aflorou acima da superfície)

– considerando-se que a drenagem superficial irá escoar a água de cima da superfície → ho = 1,10 m.

– p = 0,50 + 0,10 m = 0,60 m → ht = 1,10 – 0,60 = 0,50 m.

2º) Aplicação da equação de Boussinesq-Glover

– Considerando-se que todas as variáveis são conhecidas, a equação 5.11 fornece:

$$S^2 = \frac{9\,.\,Ko.t}{2\,.\,\alpha}\left(\frac{ho \times ht}{(ho - ht)}\right) = \frac{9\,.\,0{,}45\,.\,15}{2\,.\,0{,}07}\left(\frac{1{,}10 \times 0{,}50}{1{,}10 - 0{,}50}\right) = 397{,}77$$

S = 19,94 metros (o que, possivelmente, seria inviável, tecnicamente e economicamente, para a cultura em questão, em escala comercial).

b) Equação de Glover-Dumm para drenos afastados da barreira impermeável

A equação de Glover-Dumm (equação 5.12) é a mais utilizada das equações de regime não permanente. Ela é obtida a partir da integração da equação diferencial de Boussinesq, assumindo a simplificação de escoamento apenas horizontal em direção aos drenos (hipótese de Dupuit-Forcheimer). Assim, para a obtenção do real espaçamento entre os drenos, é necessário utilizar a correção de Van Beers (1973) (equações 5.5 e 5.6) ou o conceito de estrato equivalente de Hooghoudt (equações 5.7 e 5.8).

$$So^2 = \frac{\pi^2.Ko.d\,.\,t}{\alpha\,.\,Ln\left(1{,}16.\frac{ho}{ht}\right)} \qquad (5.12)$$

Em que:

So – espaçamento preliminar entre os drenos, m;

Ko – condutividade hidráulica do solo saturado, $m.d^{-1}$;

d – distância entre o fundo dos drenos e a barreira impermeável, m;

t – tempo para rebaixamento do LF, dias;

ho – altura do LF acima da linha do fundo dos drenos, logo após a recarga, m; e

ht – altura do LF acima da linha do fundo dos drenos, após t dias de rebaixamento.

Exemplo 5.7:

Refazer o exemplo 5.6, considerando que não foram identificadas barreiras até 3,30 m de profundidade nas tradagens. As valetas trapezoidais deverão possuir 1,50 metros de profundidade, com base menor de 40 cm, inclinação do talude de 1:1. (supor ainda uma lâmina d'água de cerca de 10 cm no fundo da valeta).

Solução:

1º) Aplicação do critério de drenagem

Na Figura 5.13 é apresentado um esquema gráfico para facilitar a solução do problema.

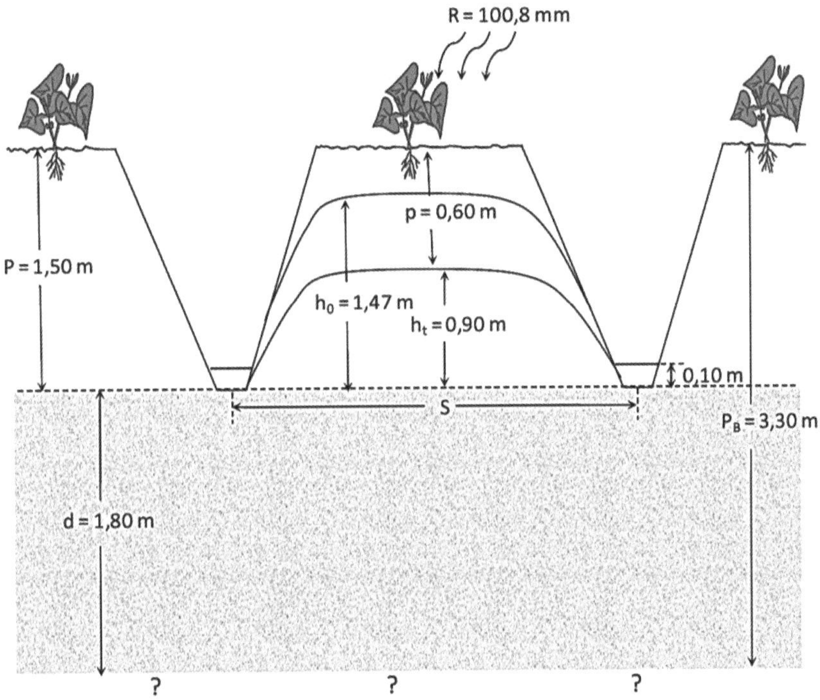

Figura 5.13 – Esquema dos elementos necessários ao cálculo do espaçamento entre drenos pela equação de Glover-Dumm

Assumindo-se, inicialmente, LF na metade da profundidade dos drenos → h = 0,75 m

– carga inicial sobre o dreno = 0,75 + 0,72 m = 1,47 m (LF não aflorou acima da superfície)

– ho = 1,47 m.

– p = 0,50 + 0,10 m = 0,60 m → ht = 1,50 – 0,60 = 0,90 m.

2º) Aplicação da equação de Glover-Dumm

– Utilizando a equação 5.11, obtém-se:

$$So^2 = \frac{\pi^2.Ko.d.t}{\alpha.Ln\left(1{,}16.\frac{ho}{ht}\right)} = \frac{\pi^2.0{,}45.1{,}80.15}{0{,}07.Ln\left(1{,}16.\frac{1{,}47}{0{,}90}\right)} = 2680{,}70$$

– Ou seja, So = 51,77 m;

– Para se utilizar a correção de Van Beers (1973) é necessário se conhecer o valor de Pm.

– Nesse caso (terceiro caso da Figura 5.9), $Pm = b + 2.y.\sqrt{\lambda^2 + 1}$
$= 0{,}40 + 2.0{,}10.\sqrt{1^2 + 1} = 0{,}683$ m.

– Assim pela equação 5.6 → $C = d.Ln\left(\frac{d}{Pm}\right) = 1{,}80.Ln\left(\frac{1{,}80}{0{,}683}\right)$

– Encontrando-se C = 1,74 m; portanto S = 51,77 – 1,74 = 50,03 metros.

– Caso se opte por utilizar a equação do estrato equivalente de Hooghoudt (equação 5.8), será obtido, após cálculo iterativo, S = 49,60 metros.

c) Equação de Schilfgaarde para drenos afastados da barreira impermeável

A equação de Schilfgaarde para recargas instantâneas não é tão popular quanto a equação de Glover-Dumm. Ela fornece valores de espaçamento dos drenos um pouco maiores e é dada pela expressão 5.13 (DUARTE *et al.*, 2002):

$$So^2 = \frac{9.Ko.d.t}{\alpha.Ln\left(\frac{ho.(2.d + ht)}{ht.(2.d + ho)}\right)} \quad (5.13)$$

Exemplo 5.8:

– Refazer o exemplo 5.7, utilizando a equação de Schilfgaarde, usando apenas a correção de Van Beers (1973).

Solução:

$$So^2 = \frac{9.Ko.d.t}{\alpha.Ln\left(\frac{ho.(2.d + ht)}{ht.(2.d + ho)}\right)} = \frac{9.0{,}45.1{,}80.15}{0{,}07.Ln\left(\frac{1{,}47.(2.1{,}80 + 0{,}90)}{0{,}90.(2.1{,}80 + 1{,}47)}\right)} = 4206{,}55$$

– So = 64,85 metros; C = 1,74 metros → S = 64,85 – 1,74 = 63,11 metros.

Observação:

Conforme será abordado no Capítulo 8, muitas vezes fica mais econômico aumentar um pouco o espaçamento para reduzir custos, mesmo com um ligeiro sacrifício da produtividade da cultura, principalmente quando se trata de uma cultura extensiva, como a cana-de-açúcar, por exemplo. Embora a equação de Glover-Dumm seja uma solução matemática mais robusta da equação diferencial parcial que lhe da origem, deve-se considerar que alguns trabalhos que avaliaram o desempenho das equações de Glover-Dumm e de Schilfgaarde deram apenas uma ligeira vantagem para a primeira em relação a segunda; assim, considera-se que a opção S = 63,11 metros seja possivelmente a mais interessante economicamente (DUARTE *et al.*, 2001).

5.6 – Dimensionamento hidráulico dos drenos subterrâneos

Conforme discutido anteriormente, os drenos subterrâneos podem ser abertos (valetas) ou fechados (tubos). No caso dos drenos abertos, a grande seção transversal é sempre mais do que suficiente para transportar a pequena vazão subterrânea escoada para os drenos, vazão essa que raramente ultrapassa a poucos litros por segundo. Assim, ao se estabelecer uma determinada profundidade para a valeta, objetivando o controle do LF, sua seção não necessita de maiores checagens, que não a adoção de uma inclinação do talude adequada (exceção se faz para o caso de se desejar calcular a lâmina d'água subterrânea na valeta, a fim de refinar o cálculo do espaçamento entre as mesmas). Por outro lado, quando está previsto o uso de drenos tubulares, é possível se obter economia na escolha de um certo diâmetro que seja o suficiente para escoar a vazão subterrânea, evitando o padrão tradicional de se adotar sempre um tubo de quatro polegadas de diâmetro. Para esse cálculo hidráulico é necessário, inicialmente, se estimar a vazão que estará escoando pelos drenos.

5.6.1 – Estimativa da vazão subterrânea escoada pelos drenos

a) Vazão subterrânea para regime permanente

Na Figura 5.14 está representada a área de contribuição para a vazão subterrânea de um dreno de comprimento L, assentado sob um espaçamento S. A área de contribuição é o próprio produto S x L. Supondo que essa área esteja sob uma recarga R(mm/dia), em regime permanente, a vazão escoada por cada dreno será o produto da área de contribuição pela recarga. Smedema e Rycroft (1983) sugerem o uso de um coeficiente de segurança de 30%, o que leva à equação 5.14.

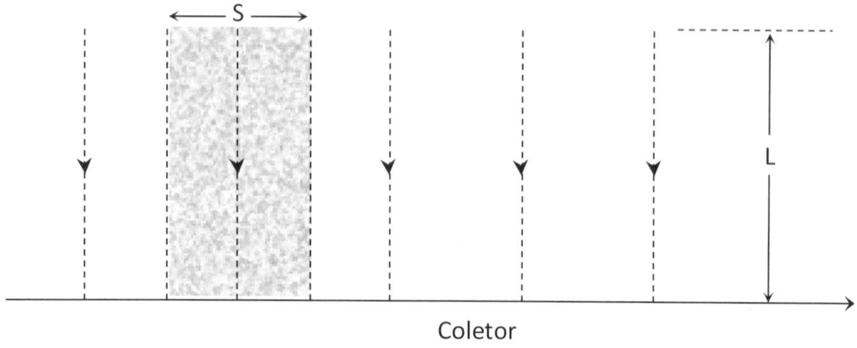

Figura 5.14 – Área de contribuição (S x L) para a vazão de cada dreno subterrâneo tubular

$$Q = 1{,}30 \times \frac{S.L.R}{24 \times 3600} \tag{5.14}$$

Em que:

Q – vazão subterrânea do dreno, em regime permanente, $m^3.s^{-1}$;

S – espaçamento entre os drenos subterrâneos, m;

L – comprimento dos drenos, m; e

R – recarga constante e de baixa intensidade, $m.d^{-1}$.

b) Vazão subterrânea para regime não permanente

Nesse caso, a vazão decresce à medida que a carga hidráulica sobre o dreno diminui de ho para ht, conforme ilustra a Figura 5.15.

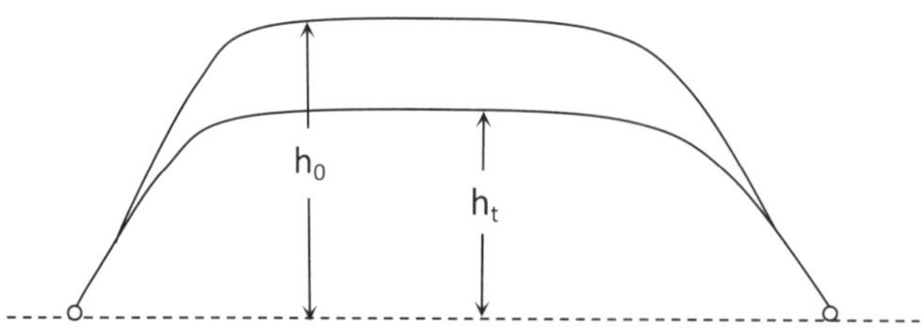

Figura 5.15 – Posição do LF sobre a linha dos drenos logo após a recarga (ho) e após "t" dias de rebaixamento (ht)

É comum utilizar-se a vazão média ao longo de t dias. Assim, a lâmina d'água escoada entre as posições ho e ht é dada pela equação 5.15:

$$h = (ho - ht).\alpha \tag{5.15}$$

Em que:

h – lâmina média escoada, quando o LF é rebaixado de ho para ht, m;

ho – posição do LF logo após a recarga intensa, m;

ht – posição do LF após t dias de rebaixamento, m; e

α – porosidade drenável do perfil do solo, decimal.

A lâmina d'água média escoada (h), dividida pelo tempo de rebaixamento (t), fornecerá a descarga média, por unidade de área. Esse valor multiplicado pela área (S x L) fornece a vazão média, que é dada pela expressão 5.16:

$$Q = \frac{(ho - ht).\alpha.S.L}{t \times 24 \times 3600} \tag{5.16}$$

Em que:

Q – vazão média escoada pelo dreno subterrâneo, $m^3.s^{-1}$;

t – número de dias para o rebaixamento de ho para ht, dias.

5.6.2 – Cálculo do diâmetro do dreno tubular

Uma vez conhecida a vazão que escoará pelo dreno subterrâneo, o diâmetro do tubo pode ser calculado por uma modificação da fórmula de Manning, assumindo secção circular parcialmente cheia (equação 5.17)

$$D = \left(\frac{Q.n}{k.I^{0,5}}\right)^{0,375} \tag{5.17}$$

Em que:

D – diâmetro teórico do dreno tubular, m;

Q – vazão que escoa através do dreno, $m^3.s^{-1}$;

n – coeficiente de rugosidade de Manning, (Tabela 5.3), $m^{-1/3}.s$;

k – coeficiente que depende da razão entre a lâmina d'água no dreno (y) e o diâmetro do tubo (D) conforme Figura 5.16 e Tabela 5.4; e

I – declividade de assentamento do tubo, m . m^{-1}.

Tabela 5.3 – Alguns valores usuais do coeficiente de rugosidade n de Manning, para o dimensionamento de drenos tubulares

Material do tubo	Coeficiente n de Manning
Concreto sem acabamento	0,014 – 0,016
Manilhas de argila	0,012 – 0,015
PVC ou polietileno lisos	0,009 – 0,011
PVC ou polietileno corrugado	0,015 – 0,017

Tabela 5.4 – Valores do coeficiente k, para o uso da fórmula de Manning modificada, aplicada a seções circulares parcialmente cheias

y / D	k
0,5	0,156
0,6	0,209
0,7	0,260
0,8	0,304
0,9	0,331
0,95	0,334
1,0	0,311

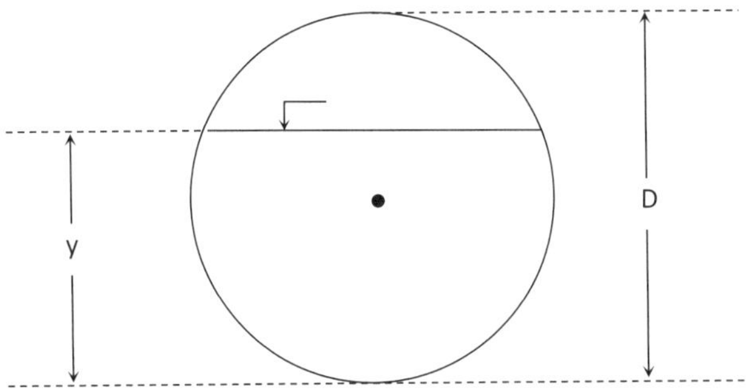

Figura 5.16 – Dreno tubular de diâmetro D, com seção parcialmente cheia, escoando com uma lâmina y

Exemplo 5.9:

Escolher um dos três drenos corrugados comerciais de polietileno, cujas especificações são apresentadas a seguir (tabela do fabricante) para os dados que se seguem:

Diâmetro nominal (mm)	Diâmetro interno (mm)
65	59,5
110	96,0
160	138,0

Dados:

– Supor regime permanente

– Espaçamento entre drenos = 40 m;

– Comprimento dos drenos = 250 m;

– Declividade dos drenos = 3 por mil;

– Recarga = 6 mm/dia;

– n = 0,016; e

– Usar uma relação y / D = 0,60

Solução:

– Pela equação 5.14 → $Q = 1{,}30\,x\,\dfrac{S.L.R}{24\,x\,3600} = 1{,}30\,x\,\dfrac{40.250.0{,}006}{24\,x\,3600}$

$Q = 9{,}03\ x\ 10^{-4}\ m^3.s^{-1}$;

– Pela equação 5.17→ $D = \left(\dfrac{Q.n}{k.I^{0,5}}\right)^{0,375} = \left(\dfrac{9{,}03\,x\,10^{-4}.0{,}016}{0{,}209.0{,}003^{0,50}}\right)^{0,375}$

D = 0,08183 m = 81,83 mm.

– Assim, conclui-se que o tubo de diâmetro nominal de 110 mm (diâmetro interno de 96,0 mm) será suficiente para escoar a vazão subterrânea prevista, em regime permanente.

5.7 – Drenagem de áreas irrigadas

A Drenagem Agrícola tem por objetivos reduzir a erosão do solo, retirar o excedente de água superficial dentro de um tempo máximo permitido pelas plantas, controlar o nível de aeração na zona radicular das culturas e tornar eficiente a lixiviação dos sais no perfil.

Um sistema de drenagem artificial deve permitir um escoamento de água no solo, superficial e subterraneamente, em condições hidraulicamente satisfatórias e de maneira mais eficiente do que ocorreria naturalmente. A estrutura funcional do sistema é composta por três componentes: o sistema de drenagem propriamente dito, o sistema de transporte e o sistema de saída (HERMSMEIER, 1978).

Um projeto de drenagem agrícola completo consta de um sistema de drenagem superficial e um de drenagem subterrânea, os quais devem ser dimensionados em conjunto. O sistema de drenagem superficial eficiente por evita que áreas fiquem com água cobrindo a superfície por muito tempo; ele diminui a lâmina de água infiltrada, reduzindo a recarga do lençol freático.

A drenagem em áreas irrigadas, sobretudo em áreas áridas e semiáridas, é fundamental, por duas razões: controlar o processo de salinização e evitar que o lençol atinja profundidade que prejudique o rendimento das culturas, seja pelo excesso de água percolada da irrigação, seja pelas as chuvas torrenciais que podem ocorrer nessas regiões, que embora tenha uma média anual baixa, é comum ocorrerem em alta intensidade alguma vez no ano.

O processo de salinização de solos irrigados em regiões secas é feito pela aplicação de lâminas de irrigação em excesso, denominadas de lâminas de lixiviação, que são responsáveis pelo transporte de sais para as camadas inferiores do solo. Quando há impedimento ao fluxo vertical da água, forma-se lençol freático, que a medida que vai ficando mais raso acarreta em fluxo ascendente capilar, sendo os sais transportados para a zona radicular.

Em áreas agrícolas anteriormente não irrigadas, raramente existem problemas de encharcamento durante o período chuvoso. Entretanto, com o advento da irrigação, lâminas percoladas continuamente podem formar lençol freático, que embora possa permanecer a profundidade não prejudicial às culturas durante a estação seca, pode atingir profundidades que afetam o desenvolvimento da maioria das culturas devido ao volume de água infiltrada das chuvas extremas que ocorrem na maioria dos anos.

Assim, para a drenagem de áreas irrigadas, principalmente em regiões secas, onde a irrigação é uma técnica obrigatória para a produção agrícola, as perdas por percolação provenientes da ineficiência de aplicação de água pelo sistema de irrigação ou de canais de condução de água na revestidos, não são as principais causas que levam ao solo ficar encharcado, mas sim as chuvas extremas que ocorrem na área. Neste caso, as percolações apenas potencializam os efeitos das chuvas, necessitando, portanto, conhecer o regime das chuvas da região, a partir da análise das curvas de intensidade-duração-frequência destas precipitações pluviais (ver Capítulo 3).

5.8 – Exercícios propostos sobre drenagem subterrânea

a) Sendo dados:

* Localidade = Juazeiro - BA

* Solo bruno não cálcico com barreira à 1,10 m de profundidade;

* Ko = 2,5 m/dia;

* R = 6 mm/dia;

* Cultura com profundidade efetiva do sistemas radicular = 40 cm;

* Profundidade dos drenos tubulares = 1,10 m;

* Comprimento dos drenos = 300 m;

* Declividade dos drenos = 2 por mil;

* Considerar profundidade ideal do LF = p = profundidade efetiva das raízes + 5 cm;

* Usar uma relação h/D = 0,6, ou seja k = 0,209; e

* Usar n = 0,016.

Pede-se:

– Calcular o espaçamento entre drenos pela fórmula de Hooghoudt (sem correção pois os drenos estão imediatamente acima da barreira) ;

– Calcular a vazão a ser utilizada no dimensionamento hidráulico; e

– Calcular o diâmetro teórico do tubo pela equação de Manning.

$$S^2 = \frac{4.Ko.h.(2.d + h)}{R}$$

(Hooghoudt)

$$Q = 1{,}30x\frac{R\,.\,L\,.\,S}{86400}$$

$$D = \left(\frac{Q.n}{k.I^{0,5}}\right)^{0,375}$$

(Manning modificada)

Respostas:

S = 26,54 m; Q = 0,719 L/s; D = 81,06 mm

b) Os dados abaixo referem-se ao dimensionamento de um sistema de drenagem subterrânea para a cultura da cana, em solo arenoso, com camada impermeável rasa.

* Ko = 3,5 m/dia;

* Profundidade da camada impermeável = 1,5 metros;

* Profundidade das valetas = 1,5 metros;

* base menor da valeta = 40 cm;

* λ = 2,0 : 1;

* Porosidade drenável = 15%;

* Custo da escavação = R$ 5,00/m^3;

* Chuva de 6 horas com 5 anos de período de retorno = 100 mm;

* C = 0,30;

* Profundidade efetiva das raízes = 40 cm;

* Considerar profundidade ideal do LF = p = profundidade efetiva das raízes + 5 cm;

* Tempo para rebaixamento do LF = 9 dias; e

* Usar a equação de Boussinesq-Glover.

→ Pede-se:

– Estimar o espaçamento entre as valetas;

– Estimar o custo de implantação por hectare para uma área ampla (deprezando o custo da abertura de coletores, canal principal e implementação de outras benfeitorias).

$$S^2 = \frac{9.Ko.t}{2\alpha} . \frac{ho . ht}{(ho - ht)}$$
(Boussinesq-Glover)

$$\alpha = h / \Delta z$$

$$A = b.h + \lambda.h^2$$
(Seção Trapezoidal)

Respostas:

S = 85,03 m; Custo = R$ 2.999,05 / ha

c) Após uma chuva prolongada o lençol freático de uma baixada drenada elevou-se até 10 cm abaixo da superfície do solo. Estime a nova profundidade do LF após 4 dias de rebaixamento, desprezando-se o efeito da evapotranspiração.

Dados:

* Porosidade drenável = 8%; Ko = 0,8 m/dia;

* Profundidade da camada impermeável = 4,0 m;

* Profundidade das valetas = 1,5 m; Espaçamento das valetas = 50 m; λ = 1:1;

* Altura da lâmina dágua média na valeta durante o rebaixamento do LF = 5 cm;

* Base menor da valeta = 40 cm; e

* Utilizar a equação de Schilfgaarde (com correção de Van Beers).

$$So^2 = \frac{9.Ko.d.t}{\alpha \, Ln\left(\frac{ho.(2.d + ht)}{ht.(2.d + ho)}\right)} \qquad S = So - C \qquad C = d\ .\ Ln\ (d\ /\ Pm)$$

(Schilfgaarde)

$$Pm = b + 2.h.\sqrt{\lambda^2 + 1}$$

Resposta:

Nova profundidade do LF após 4 dias de rebaixamento = 54,5 cm

d) As turfas geralmente apresentam permeabilidade e porosidade drenável elevadas. Calcule o espaçamento dos drenos para uma área turfosa onde se pretende cultivar hortaliças, utilizando o critério de Cruciani (1987) Modificado.

Dados:

– Município de Salesópolis – SP $\left(i = \frac{1.630,032T^{0,130}}{(t + 18,740)^{0,843}}\right)$ [Usar chuva de 6 horas para T= 5 anos];

– C = 0,30;

– Profundidade efetiva do sistema radicular = 30 cm;

– Profundidade ideal do LF = profundidade efetiva do sistema radicular + 5 cm;

– Valetas retangulares com profundidade de 80 cm e base de 40 cm;

– Tradagens realizadas até 4,30 metros não revelaram presença de barreira;

– Ko = 3,0 m/dia;

– α = 40%;

– tempo de rebaixamento = 1 dia;

– Assumir uma lâmina d'água de 10 cm dentro das valetas durante o rebaixamento; e

– Usar a equação de Schilfgaarde com correção de Van Beers.

$$So^2 = \frac{9.Ko.d.t}{\alpha \, Ln\left(\frac{ho.(2.d + ht)}{ht.(2.d + ho)}\right)} \qquad S = So - C \qquad C = d \, . \, Ln\,(d \,/\, Pm)$$

(Schilfgaarde)

$$Pm = b + 2.h.$$

Resposta:

S = 30,8 m

e) Deseja-se calcular o comprimento máximo do dreno de campo (ou dreno lateral), tal que seu diâmetro nominal seja de 65 mm.

Dados:

R = 6,0 mm/dia;

Espaçamento = 20 metros;

Declive = 2,0 por mil;

n = 0,016;

Relação h/d = 0,6 → k = 0,209; e

Diâmetro interno do tubo conforme tabela a seguir, fornecida pelo fabricante.

Calcule o comprimento máximo do dreno para essas condições.

Diâmetro Nominal mm	D.E. mm	D.I. mm	Área aberta (cm^2/m)
65	67,0 $^{\pm 1,5}$	59,5 $^{\pm 1,5}$	80
110	111,0 $^{\pm 1,0}$	96,0 $^{\pm 1,0}$	85
160	161,0 $^{\pm 1,0}$	138,0 $^{\pm 1,0}$	120

$$Q = 1{,}30 \times \frac{R \, . \, S \, . \, L}{86.400}$$

$$D = \left(\frac{Q \, . \, n}{k \, . \, I^{0{,}50}} \right)^{0{,}375}$$

Resposta:

L = 174,5 m

f) Deseja-se investigar qual a profundidade de instalação de dreno que fica mais barata: 1,0 metro ou 1,5 metro. O custo será composto pela soma do custo do tubo (R$ 12,00 / metro) e da movimentação de terra (R$ 5,00 / m^3). Para a abertura das valetas será utilizada uma caçamba trapezoidal com talude 0,75:1 e 40 cm de base. Suponha que, em ambos os casos, o diâmetro dos tubos seja o mesmo (4 polegadas).

Outros dados:

– Localidade = Leme – SP $\left(i = \frac{1.424{,}017 . T^{0{,}125}}{(t + 25{,}000)^{0{,}780}} \right)$;

– Utilize como critério de drenagem o de Cruciani (1987) Modificado, que preconiza como recarga a fração que infiltra de uma chuva de 6 horas de duração e período de retorno de 5 anos;

– Permeabilidade = 0,50 m/dia;

– Porosidade drenável = 10,1%;

– tempo para o rebaixamento do LF = 3 dias;

– Solo argiloso (C=0,60);

– Profundidade ideal do LF = p = 40 + 10 cm; e

– Tradagens realizadas até a 4,30 metros não identificaram barreiras.

Calcule o custo da drenagem para as profundidades de 1,5 m e 1,0 metro, e aponte a mais econômica.

Formulário

$$So^2 = \frac{9.Ko.d.t}{\alpha \, Ln\left(\frac{ho.(2.d + ht)}{ht.(2.d + ho)}\right)}$$

(Schilfgaarde)

$$S = So - C \qquad C = d \,.\, Ln\,(d \,/\, Pm)$$

$$Pm = \frac{\pi \,.\, D}{2}$$

$$A = b \,.\, h + \lambda .\, h^2$$

Resposta:

Custo (P=1,50 m) = R$ 4.840,50 /ha; Custo (P=1,00 m) = R$ 9.481,85 /ha

g) A equação abaixo é uma solução, por Série de Fourier, da equação diferencial parcial que descreve a queda do LF, no ponto médio entre 2 drenos paralelos, após uma recarga considerada instantânea:

$$ht = 1{,}16 \,.\, ho \,.\, \sum_{n = 1, -3, 5, -7, \ldots}^{n = \infty} \frac{1}{n} \, e^{-n^2.f.t}$$

O parâmetro "f", também chamado de fator de reação, é dado por:

$$f = \frac{\pi^2 \,.\, Ko \,.\, d}{\alpha \,.\, So^2}$$

A experiência tem demonstrado que, na maioria dos casos práticos, são obtidos bons resultados utilizando-se apenas o primeiro termo do somatório. Demonstre que, nesse caso, a expressão do somatório origina uma das mais utilizadas equações para o cálculo do espaçamento de drenos subterrâneos, considerando regime não permanente.

Resposta: equação de Glover-Dumm

CAPÍTULO 6

FUNDAMENTOS DE SISTEMATIZAÇÃO DO SOLO

6.1 – Aplicações da prática de sistematização do solo

A sistematização do solo consiste em transformar sua superfície qualquer em um plano que pode ter declividade em ambas as direções, em apenas uma das direções ou ter declividade nula em ambas as direções. Em alguns países, como nos Estados Unidos, por exemplo, é comum se sistematizar áreas agrícolas para facilitar a drenagem superficial para culturas, mesmo as não irrigadas (ver Capítulo 7). No Brasil, devido aos custos da movimentação de terra, geralmente a sistematização agrícola é feita apenas em áreas em que se irriga por superfície, mais comumente por inundação e para a cultura do arroz inundado; para culturas de sequeiro em baixadas se faz no máximo uma retificação das ondulações mais fortes do terreno. A sistematização para a cultura do arroz inundado permite o uso de quadros mais uniformes, torna mais homogênea a lâmina de inundação no interior dos quadros e facilita a drenagem superficial (GOMES e PAULETTO, 1999).

6.2 – Levantamento topográfico e definição de subáreas

Quando a área tem irregularidades a curta distância, é indicado se realizar uma retificação prévia do terreno, antes do levantamento topográfico, a fim de melhorar a representatividade das estacas. Após o levantamento topográfico, confecciona-se um mapa planialtimétrico com curvas de nível a pequenas distâncias. Este mapa permite uma visualização mais clara da topografia do terreno, destacando-se os locais mais planos e os mais declivosos, por meio da observação das curvas de nível.

Cada sub-área deve ter topografia mais ou menos semelhante, para minimizar a movimentação de terra; quanto mais sub-dividida for a área, menor o volume de corte-aterro; mas, se a sub-área for excessivamente pequenas, o manejo da lavoura tende a ser prejudicado. No Rio Grande do Sul, geralmente estabelecem-se subáreas mínimas de 1 ha; esta etapa do projeto exige bastante experiência do técnico no que se refere à sistematização e à técnica da irrigação.

6.3 – Estaqueamento e nivelamento

Para cada sub-área, inicialmente, define-se dois eixos ortogonais tangentes aos limites da sub-área. As primeiras colunas de estacas, em ambas as direções, devem distar dos eixos da metade das dimensões das quadrículas, conforme é ilustrado na Figura 6.1. O espaçamento entre as estacas é função da regularidade da superfície e do tamanho do terreno; geralmente varia de 10 em 10 m até 50 em 50 m. É comum se utilizar estacas de madeira, de dimensões padronizadas de 120cm x 5cm x 1 cm.

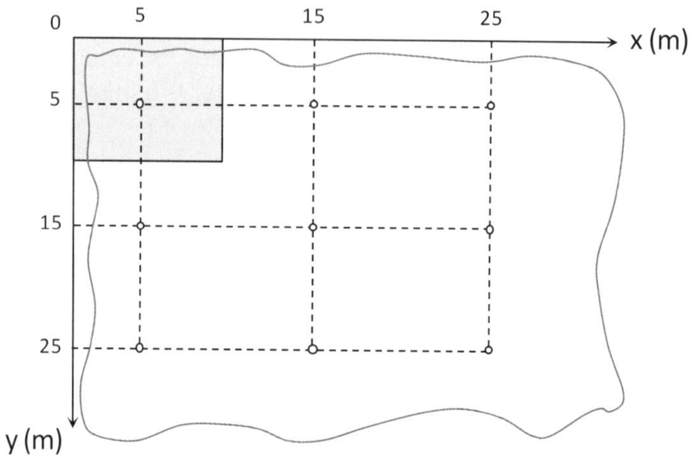

Figura 6.1 – Estaqueamento de 10 em 10 metros em uma sub-área, colocando-se a primeira estaca na metade do espaçamento, em relação à origem

Após o levantamento das cotas das estacas, elabora-se um mapa em que cada estaca é representada por uma cruz (Figura 6.2) e preenchem-se os quadrantes superiores.

Figura 6.2 – Representação de uma estaca no mapa, no formato de uma cruz, com o significado dos quatro quadrantes respresentativos

6.4 – Cálculo do plano de sistematização

6.4.1 – Método do plano horizontal

No caso da sistematização com planos horizontais, denominados de "cota zero", como a utilizada para o cultivo do arroz no sistema pré-germinado ou no de transplante de mudas, o método de cálculo consiste em, simplesmente, determinar a cota média do terreno. A partir da cota média, calculam-se os cortes e aterros e o volume de terra a remover.

6.4.2 – Método dos perfis médios

Esse método é indicado para áreas retangulares, quando se deseja encontrar o plano que melhor se adapta à declividade natural do terreno, visando minimizar a movimentação de terra. Inicialmente, localizam-se as coordenadas do centróide e calculam-se as cotas médias nas duas direções coordenadas. Baseando-se nessas cotas, por meio de regressão linear, determina-se a inclinação das retas nas duas direções coordenadas. Em seguida, determina-se a cota do centróide e a equação do plano de sistematização (equação 6.1), que permite determinar as cotas calculadas das estacas.

$$H(x,y) = a + b.x + c.y \qquad (6.1)$$

Em que:

$H(x,y)$ – cota do plano, em função das coordenadas x, y, cm;

a – coeficiente que representa a cota do plano no ponto de origem, cm;

b – inclinação do plano na direção x, cm/estação; e

c – inclinação do plano na direção y, cm/estação.

6.4.3 – Método dos quadrados mínimos generalizado

É um método que pode ser aplicado para áreas regulares (retangulares) ou irregulares, e que se baseia no princípio de que a soma do quadrado de todos os desvios em relação ao plano de sistematização deve ser mínimo. Na verdade, consiste em se realizar uma regressão linear múltipla em que as cotas (H) serão funções das coordenadas X e Y. O procedimento algébrico é mais trabalhoso; os coeficientes a, b, c da equação do plano são determinados por um sistema de 3 equações, resolvido, geralmente, pela regra de Cramer. O cálculo desses coeficientes é feito independentemente do cálculo do centróide, que pode ser calculado a parte, caso seja de interesse. Em áreas irregulares as coordenadas do centróide são calculadas de forma semelhante à das áreas regulares, mas ponderando-se cada coordenada pelo número de estacas existentes na sua direção, e dividindo-se pelo número total de estacas (ao invés de se dividir pelo número de pontos coordenados).

6.4.4 – Método do centróide

É usado quando os gradientes de declive nas duas direções que definem o plano (b, c) estão estabelecidos em função de imposições do projeto; normalmente não se deve indicar declives inferiores a 0,1%. Por esse método, calcula-se a cota do centróide e, substituindo-se essa cota na equação do plano com as coordenadas do centróide, obtém-se a cota da origem (a).

6.5 – Ajustamento de cortes e aterros

O plano determinado pelos métodos vistos anteriormente deve ser tal que promova um excesso de corte, para compensar o volume de aterro adicional necessário, devido à compactação nas áreas de aterro e, eventualmente, à necessidade de confecção de estradas e diques. Para isso, define-se o valor “m”, dado pela equação 6.2:

$$m = \frac{\text{Volume de corte}}{\text{Volume de aterro}} \cong \frac{\sum \text{alturas de corte}}{\sum \text{alturas de aterro}} \qquad (6.2)$$

Os valores de “m” desejados geralmente variam de 1,1 a 2,0, sendo 1,1 para solos arenosos e grandes alturas de corte e 2,0 para solos argilosos e pequenas alturas de corte, ou solos orgânicos. Para solos agrícolas o mais comum é utilizarem-se valores entre 1,2 a 1,4.

Na maioria das vezes, principalmente quando se usou o método do plano horizontal ou dos quadrados mínimos para se definir o plano de sistematização, o valor de m encontrado é menor que o desejado, de forma que o plano inicial de sistematização deve ser rebaixado de um valor Δ, dado pela expressão 6.3:

$$\Delta = \frac{m \,.\, \sum A - \sum C}{m \,.\, Na + Nc} \qquad (6.3)$$

Em que:

m – relação desejada entre volume de corte e volume de aterro;

$\sum A$ – somatório dos aterros;

$\sum C$ – somatório dos cortes;

Na – número de estacas com aterro; e

Nc – número de estacas com corte.

O valor de Δ representa a correção que deverá ser dada na cota de cada piquete; quando Δ é positivo, indica que o plano deve ser rebaixado e quando Δ é negativo significa que o plano deve ser suspenso. Para rebaixar o plano, Δ deve ser somado à altura de corte de cada estaca e subtraído da altura de aterro de cada estaca.

Normalmente, como os solos brasileiros de baixadas são rasos, devem-se evitar cortes maiores que 10 cm; 30 cm já é considerado um valor muito elevado, o que implicará, muito possivelmente, em problemas de fertilidade na área, devido à exposição de horizontes de baixa fertilidade.

6.6 – Cálculo do volume de corte-aterro

6.6.1 – Método Prismoidal

Por esse método, o volume de corte ou de aterro é calculado em cada quadrícola (cercada por 4 estacas) por vez. A fórmula prismoidal baseia-se em uma relação ponderal entre as áreas planas de corte ou de aterro, em que o plano intermediário apresenta um peso quatro vezes maior que os laterais. Fornece uma boa precisão quando as 4 estacas forem de corte ou as 4 forem de aterro.

6.6.2 – Método das áreas médias

É o mais preciso dos métodos e também o mais trabalhoso; tal como o anterior, calcula os volumes de cada quadrícola por vez. Baseia-se na soma dos volumes de corte de cada setor (retangular ou triangular) da quadrícola. O volume de corte de cada setor é o produto da área pela altura média de corte.

6.6.3 – Método dos quatro pontos

É um método bem mais simples que os dois primeiros, mas que consegue manter uma precisão razoável, sendo por isso bastante recomendado; também calcula o volume de corte ou aterro de uma quadrícola por vez. Baseia-se em uma simplificação do método prismoidal, utilizando-se apenas o plano intermediário.

As equações propostas para os métodos prismoidal, das áreas médias e dos quatro pontos assumem quadrícolas definidas por 4 estacas indicativas de alturas de corte ou aterro. Esta condição dificulta a aplicação destes métodos na faixa entre a primeira fileira de estacas e os eixos ortogonais, onde as cotas nem sempre são levantadas, o que seria o ideal. Nesse caso recomenda-se que os valores de corte e aterro das linhas de estacas mais externas sejam estendidos aos pontos do limite da área (eixos).

6.6.4 – Método do somatório

Por esse método calcula-se o volume de corte e aterro para a área inteira ao mesmo tempo. Assume que cada altura de corte ou aterro mantém-se igual sobre toda a área de influência de uma estaca. Tem pouca precisão, só devendo ser usado para estimativas expeditas em ante-projetos.

6.6.5 – Método dos planos horizontais

Esse método consiste em se estimar, por planimetria, o volume de corte contido entre os planos definidos pelas curvas de igual altura de corte e aterro. Essas curvas compõem o chamado mapa final de sistematização. A princípio, quanto menor a diferença de cota entre 2 curvas maior a precisão; por outro lado o trabalho também aumenta. Na ausência de softwares, as áreas podem ser medidas com planímetro, mas neste caso o método fica muito trabalhoso.

Para que a sistematização seja viável, geralmente se recomenda que o volume de corte-aterro deva ser menor que 1.000 m^3/ha; o ideal é que não passe de 600 m^3/ha.

6.7 – Métodos de implantação

6.7.1 – Marcação das alturas de corte e aterro nas estacas

Existem duas maneiras mais comuns de se marcar as alturas de corte ou de aterro nas estacas para orientar o trabalho das máquinas. A primeira, consiste em marcar uma altura de referência na estaca (R = 50 cm, por exemplo) e pintar a altura de aterro acima da referência de azul, e a altura de corte abaixo da referência de vermelho; um esquadro com nível é usado para conferência, como é ilustrado na Figura 6.3. A segunda maneira consiste em representar o corte no topo da estaca em vermelho, e o aterro na base da estaca em azul, conforme é apresentado na Figura 6.4.

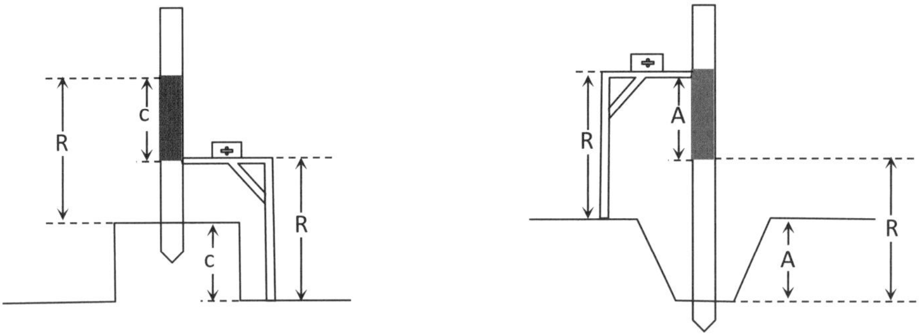

Figura 6.3 – Estacas indicativas de corte (à esquerda) e de aterro (à direita), usando esquadro

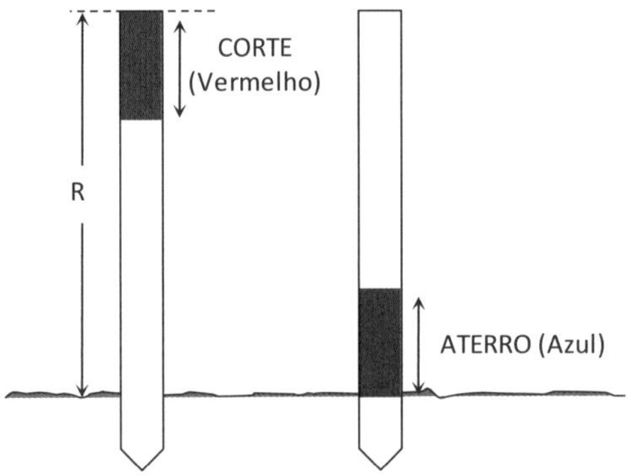

Figura 6.4 – Estacas indicativas de corte (à esquerda) e de aterro (à direita)

6.7.2 – Método com a utilização de raios Laser

Essa metodologia consiste em utilizar um aparelho emissor de raios Laser que estabelece um plano com o fluxo de raios, de forma que o mesmo seja paralelo ao plano de sistematização, com ou sem declive. Na plaina ou no "scraper" é colocado um mastro receptor que permanece ajustado ao plano estabelecido pelo feixe de raios Laser, independentemente da altura do terreno. Este receptor comanda o sistema hidráulico do trator, mantendo a lâmina de corte na cota do plano de sistematização, cortando o solo quando este estiver com cota superior ao plano e descarregando em caso contrário. Este método é o mais preciso, porém requer alto investimento inicial na compra do equipamento de nível Laser, sendo aconselhável para grandes áreas a serem sistematizadas (> 500 ha). Para áreas menores é recomendável a contratação de uma empresa prestadora de serviço.

6.7.3 – Método de operação na água

Este método de implantação consiste em realizar os movimentos de solo necessários para estabelecer o plano de sistematização, tendo a água como nível de referência. Assim, o método somente é aplicável na sistematização sem declive, também denominada "cota zero". Após o preparo inicial do solo, com grade niveladora ou enxada rotativa, coloca-se água no terreno a sistematizar em cerca de um terço da área. Em seguida, passa-se a remover a terra da parte alta, que não está submersa, levando-a para a parte baixa até que se tenha uma pequena lâmina de água uniforme em todo o terreno. Em função da condição de encharcamento, em muitos casos as máquinas apresentam problemas de sustentação, sendo necessário equipar os tratores com sobre-rodas de ferro ou rodas gaoilas. Para a movimentação do solo na água, utiliza-se uma plaina de madeira, denominada alisador. Quando o volume de solo a ser movimentado for muito grande, pode-se começar a sistematização quando o solo estiver seco, usando plainas normais, "scrapers", motoniveladoras ou tratores de esteira.

Este método tem a grande vantagem de ser econômico no que diz respeito ao investimento em equipamento e de poder ser executado independente do teor de umidade do solo. Tem como desvantagem a grande desestruturação do solo, ocorrendo flutuação de seus colóides na água (que ficam em suspensão), razão pela qual se recomenda não drenar a área imediatamente ao final do processo, a fim de se evitar perdas consideráveis de solo fértil.

CAPÍTULO 7

SISTEMAS E TECNOLOGIAS DE DRENAGEM

7.1 – Características e etapas de um projeto de drenagem subterrânea

7.1.1 – Componentes e tipos de sistema de drenagem subterrânea

Um sistema de drenagem subterrânea completo (de uma área extensa) é geralmente constituído de quatro componentes:

– *drenos de campo ou drenos laterais* – são as estruturas que efetivamente promovem gradiente de potencial hidráulico na zona saturada para que a água escoe e realiza sua coleta; podem ser drenos abertos ou fechados.

– *coletores* – possuem a função de conduzir a água coletada nos drenos de campo até o canal principal; podem, também, ser abertos ou fechados.

– *canal principal* – quase sempre aberto, tem a função de conduzir a água dos coletores até a estrutura de saída.

– *saída* – pode ser do tipo em que a água é descarregada por gravidade em um curso d'água ou em uma lagoa de sacrifício, do tipo por bombeamento no caso de polders, ou do tipo por poço vertical no caso de existência de camadas subterrâneas permeáveis.

Conforme a natureza dos drenos de campo e dos coletores, podem ser identificados três tipos de sistema:

a) Drenos de campo abertos e coletores abertos

Esquematizado na Figura 7.1, este tipo de sistema é o que emprega menos tecnologia. Possui, como vantagens, o menor custo de implantação, a facilidade de se escoar água empoçada em depressões e o fato de se adaptar melhor a terrenos recém saneados. Entretanto, apresenta as desvantagens de ser de manutenção mais cara, causar perda de área cultivada e atrapalhar a mecanização da área.

Este tipo de sistema tem sido mais utilizado para culturas tolerantes ao encharcamento, onde é possível se instalar drenos de campo mais espaçados, como no caso da cana-de-açúcar. É empregado, também, em áreas pequenas pouco mecanizadas, como no caso das hortaliças.

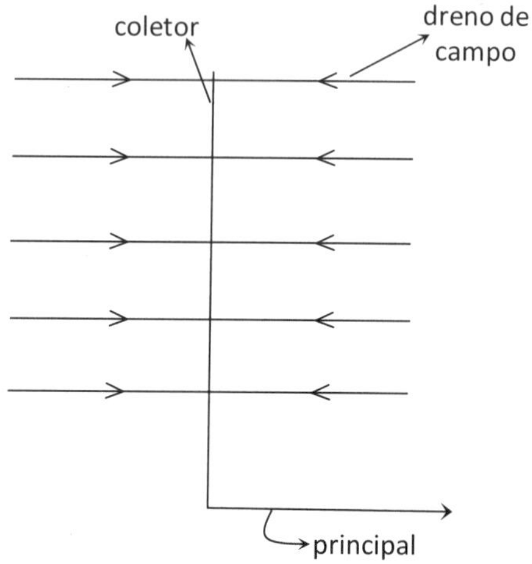

Figura 7.1 – Representação de um sistema de drenagem subterrânea com drenos de campo, coletor e canal principal abertos

Na Figura 7.2 está esquematizado um corte da entrada de um dreno de campo aberto em um coletor, também aberto. Geralmente, no planejamento e na construção, é comum se deixar uma folga de 20 cm entre o fundo do dreno de campo e o fundo do coletor, por segurança, garantindo escoamento da água por gravidade.

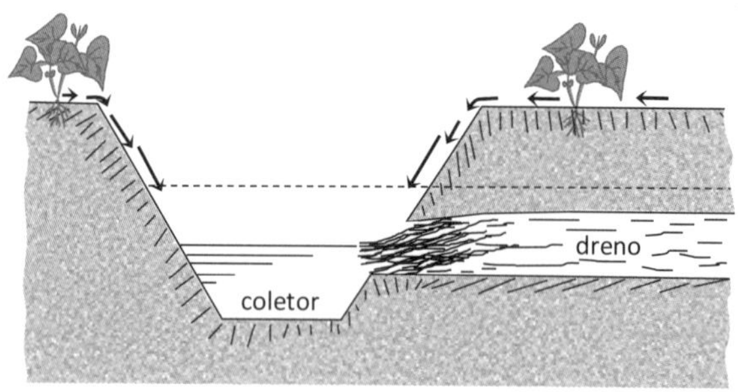

Figura 7.2 – Entrada de um dreno de campo aberto em um coletor aberto

b) Drenos de campo fechados e coletores abertos

É o tipo mais usado em pomares existentes no Semiárido Nordestino. Apesar do seu maior custo de implantação, minimiza a percentagem de área perdida e facilita a mecanização da lavoura (Figura 7.3). Na Figura 7.4 está esquematizada a entrada de um dreno de campo fechado em um coletor aberto.

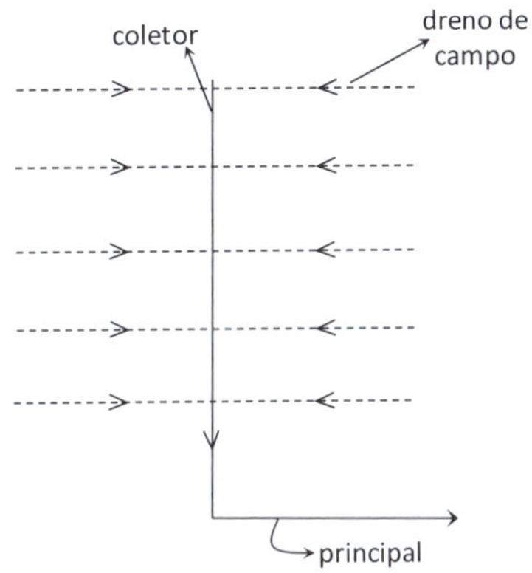

Figura 7.3 – Sistema de drenagem subterrânea com drenos de campo fechados, coletor e canal principal abertos

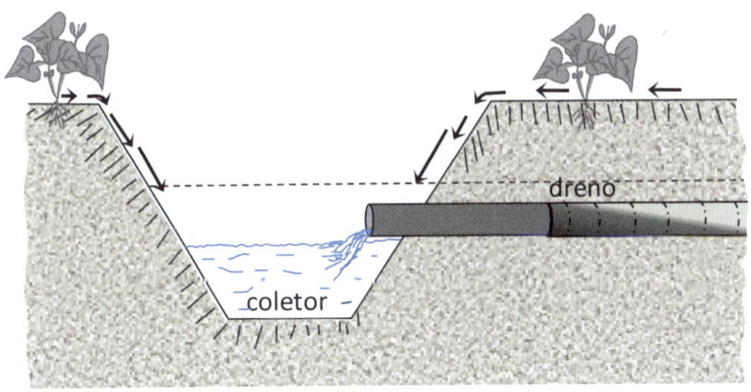

Figura 7.4 – Entrada de um dreno de campo fechado em um coletor aberto

c) Drenos de campo fechados e coletores fechados

No Brasil, é o tipo menos usado para drenagem agrícola; é comum na drenagem de intercepção de encostas de áreas urbanizadas e em campos de futebol. É bastante utilizado na Europa e nos Estados Unidos; constitui, dos três sistemas apresentados, o mais tecnificado (Figura 7.5). Na Figura 7.6 está representada, esquematicamente, uma caixa de inspeção, geralmente colocada na conexão entre o dreno de campo e o coletor, para garantir limpezas periódicas.

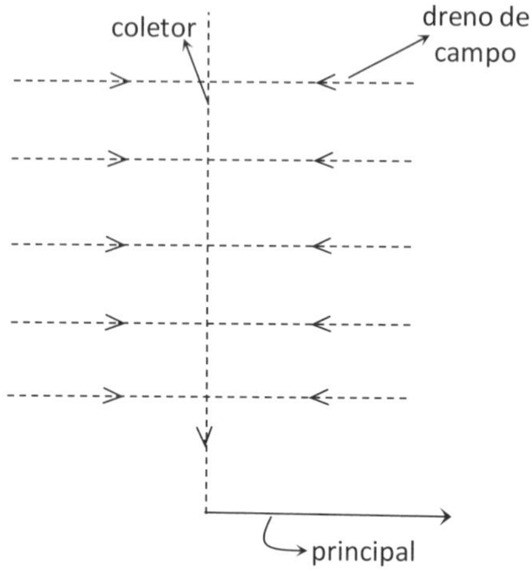

Figura 7.5 – Sistema de drenagem subterrânea com drenos de campo e coletor fechados, sendo o canal principal aberto

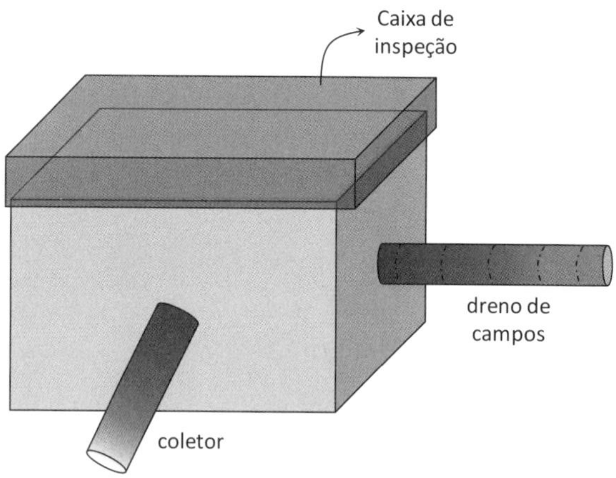

Figura 7.6 – Caixa de inspeção utilizada em sistemas com dreno de campo fechado e coletor fechado

7.1.2 – Estabelecimento do traçado dos drenos no mapa ("layout")

Uma vez que a profundidade de instalação esteja definida e o espaçamento entre os drenos de campo esteja calculado (ver Capítulo 5), parte-se para locar a rede de drenos no mapa, ou seja, estabelecer o "layout" do projeto. Esta é, talvez, a etapa do projeto que mais experiência prática exige do projetista.

Uma dada área pode ser drenada com sucesso de diversas formas; entretanto, existem algumas recomendações básicas que devem ser observadas nessa etapa do trabalho, visando garantir maior eficiência.

a) Recomendações para drenos de campo abertos (valetas)

1ª) Como todo conduto livre, as valetas devem ter uma declividade mínima para evitar assoreamento, e uma declividade máxima não erosiva (ver Capítulo 3). Geralmente a declividade da valeta deve ser maior do que 0,5 por mil e menor que 5,0 por mil.

2ª) Visando minimizar o volume escavado, é desejável se locar a valeta em uma direção tal que seja possível que o fundo da valeta acompanhe a superfície do terreno, ou seja, que a declividade do fundo da valeta possa se igualar à declividade do terreno, mantendo a profundidade de corte aproximadamente constante.

3ª) Quando o terreno tiver uma declividade menor do que 5 por mil, a valeta pode ser locada declive a baixo.

4ª) Quando o terreno tiver uma declividade maior do que 5 por mil, deve-se procurar um alinhamento transversal.

5ª) As valetas devem ser retas, aproximadamente paralelas, gerando talhões regulares, sem pontos mal drenados e de fácil mecanização.

Na Figura 7.7 está esquematizado um "layout" muito comum para áreas de baixada pequenas, localizadas próximas a cursos d'água.

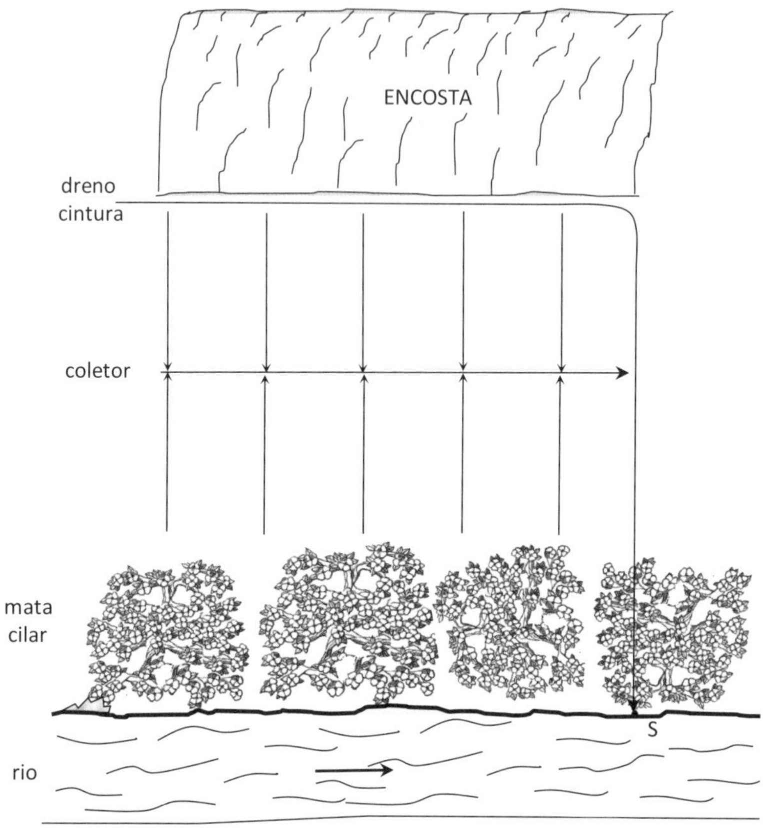

Figura 7.7 – Exemplo de "layout" com drenos de campo e coletor abertos, em área de baixada próxima a um curso d'água

b) Recomendações para drenos de campo fechados (tubos)

1ª) A declividade de instalação do dreno tubular deve ser maior que 1,0 por mil e menor que 2%.

2ª) Deve-se escolher uma direção para a malha de drenos tal que os mesmos possam ser instalados aproximadamente paralelos a superfície do terreno, ou seja, que o declive do tubo possa ser aproximadamente igual ao da superfície do terreno, garantindo profundidade de escavação aproximadamente constante.

3ª) Se a declividade do terreno for menor que 1%, os drenos podem ser instalados declive a baixo (ver Capítulo 3).

4ª) Se a declividade do terreno for maior que 1%, deve-se procurar alinhamento transversal.

5º) O comprimento dos drenos tubulares deve, geralmente, ser menor que 300 metros, para facilitar o hidrojateamento (limpeza pesriódica) e evitar o uso de diâmetros grandes.

Em função da forma em que os tubos são dispostos no terreno, obtêm-se diferentes tipos de "layout", que estão ilustrados na Figura 7.8 para áreas com declive e na Figura 7.9 para o caso de áreas planas.

1) Em zonas declivosas (I ≥ 1%)

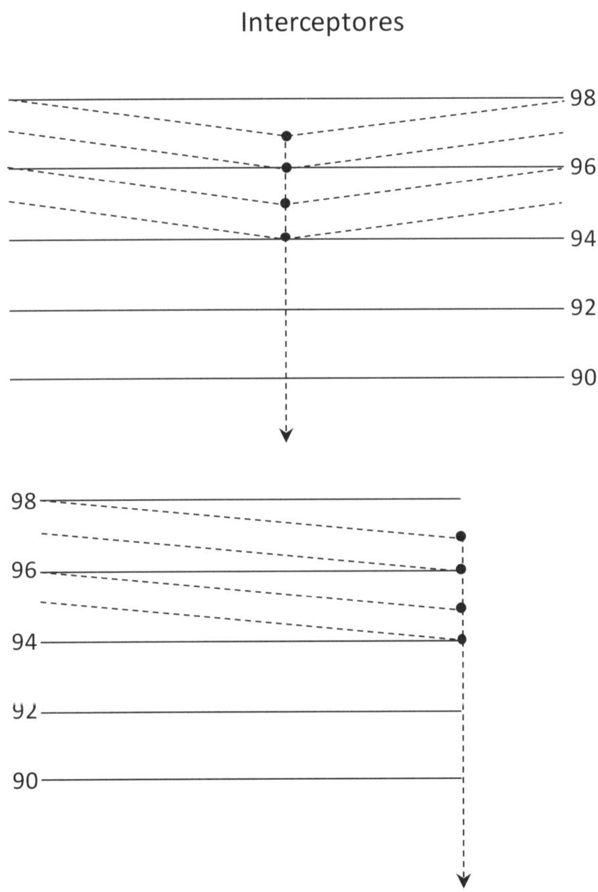

Figura 7.8 – Disposição de drenos de campo tubulares interceptores em áreas declivosas homogêneas

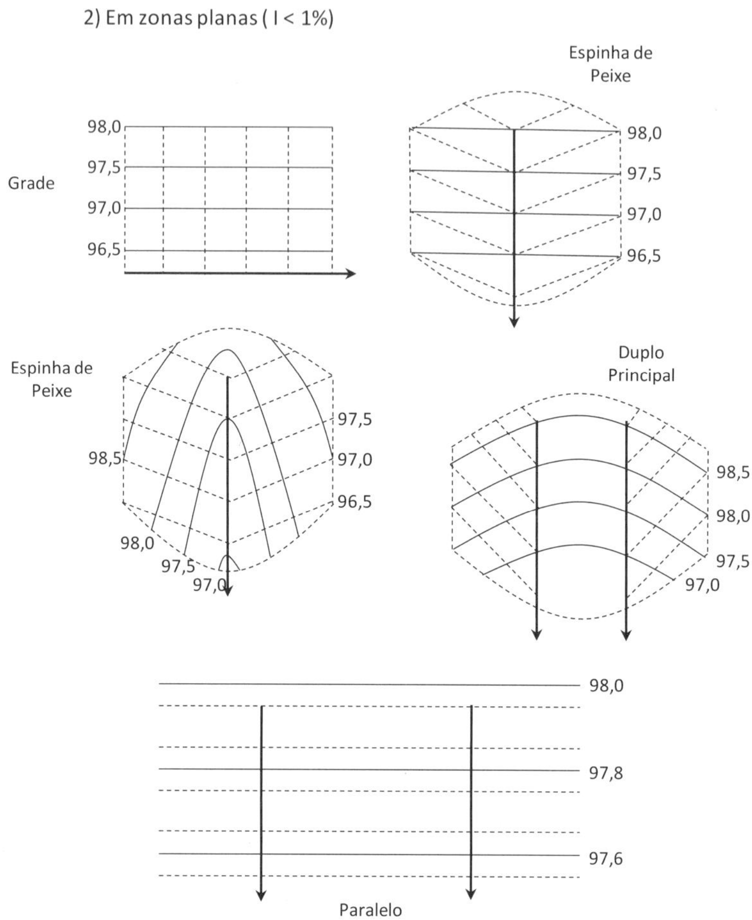

Figura 7.9 – Exemplo de disposição de drenos de campo tubulares em áreas planas

Os drenos interceptores, apresentados na Figura 7.8, são bastante usados em solos rasos de encostas onde há afloramento do LF. Geralmente são locados com um ângulo tal que a profundidade do tubo se mantenha constante, quando o mesmo é instalado com um declive de cerca de 2%. O espaçamento entre os interceptores gira em torno de 30 metros, mas pode ser calculado com maior precisão (ver Capítulo 5).

O "layout" em *Grade*, apresentado na Figura 7.9 é bastante comum em relevo uniforme e com declividade suave. Ele permite que a profundidade de instalação do tubo se mantenha constante, simplesmente ao se seguir a declividade do terreno.

O delineamento em *Espinha de Peixe* é mais recomendado para áreas relativamente estreitas, com ponto de saída central; a locação enviesada permite que seja dado declive ao tubo mantendo a mesma profundidade de instalação. Não é um "layout" que se presta a áreas extensas, pois acarreta a presença de "quinas" (ou cantos de área) mal drenadas.

Para áreas planas ladeadas por encostas, uma opção pode ser o "layout" chamado *Duplo Principal*. Os dois coletores junto às encostas também servem como drenos de campo da área central.

No caso de áreas extremamente planas e extensas, o "layout" mais usado tem sido o *Paralelo*. Os coletores são alinhados segundo o pequeno declive existente e os drenos de campo entram no coletor perpendicularmente, com um declive mínimo, dado pelo aumento da profundidade de instalação ao longo do percurso. Apesar da profundidade de assentamento dos drenos de campo variar (o espaçamento é calculado pela profundidade média), esse sistema exige a metade do comprimento de coletores quando comparado com o "layout" Grade, devido ao fato dos drenos de campo entrarem de ambos os lados do coletor.

Para áreas maiores, com relevo heterogêneo, podem ser usadas associações de diferentes tipos de delineamento, conforme exemplifica Daker (1984), por meio da Figura 7.10.

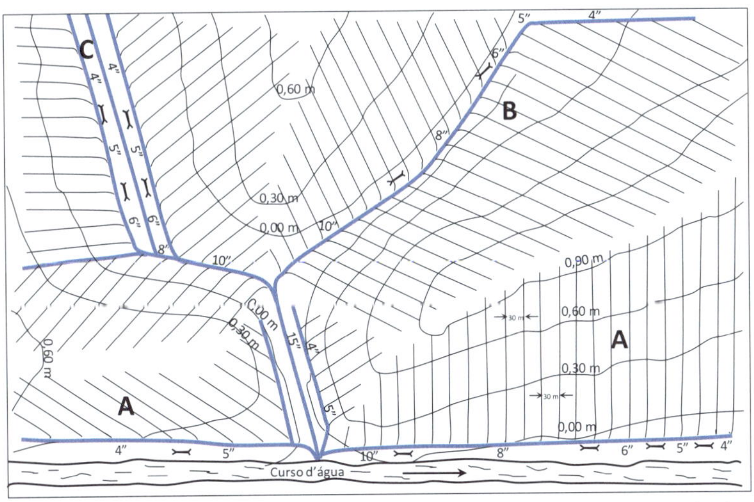

Exemplo de sistema de drenagem. Sistema de agrupamento, composto de: A – Grade; B – Espinha de peixe; C – Duplo principal

Figura 7.10 – Área com relevo movimentado, no qual foram usados diferentes tipos de "layout" para o sistema de drenagem subterrânea, com drenos de campo e coletores fechados

7.1.3 – Etapas do projeto

Inicialmente, são realizados em campo os estudos básicos, tal como descrito no Capítulo 3. Na sequência, já no escritório, é estabelecida a profundidade dos drenos e calculado o espaçamento (Capítulo 5). Uma vez conhecido o espaçamento entre os drenos, estes são locados no mapa, definindo-se assim o "layout" do sistema de drenagem. Em seguida, a equipe encarregada do levantamento topográfico retorna ao campo e realiza a altimetria relativa ao perfil de cada dreno locado no mapa. De posse desses perfis, realiza-se o estudo hidráulico para se definir a declividade do fundo dos drenos de campo, coletores e canal principal, e a profundidade de escavação em cada ponto de cada um dos perfis. Finalmente, a equipe da topografia retorna mais uma vez a campo e marca, em estacas, a profundidade de escavação, a fim de orientar o operador da maquina, que irá realizar a escavação. Essa etapa de marcação da profundidade nas estacas pode ser simplificada (ou abolida) quando a máquina possui orientação a Laser.

7.1.4 – Exercícios propostos sobre "layout"

a) Um sistema de drenagem de intercepção de encosta é formado por um coletor tubular e um conjunto de drenos de campo também tubulares, assentados em um esquema de espinha de peixe. O coletor desce a linha de maior declive do terreno, enquanto os drenos de campo entram no coletor de forma aproximadamente transversal, conforme mostra a figura a seguir. Deseja-se que todo o sistema seja assentado paralelamente à superfície do solo. Sabendo-se que o terreno tem um declive de 4% e que os drenos de campo devem ser instalados com um declive de 2%, calcule o ângulo θ que os drenos de campo devem fazer com o coletor.

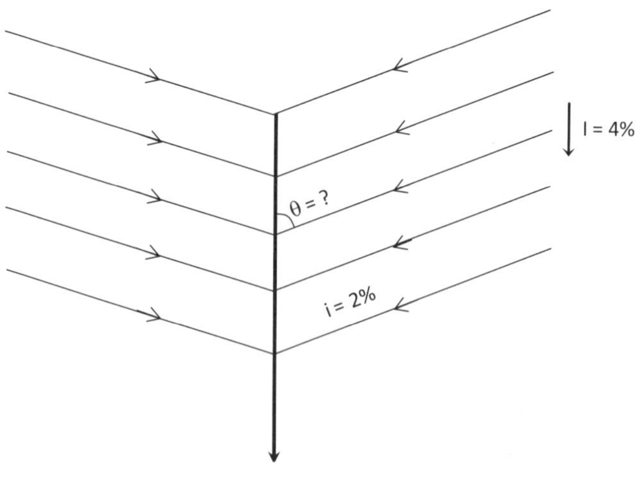

Resposta: θ = 60 graus

b) Propor um "lay-out" para a drenagem subterrânea da área da Figura da página seguinte, com drenos de campo tubulares, coletor aberto e dreno de cintura aberto. Considere que existe problema de lençol alto quando a cota do terreno é menor ou igual a 99,80 metros. Utilize um espaçamento entre drenos de campo de 40 metros. Reserve faixas de APP ao longo do rio e ao longo do córrego. Considere que esses cursos d'água não transbordam. Loque a APP a partir da calha normal do rio (Código Florestal de 2012).

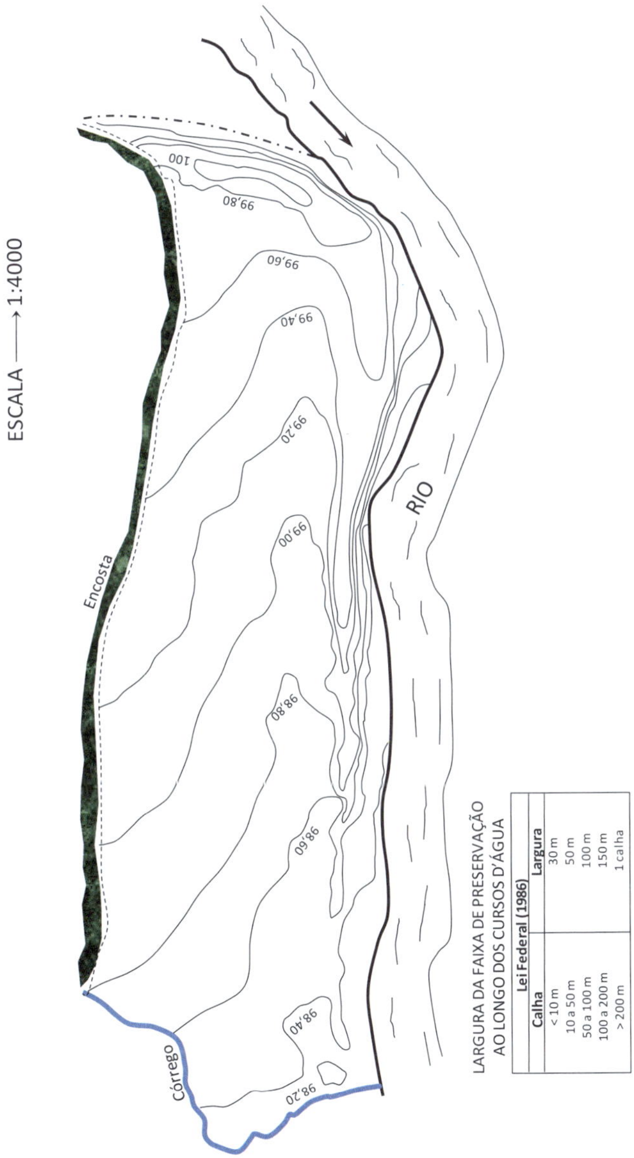

7.2 – Sistemas de drenagem subterrânea

7.2.1 – Drenos fechados

Os drenos fechados, mais comumente, são de seção circular; podem ser utilizados, entretanto, outros tipos de seção, embora não sejam muito utilizadas. Serão discutidas, inicialmente, as características dos drenos de seção circular.

Até a década de 1960, o material mais utilizado para a confecção de drenos fechados era a manilha de cerâmica. Esse material tinha a vantagem de ter uma vida útil longa quando enterrado, pois dificilmente sofre ataques químicos da solução do solo; era, entretanto, de manipulação trabalhosa, exigindo máquinas especiais para a instalação mecanizada, máquinas estas que não chegaram a ser utilizadas no Brasil. A manilha de 4 polegadas, sem furos e sem ponta e bolsa, era o tipo mais utilizado, embora fossem encontrados diâmetros menores ou maiores; quando se usa esse tipo de material a água de drenagem entra pelos espaços entre as manilhas. Na Espanha, eram fabricadas manilhas com seção circular na parte interna e quadrada na parte externa, visando facilitar o empilhamento e o assentamento.

As manilhas de cimento possuem maior resistência mecânica do que as de cerâmica, mas são geralmente mais caras do que estas e mais susceptíveis a ataques químicos, de forma que sua utilização na drenagem agrícola tem sido pequena; são mais utilizadas na drenagem urbana.

Na década de 1960 começaram a ser utilizados os materiais plásticos, iniciando-se pelo PVC; posteriormente chegaram ao mercado os tubos de polietileno. Esses tubos eram rígidos e vendidos em barras de 6 metros. Com o avanço da tecnologia, os tubos flexíveis corrugados conquistaram o mercado pelo fato de apresentarem várias vantagens: são de custo mais baixo, de instalação mais fácil, apresentam boa vida útil quando enterrados, possuem boa resistência mecânica (devido às corrugações) e apresentam boa distribuição das entradas de água. Esses tubos são vendidos em diâmetros que variam de 2 e ½ até 8 polegadas, sendo o de 4 polegadas o mais utilizado.

Dentre os materiais alternativos para serem utilizados como drenos fechados destaca-se o bambu gigante. Esse material é mais utilizado em toras, sem furos, de cerca de 50 cm de comprimento, suficientemente curtas para que os nós sejam retirados com um soquete. Já foram desenvolvidas máquinas experimentais capazes de retirar os nós de bambus gigantes de vários metros de comprimento, furados; dessa forma, o bambu gigante também pode ser utilizado como barras furadas. A principal limitação quanto à utilização desse material diz respeito à sua durabilidade. Tem-se verificado que a durabilidade aumenta quando o bambu fica o ano inteiro abaixo do lençol freático e diminui em situações em que o dreno fica parte do ano afogado e outra parte em ambiente aerado.

Dentre os drenos não tubulares, o mais utilizado em pequenas áreas tem sido o dreno de feixes de bambu. Esse tipo de dreno é confeccionado colocando-se um feixe de cerca de 12 varas de bambu presas com arame, de 2 a 3 cm de diâmetro cada vara, no fundo de uma valeta; em seguida o feixe é coberto, apenas na parte superior, por um filme de polietileno e depois com solo; a água entre pela parte de baixo e corre entre as varas. A experiência tem demonstrado que é importante que haja uma sobreposição entre os feixes para que o dreno não seja colapsado quando coberto com solo. É também recomendado que, no final do dreno, no ponto em que o mesmo deságua no coletor, seja feita uma paliçada com bambus e uma saída com um pedaço de tubo de PVC de esgoto, como mostra a Figura 7.11 Esse cuidado evita que a vegetação do talude do coletor bloqueie o escoamento do dreno de bambu. Tal como os drenos de bambu gigante, a principal limitação ao uso de drenos de feixe de bambu diz respeito à durabilidade. Existem relatos de drenos de feixes com mais de 40 anos de instalação e ainda em bom estado, quando a cota do lençol se mantém alta durante todo o ano; por outro lado, também já foram observados drenos que tiveram que ser substituídos em poucos anos quando expostos à aeração. Trata-se, portanto, de uma questão de se averiguar a condição fisiográfica da área a ser drenada.

Vários outros materiais já foram testados como drenos fechados. Experimentalmente, drenos feitos de tijolos furados operaram a contento; a técnica consistia em colocar 2 linhas de tijolos e cobrí-las com manta de polietileno. As limitações, entretanto, dizem respeito ao custo e à dificuldade de manipulação desse material.

Drenos feitos simplesmente por meio da deposição de brita coberta com areia são muitas vezes utilizados em zonas urbanas. A limitação à utilização dessa estratégia, também conhecida como dreno "cego", diz respeito à impossibilidade de limpeza em caso de movimentação e entupimento da brita. Melhores resultados são obtidos com brita envolta com manta geotêxtil, de uso frequente quando o transporte da brita para a área é facilitado, como é o caso de laterais de rodovias.

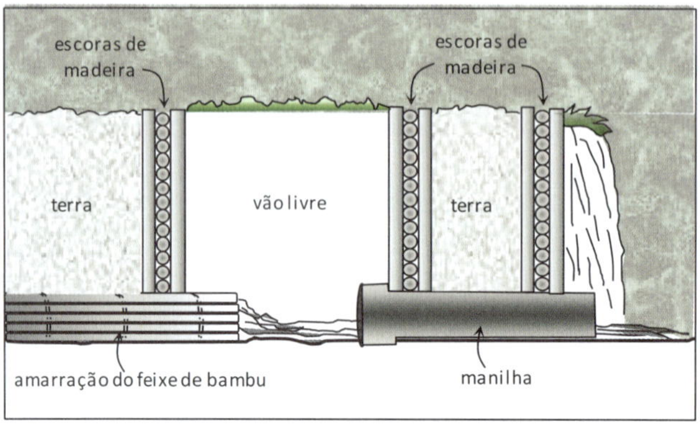

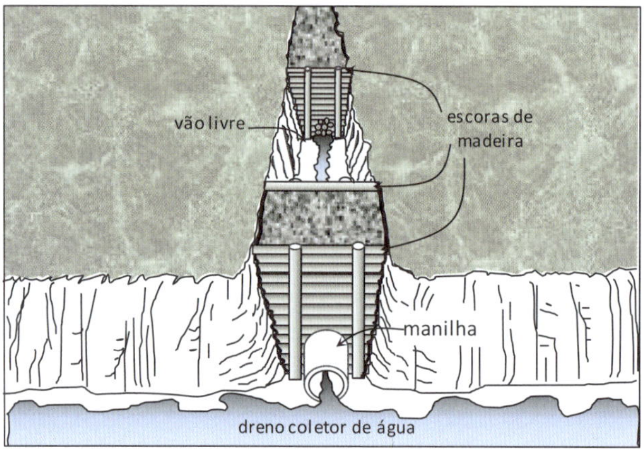

Figura 7.11 – Encabeçamento de dreno de feixes de bambu com tubo de PVC de esgoto, mantendo-se um vão livre na cabeceira

7.2.2 – Envoltórios

Envoltórios ou envelopes (antigamente chamados de "filtros") são materiais que são colocados em volta dos drenos tubulares com os seguintes objetivos:

1 – Estabilizar o solo, evitando o seu arraste e deposição dentro do dreno, o que pode causar entupimento do tubo;

2 – Aumentar a permeabilidade periférica, minimizando a perda de carga na entrada do dreno (ver Capítulo 5);

3 – Servir de berço para o assentamento do dreno, no caso de envelopes granulares.

Como o primeiro e o segundo objetivos são antagônicos, o envelope deve ser permeável o suficiente para diminuir a perda de carga na entrada do dreno, mas não tão permeável ao ponto de ser penetrado pelo material de solo ao seu redor. Assim, os envoltórios não devem ser chamados de filtros, pois não tem a função de reter partículas em suspensão; essas devem passar através do envelope e sair pelos drenos com a água de drenagem.

Determinar a real necessidade de envoltório de um sistema de drenagem é uma tarefa relativamente complexa, pois esta depende da textura e estrutura do solo, do teor de matéria orgânica, da presença de agentes cimentantes naturais e até dos cátions no complexo de troca. Desta forma, geralmente opta-se por utilizar critérios práticos (empíricos) encontrados na literatura.

Na Figura 7.12 é apresentado um esquema da movimentação da água da zona saturada em direção aos drenos, em que as linhas de corrente seguem, aproximadamente, perpendiculares às equipontenciais, convergindo radialmente em torno do dreno.

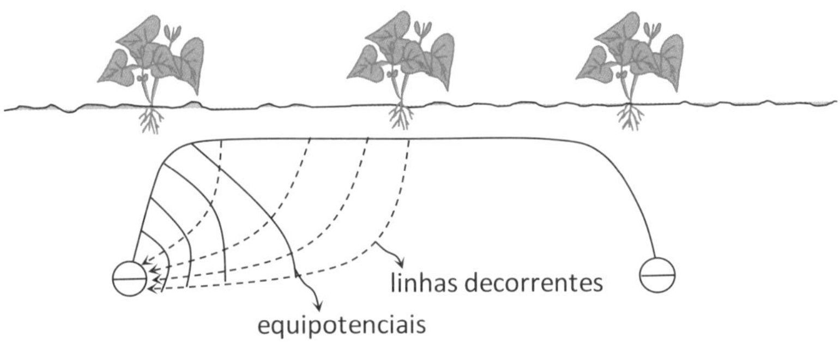

Figura 7.12 – Linhas de corrente e equipotenciais relativas ao escoamento da água em direção ao dreno de campo fechado

As equipotenciais podem ser entendidas como as seções através das quais a água atravessa à medida que se aproxima do dreno. Assim, como essas seções diminuem, a velocidade da água nos poros aumenta com a proximidade do dreno, podendo atingir um valor que seja alto o suficiente para o transporte de partículas do solo, denominado de velocidade de arraste ou erosiva (Figura 7.13).

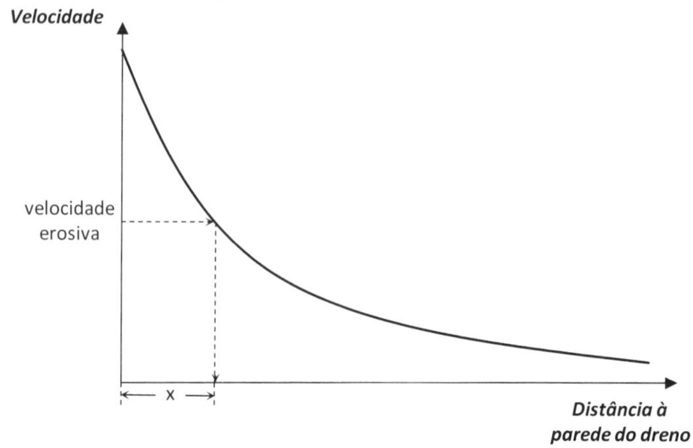

Figura 7.13 – Velocidade pontual da água nos poros do solo em função da distância do ponto à parede do dreno tubular

A distância da parede do dreno até o ponto onde se inicia o arraste está representada na figura pela letra "x". Desta forma, o envelope deve ocupar o espaço ao redor do dreno com uma espessura "x" para estabilizar o material de solo. Essa distância varia em função da granulometria e do tipo de solo. Tem-se observado que solos nos quais predomina areia grossa não são susceptíveis à movimentação, devido ao maior tamanho das partículas. Os muito argilosos também não são problemáticos, pois a argila estruturada também não é arrastada com facilidade, enquanto que aquela que está dispersa em suspensão, deve atravessar o envelope e sair com a água de drenagem. Os piores solos, também chamados de solos "problemáticos", são aqueles de textura intermediária, ou seja, nos quais predominam silte, areia muito fina e areia fina (Figura 7.14). Nesses solos é importante que se mantenha protegida uma distância "x"; pesquisas tem mostrado que essa distância varia de 8 a 25 cm, sendo o valor mais adotado de cerca de 10 cm.

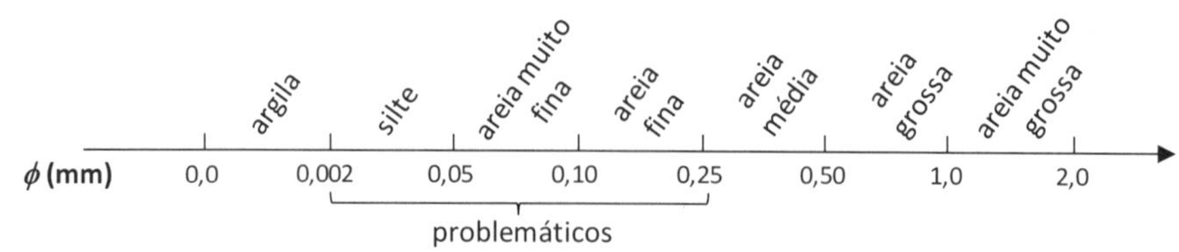

Figura 7.14 – Relação entre a granulometria do solo e a susceptibilidade ao entupimento dos drenos tubulares, destacando a faixa de textura mais "problemática"

Os materiais utilizados como envoltórios podem ser classificados como granulares, mantas geotêxteis e material orgânico. Como materiais granulares citam-se as britas (números 1 e zero), a areia grossa e diversos tipos de pedras miúdas, como por exemplo, pequenos seixos rolados que são refugo da extração de areia em rios.

Os materiais granulares constituem-se nos melhores envelopes e, geralmente, são aqueles que garantem proteção efetiva ao dreno em caso de solos problemáticos. Possuem vida útil elevada e reduzem a perda de carga na entrada a um valor próximo de zero. Entretanto o custo é geralmente mais elevado e a implantação mais trabalhosa.

As mantas geotêxteis podem ser feitas de poliéster, polipropileno, fibra de vidro, entre outros tipos de materiais. No Brasil, encontram-se mais facilmente as mantas de poliéster e de polipropileno. Esse material é fixado em torno do dreno tubular com linha de nylon, o que facilita bastante a implantação do dreno, além de ser de custo mais baixo. Entretanto, a experiência tem demonstrado que as mantas não se adaptam bem a solos problemáticos, à implantação com presença de lama no fundo da vala, nem quando colocado em torno de tubos lisos (sem corrugações). Citam-se, também, casos em que houve colmatação da manta quando implantada em solos ricos em ferro reduzido, que se oxida ao redor do dreno, formando uma mucilagem bacteriana de hidróxido de ferro.

Dentre os materiais orgânicos, pode-se destacar a fibra de côco, o capim ou a palha, e a turfa. Esses materiais tem uma vida útil no solo menor; considera-se que após o seu desaparecimento o solo já tenha se re-estabilizado, o que é uma incógnita. Entretanto, observações realizadas com a fibra de côco em drenos implantados no Vale do São Francisco foram positivas: os drenos continuavam operando bem após cerca de 2 anos, quando a fibra já tinha desaparecido na geratriz superior do dreno, embora ainda presente na geratriz inferior.

Para se definir o melhor tipo de material a ser colocado como envelope é conveniente se fazer uma análise granulométrica do solo com o fracionamento da porção areia por peneiramento. Inicialmente, executa-se a análise granulométrica normal do solo, obtendo-se as frações areia, silte e argila. Posteriormente, pesa-se cerca de 1,0 Kg de solo seco em estufa e passado em peneira de 2,0 mm. Esse material é colocado sobre uma bateria de peneiras, sendo a última (a mais fina) de 0,05mm; o conjunto é posto em vibração por cerca de 20 minutos (Figura 7.15). Após a pesagem da fração retida em cada peneira, faz-se um gráfico da massa que passou em cada peneira em função de seu diâmetro, conforme mostra a Figura 7.16.

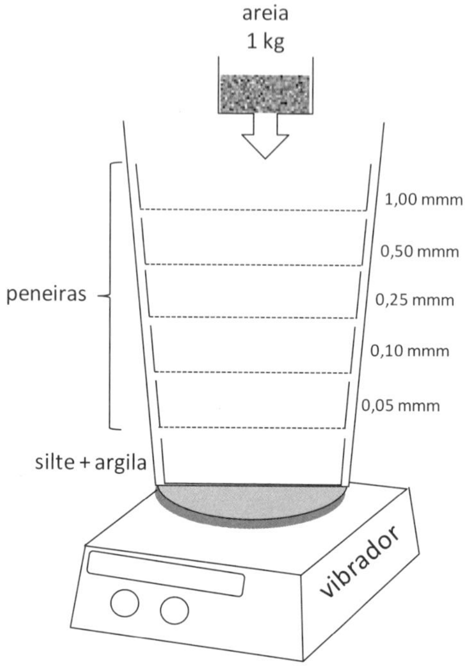

Figura 7.15 – Análise do fracionamento da areia do solo, com peneiras circulares acondicionadas sobre um vibrador

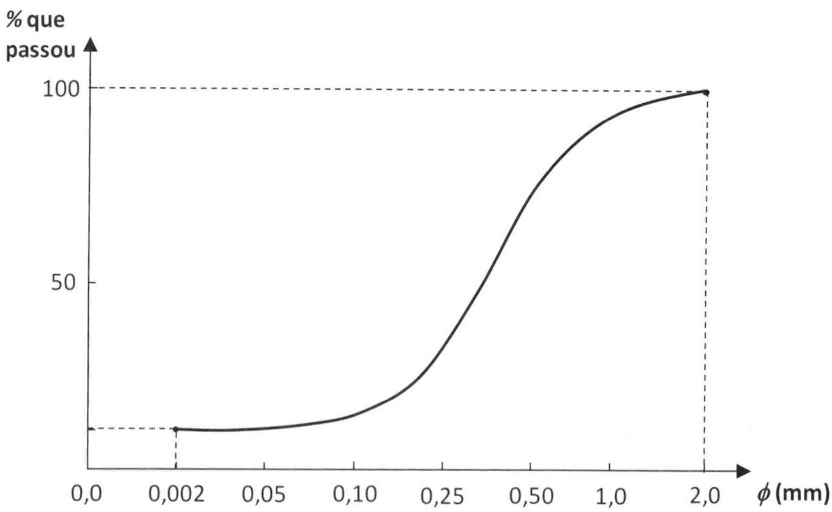

Figura 7.16 – Distribuição granulométrica do solo: percentagem "passante" em função do tamanho da abertura da peneira

Beltran (1986) apresenta o gráfico da Figura 7.17 que ilustra a faixa de distribuição granulométrica dos solos considerados problemáticos (área hachurada no gráfico, entre as duas curvas). Normalmente se consideram problemáticos aqueles que possuem [areia fina + areia muito fina + silte] > 45%; nesses tipos de solo deve-se evitar o uso de mantas geotêxteis, dando-se preferência aos envelopes granulares.

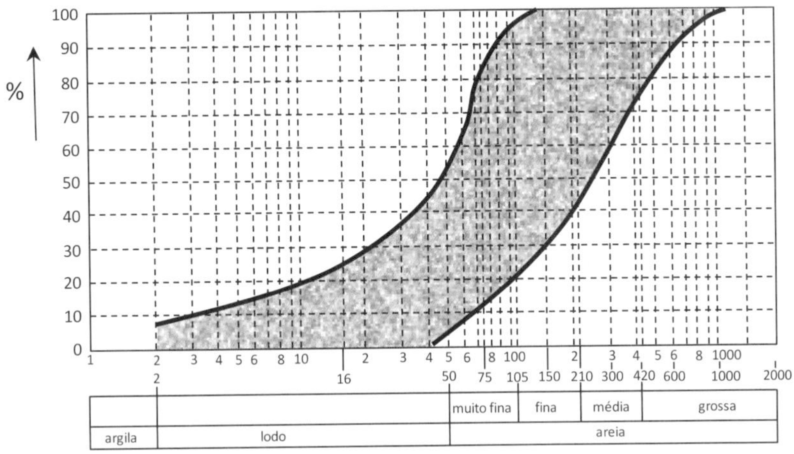

Figura 7.17 – Faixa de distribuição granulométrica de solos problemáticos

Quando se opta por usar um envelope granular é interessante fazer testes de distribuição granulométrica não só do solo mas também do material do envelope. Dentre os muitos critérios utilizados para a escolha do envelope granular, um dos mais aceitos é aquele que estabelece limites para a relação do envelope com o solo, e do envelope com o dreno:

1º) Relação do envelope com o solo

O diâmetro das partículas do material do envelope correspondente a uma percentagem de passagem de 60% do material (D_{60}) deve ficar entre um limite mínimo e um limite máximo, em função do D_{60} do solo, dados pela Tabela 7.1.

2º) Relação do envelope com o dreno tubular

O D_{85} do envelope deve ser maior do que a metade da largura das aberturas do tubo de drenagem, para evitar que o mesmo penetre no tubo.

Tabela 7.1 – Valor de D_{60} recomendado para o envelope, em função do D_{60} estimado para o solo

Faixa de D_{60} do solo (mm)	D_{60} do envelope	
	Valor mínimo (mm)	Valor máximo (mm)
0,02 a 0,05	2	10
0,05 a 0,10	3	12
0,10 a 0,25	4	15
0,25 a 1,00	5	20

No caso de se optar por envelopes feitos de mantas geotêxteis, deve-se obter com o fabricante o valor de O_{90}, que representa o tamanho da abertura de poros da manta tal que 90% dos poros são menores que este. O critério de seleção é que a razão [O_{90} da manta] / [D_{90} do solo] < 2,5.

Exemplo 7.1:

Deseja-se planejar a utilização de envelope para um dreno tubular corrugado, no qual a largura das aberturas é cerca de 1,5 mm.

A análise granulométrica do solo revelou que o mesmo possui 73% de areia, 18,4% de silte e 8,6% de argila. O fracionamento da areia é dado na Tabela 7.2.

Tabela 7.2 – Distribuição granulométrica da fração areia contida no solo a ser drenado

Fração	**% retida nas malhas**
> 2,00 mm	1,0
Retida em 1,00 mm	14,2
Retida em 0,50 mm	12,4
Retida em 0,25 mm	18,1
Retida em 0,10 mm	21.9
Retida em 0,05 mm	5,4
SOMATÓRIO	**73**

Na Tabela 7.3 são apresentadas as especificações técnicas das dimensões limite, dos materiais granulares possíveis de serem utilizados. A manta a ser utilizada, segundo o fabricante, possui O_{90} = 0,100 mm.

Tabela 7.3 – Faixa de diâmetro dos materiais possíveis de serem utilizados como envelope, fornecida pela empresa que comercializa materiais de construção

MATERIAL	FAIXA DE DIÂMETRO ENGLOBADO (mm)
Areia fina	0,075 a 0,18
Areia média	0,18 a 0,42
Areia grossa	0,42 a 2,00
Brita zero zero	5 a 8
Brita zero	8 a 12,5
Brita um fina	12,5 a 22
Brita um grossa	12,5 a 25
Brita dois	22 a 32

Trace a curva de % passante do solo, determine o D_{60} do solo e sugira os materiais que podem ser recomendados como envoltório do dreno.

Resposta:

A percentagem de [silte + areia muito fina + areia fina] é maior do que 45%; assim sendo, trata-se de um solo problemático para o qual não se recomenda o uso de manta geotêxtil. O D_{60} do solo é cerca de 0,32 mm. Portanto, segundo a Tabela 7.1, o D_{60} do envelope deve ficar entre 5 e 20 mm. Assim, baseando-se na Tabela 7.3, sugere-se o uso de britas zero ou um (fina).

7.2.3 – Projeto hidráulico dos drenos fechados

O dimensionamento hidráulico dos drenos tubulares é apresentado no Capítulo 5. Este consiste em estimar a vazão subterrânea média que o dreno será capaz de transportar, e dimensioná-lo, considerando que o mesmo escoará essa vazão como um conduto livre, com seção parcialmente cheia. Assume-se que, em média, o escoamento se dará com uma razão entre a lâmina d'água e o diâmetro do tubo de 60%. Logo após a recarga, possivelmente a seção de escoamento se aproximará da seção plena, enquanto que no final do processo deverá cair abaixo dos 60%.

Drenos alternativos não tubulares como os de feixes de bambu e os de brita sem tubo geralmente tem sua seção definida na base do bom senso. Como a vazão subterrânea tem magnitude pequena, uma seção total correspondente a um diâmetro de cerca de 6 a 8 polegadas desses materiais normalmente é suficiente.

7.2.4 – Construção e manutenção dos drenos fechados

O Brasil ainda não se encontra bem servido de equipamento próprio para instalação de drenos tubulares. Na maioria das vezes valetas são abertas com retro-escavadeiras ou escavadeiras hidráulicas e os drenos são assentados manualmente, o que torna o processo lento e caro. Para profundidades de instalação maiores que 1,20 m, recomenda-se que sejam abertas valetas trapezoidais com talude 0,75:1, ao invés das de seção retangular, para diminuir o risco de desmoronamento durante a implantação.

No Vale do São Francisco existem empresas que possuem valetadeiras que já escavam e instalam, simultaneamente, os drenos, aumentando a agilidade e diminuindo o custo da implantação. Essas valetadeiras podem ter sua profundidade de escavação orientada por um feixe laser, de forma que a declividade do dreno mantém-se aproximadamente constante ao longo do alinhamento, mesmo que este seja heterogêneo. Entretanto, grandes escavadoras ou sub-soladoras colocadoras de drenos, como as existentes na Europa e nos Estados Unidos, ainda não se encontram disponíveis em território nacional, possivelmente devido à pequena demanda de serviço. A Tabela 7.4 apresenta o rendimento médio de escavação dessas máquinas.

Tabela 7.4 – Rendimento médio comparativo de algumas máquinas usadas na instalação de sistema de drenagem tubular (valores aproximados)

Máquina	Velocidade (m/hora)
Retro-escavadeira	15
Escavadeira hidráulica	20
Valetadeira colocadora de drenos	80
Valetadeira rotativa	400
Escavadora colocadora de drenos*	400
Sub-soladora colocadora de drenos*	700

*Ainda não disponível do Brasil.

Apesar de bem menos intensa do que aquela realizada em drenos abertos, a manutenção dos drenos tubulares necessita ser feita regularmente para retirar raízes e solo que penetram e se depositam dentro do dreno. Nas áreas com sistema de drenagem implantado no Semiárido Brasileiro, recomenda-se que a limpeza seja feita anualmente ou a cada 2 anos. Na região Sudeste do Brasil, como são poucos os sistemas implantados com drenos tubulares, ainda não se dispõe de uma recomendação prática. Entretanto, como o clima é úmido, o problema de penetração de raízes deve ser menor; assim, possivelmente, a limpeza pode ser feita em intervalos mais longos. Essa limpeza é realizada por uma máquina de hidrojateamento, ou seja, a água do coletor é barrada e recalcada por uma bomba de pistão, de alta pressão, para uma mangueira cujo bocal tem jatos para traz; o bocal penetra por reação do jato, dreno a dentro (Figura 7.18).

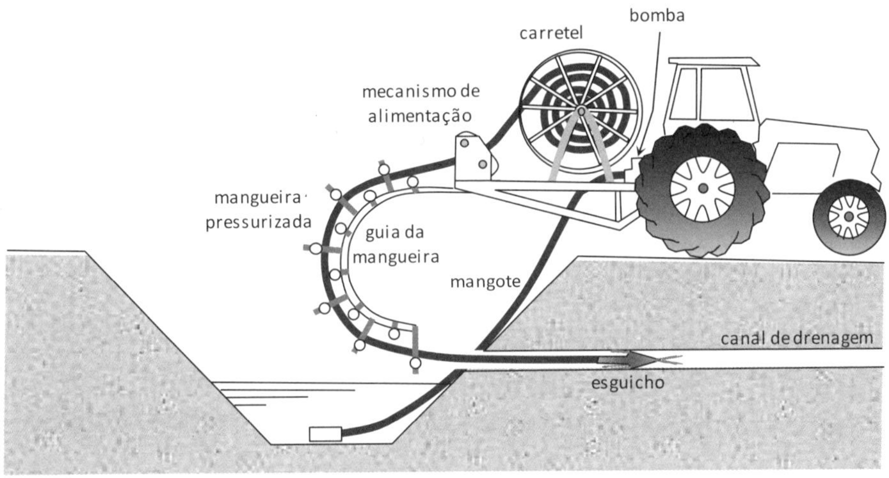

Figura 7.18 – Máquina de hidrojateamento de drenos tubulares, recalcando a água de um dreno coletor (temporariamente "barrado") para injetar no dreno de campo tubular

7.2.5 – Exercício proposto sobre envelope

A análise granulométrica de uma amostra de solo revelou que o mesmo possui 45,0% de areia, 13,8% de silte e 41,2% de argila. 500 gramas desse material foram submetidas a um teste de peneiramento, cujo resultado está esquematizado na figura a seguir. Plote as percentagens de material passante no gráfico da Figura 7.17 e estime o valor de D_{60}.

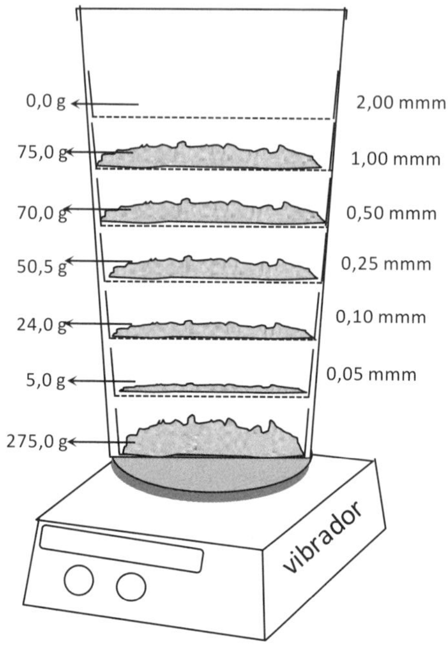

Resposta: $D_{60} \approx 0{,}20$ mm

7.3 – Sistemas de drenagem superficial

7.3.1 – Objetivos da drenagem superficial quando aplicada em áreas planas e quando aplicada em áreas íngremes

Os sistemas de drenagem superficial podem assumir objetivos e características distintas, caso a área seja plana (declividade média menor que cerca de 1%) ou com declive (declividade média maior que cerca de 1%).

Quando a área é plana, o objetivo da drenagem superficial é o de retirar, em tempo hábil, a água empoçada sobre a superfície do solo. Nesse caso, as técnicas envolvem a sistematização ou o aplainamento da superfície do terreno, a abertura de sulcos e drenos rasos, a orientação das ruas de plantio e a subsolagem, principalmente. Como o fenômeno da retenção e do escoamento da água sobre superfícies irregulares planas é de modelagem mais complexa do que o escoamento subterrâneo, a maioria desses sistemas ainda é projetado de forma empírica, tomando por base a experiência que já se adquiriu por meio da observação do desempenho de sistemas bem sucedidos, em operação. Entretanto, tal qual os sistemas de drenagem subterrânea, as estruturas que envolvem os sistemas de drenagem superficial de áreas planas englobam estruturas de campo, rede principal (coletores e canal principal) e sistema de saída. Tendo em vista que, geralmente, também há necessidade de controle do LF da área do projeto, a rede principal e a saída, normalmente, são compartilhadas entre os drenos campo superficiais e os subterrâneos.

No caso de áreas com declive, o objetivo do sistema de drenagem superficial é o controle da erosão, e a conservação do solo e da água na microbacia. As estruturas, nesse caso, envolvem obras de infiltração e contenção da enxurrada (terraços em nível e barraginhas de contenção, por exemplo) ou de escoamento da enxurrada (terraços em desnível e canais escoadouros, por exemplo). O projeto e o dimensionamento dos sistemas são baseados no conhecimento historicamente originado da drenagem superficial urbana, e que posteriormente foi aplicado ao meio rural.

Inicialmente, serão apresentados alguns aspectos importantes das estruturas de campo para áreas planas e, posteriormente, para áreas com declive. As características e o dimensionamento da rede principal serão discutidos na seção 7.4.

7.3.2 – Estruturas de campo para sistemas de drenagem superficial em áreas planas

a) Camalhões

O sistema de camalhões é considerado o mais antigo dos sistemas de drenagem superficial em nível de campo que se conhece. Começou a ser utilizado na Inglaterra, por volta dos séculos XVI e XVII, para a drenagem superficial de vertissolos.

O sistema consiste em levantar uma série de camalhões (por meio de tração animal ou mecânica) na direção onde o terreno tenha o maior declive, visando facilitar o escoamento da água. O estabelecimento dos camalhões permite que se obtenha uma zona aerada de alguns centímetros de profundidade, sendo por vezes suficiente para o cultivo de alguns tipos de cultura, geralmente tolerantes e perenes, como pastagens, por exemplo (Figura 7.19).

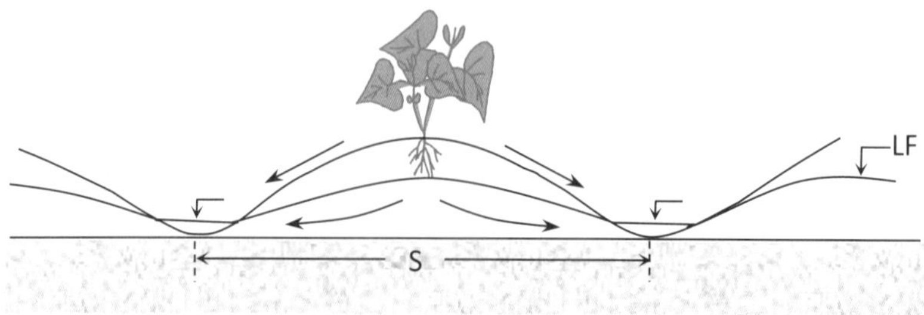

Figura 7.19 – Esquema em corte de um sistema de camalhões para drenagem superficial de solos muito pouco permeáveis

Geralmente não se observa problemas de erosão quando os camalhões são orientados declive a baixo, para declives de até 5 por mil. A prática recomenda, para áreas maiores, dividir o comprimento dos camalhões em talhões de até 300 m. Teoricamente a altura e a largura (S) dos camalhões seria função da gravidade do problema de drenagem; assim, quanto menor a condutividade hidráulica do solo, por exemplo, mais altos e mais estreitos seriam os camalhões. Na prática, porém, tenta-se adaptar as dimensões do camalhão ao espaçamento da cultura que se deseja implantar, conforme apresenta a Tabela 7.5.

Tabela 7.5 – Valores de largura (S) dos camalhões em função do tipo de cultura

Cultura	S (m)	Observação
Milho	0,80	1 fileira por camalhão
Soja	1,60	3 fileiras por camalhão
Hortaliças	2,00	Várias fileiras por camalhão
Citros	7,00	1 fileira por camalhão
Pastagens	8 a 30	Sistema tradicional inglês

No Brasil, sistemas de camalhões usados para pastagens podem ser encontrados em algumas pequenas propriedades nos Estados de SC e PR. No Estado do RJ, alguns pomares caseiros de citros utilizam camalhões de até 80 cm de altura, em planossolos, com sucesso. No interior do Estado de SP, sistemas mistos de drenagem subterrânea e superficial vêm utilizando camalhões baixos para citros, visando complementar (aliviar) a drenagem subterrânea.

No caso de culturas anuais, os camalhões são levantados todos os anos com um implemento denominado camalhoeira (para milho, por exemplo); para pastagens e frutíferas o sistema é perene. Segundo a História, o sistema de camalhões inglês foi exportado para os Estados Unidos onde sofreu modificações. Entretanto, nesse país, concluiu-se que o sistema não se adaptava bem a culturas anuais, extensivas e mecanizadas, principalmente quando o preparo do solo era feito no sentido dos camalhões (dificultava o escoamento da água para os drenos). Assim, para áreas maiores, esses sistemas foram substituídos por práticas de sistematização do terreno e utilização de drenos rasos nas propriedades dos Estados Unidos.

b) Drenos rasos com sistematização

Esse sistema é considerado o mais efetivo para drenagem superficial em áreas planas, principalmente quando a superfície apresenta um grande número de pequenas depressões. Bastante utilizado nos Estados Unidos, consiste em se sistematizar o terreno em rampas, de 100 a 400 m de extensão, divididas por drenos rasos, passíveis de serem atravessados pela maquinária agrícola, e que descarregam em coletores trapezoidais da rede principal. A Figura 7.20 traz um esquema desse sistema.

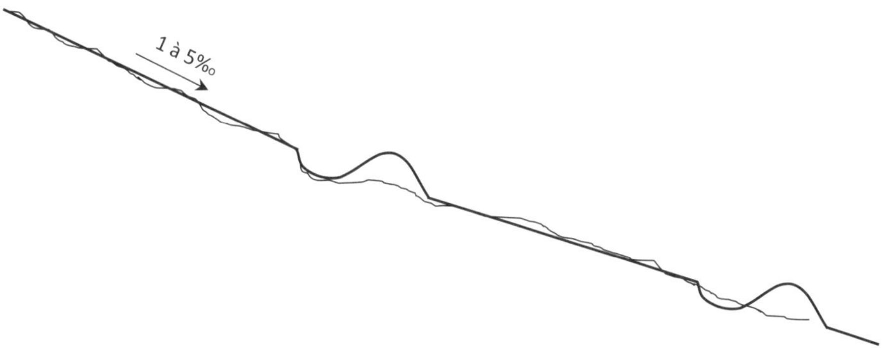

Figura 7.20 – Corte esquemático de um sistema de drenagem superficial, com sistematização do terreno e abertura de drenos rasos e largos, que podem ser transpostos por um trator

As rampas devem ser sistematizadas com a declividade que minimize a movimentação de terra no terreno; em geral, consideram-se satisfatórios declives de 1 a 5 por mil. As operações agrícolas podem ser feitas declive a baixo, visando facilitar o escoamento da água. Os drenos rasos devem possuir seção parabólica ou triangular, de 40 a 50 cm de profundidade e taludes suaves (de 6 a 10:1). Esse sistema pode operar como sistema misto, quando também são instalados na área drenos tubulares para o controle do LF, abaixo da superfície do solo.

Devido ao custo da sistematização, é um sistema que só se justifica economicamente em regiões onde o custo das terras potencialmente agricultáveis já tenha atingido valores elevados. Devido a esse fato é, ainda, um sistema muito pouco utilizado no Brasil.

c) Valetas paralelas

Esse sistema se assemelha ao sistema de valetas usado para drenagem subterrânea. Difere deste pelo fato de não ter por objetivo o controle do LF, e sim evitar o alagamento prolongado de áreas de baixadas, o que muitas vezes ocorre na época chuvosa da região. Assim, as valetas são usualmente mais rasas (de 0,6 a 1 m) e espaçadas de 60 a 100 metros. Estas são geralmente abertas por valetadeiras durante o período mais seco do ano; em áreas com solo instável, também podem ser usadas escavadeiras hidráulicas ou retro-escavadeiras. As valetas são preferencialmente orientadas de forma que o declive do fundo se assemelhe ao declive do alinhamento, de forma a manter a profundidade de escavação aproximadamente constante, o que minimiza o volume escavado. Devido a este fato, os "lay-outs" mais comuns são do tipo grade ou espinha de peixe. A ordem de grandeza do declive gira em torno de 0,5 a 5 por mil. Essas valetas descarregam na rede principal, que também é constituída por valas trapezoidais, que passam nas cotas mais baixas do terreno, em direção à saída. Na Figura 7.21 está esquematizado um corte desse sistema.

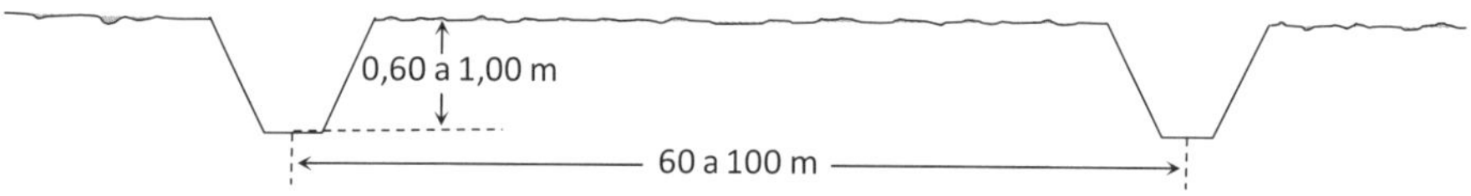

Figura 7.21 – Corte esquemático de um sistema de drenagem superficial constituído por valetas paralelas, que visam eliminar a inundação da área em algumas horas

O fato desse sistema não estabelecer o controle do LF (espaçamento muito grande), faz com que o mesmo seja mais adaptado a culturas que toleram relativamente bem uma saturação mais prolongada da zona radicular, como certos tipos de pastagem, cana-de-açúcar explorada extensivamente, dendê, entre outras. O sistema de valetas pode ser associado a sulcos entre as ruas de plantio para favorecer o escoamento da água em direção às valetas. Outra opção é o torpedeamento, que visa facilitar a infiltração da água remanescente na superfície do solo, o que confere ao solo uma melhor aeração. Em pequenas propriedades, muitas vezes encontra-se esse sistema associado ao uso de drenos feitos com feixes de bambu, para o controle do LF, feixes esses colocados perpendicularmente às valas.

d) Torpedeamento ou drenos livres

O sistema de torpedeamento do solo visa facilitar a infiltração da água de superfície, através de rachaduras, em direção a galerias cilíndricas, chamadas de drenos livres ou drenos torpedo. As rachaduras e a galeria são formadas por meio do arraste de uma peça cilindrica de ferro, chamada de torpedo, que é soldada a uma corrente, solidária a um subsolador. A Figura 7.22 apresenta uma ilustração da confecção de uma galeria.

Figura 7.22 – Formação de uma galeria no solo por meio de torpedeamento, executado por um trator com sub-solador, que arrasta uma peça de ferro cilíndrica (chamada de "torpedo")

A subsolagem é feita entre valetas espaçadas em cerca de 60 m, em uma profundidade de 40 a 60 cm, distanciada de 3 a 5 metros, conforme é apresentado na Figura 7.23 A época do ano ideal para esse serviço é o período seco, pois dessa forma garante-se um bom número de rachaduras.

Esse sistema vem sendo bastante utilizado em gleissolos muito argilosos, na região do Vale do Rio Paraíba em SP, e já foi bastante estudado no Brasil por pesquisadores do Instituto Agronômico de Campinas (IAC). A experiência tem revelado que a vida útil das galerias aumenta quando, após a sua confecção, ocorre um período maior do que duas semanas sem chuvas. Nesse caso, a galeria pode durar alguns anos. Entretanto, por segurança, os agricultores dessa região costumam torpedear o terreno todo o ano, após as etapas de preparo do solo.

A literatura sobre o assunto recomenda que o solo, para garantir a estabilidade da galeria, tenha no máximo 30% de areia. Assim, ao torpedear um gleissolo húmico, por exemplo, é importante que a galeria seja formada no horizonte B, que geralmente possui alta percentagem de argila, garantindo boa formação e estabilidade da galeria.

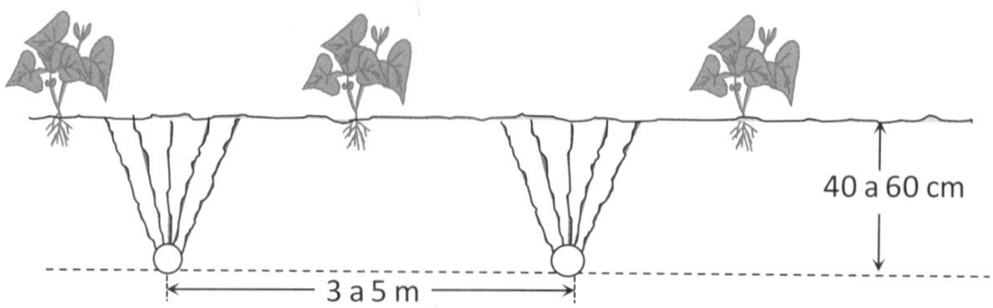

Figura 7.23 – Galerias e rachaduras formadas após o torpedeamento do solo

e) Trincheiras drenantes

É um sistema utilizado em áreas de elevado valor econômico, quando há empoçamento de água na superfície, e onde o LF muitas vezes não está presente. Incluem-se, nesse caso, platôs sistematizados em terras altas para a construção de indústrias, estufas ou viveiros de mudas, campos de futebol, campos de golfe, haras, entre outros. A idéia é fazer com que a água da superfície infiltre rapidamente pela trincheira e atinja o dreno tubular de fundo, sendo assim retirada da área, evitando empoçamentos.

Conforme é apresentado na Figura 7.24, a trincheira drenante se assemelha a um drenos subterrâneo comum. Difere deste pelo fato de não ter por objetivo controlar o LF, e sim permitir a infiltração da água superficial. Assim, as trincheiras possuem uma menor profundidade (de 60 a 80 cm) e dispõe de envelope (brita e areia, no esquema mais tradicional) que se estende do dreno até próximo à superfície do solo.

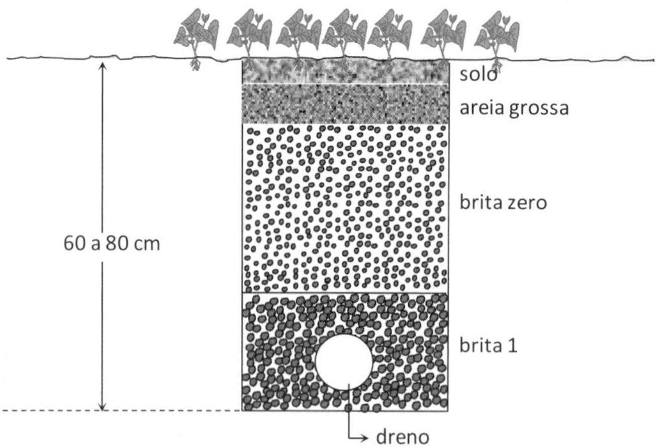

Figura 7.24 – Desenho esquemático de uma tricheira drenante típica, que visa desempoçar água da supercície em áreas nobres (de alto valor econômico)

A prática tem revelado que espaçamentos entre trincheiras da ordem de quatro a oito metros garantem boa retirada de água da superfície, minimizando o empoçamento. O diâmetro nominal dos tubos mais utilizado é o de 110 mm. Entretanto, para trechos de até 30 metros, tubos de 65 mm podem ser utilizados como drenos de campo. Para áreas planas, quanto menor a declividade de assentamento dos drenos, menor o custo de escavação e maior a facilidade de obtenção de cota favorável no sistema de saída. Entretanto, a locação em declives muito baixos é mais trabalhosa e sujeita a erros. Dessa forma, é recomendado um declive mínimo de 5 por mil para facilitar a instalação e o escoamento da água pelos tubos.

Devido ao pequeno espaçamento e à necessidade de grande quantidade de envelope, as trincheiras drenantes constituem-se em sistemas caros. Por isso, estão surgindo materiais sintéticos que visam substituir o envelope granular e, assim, baratear o custo. Na Figura 7.25 está esquematizado o uso de um material plástico, envolvido por manta geotêxtil, que circunda o dreno e que se estende até a superfície, garantindo a infiltração da água. Segundo o fabricante, o uso desse material drenante, em trincheiras, pode acarretar em economia de até 30% no custo da drenagem superficial, quando comparado com o uso de brita.

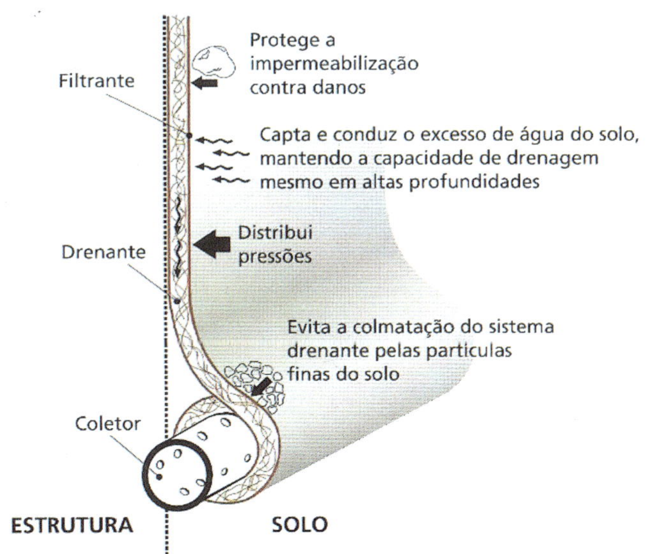

Figura 7.25 – Tubo de uma trincheira drenante envolvido com material sintético especial (trata-se de uma alternativa ao uso de brita)

7.3.3 – Estruturas para áreas com declive

a) A prática do terraceamento agrícola

O terraceamento, como prática conservacionista, foi introduzido no Brasil na década de 1940, principalmente nos cafezais do Estado de SP. Esses terraços tinham base estreita e, na época, eram denominados de cordões em contorno ou "curvas de nível". Pouco depois, em terrenos de declividade não muito acentuada, começaram a ser introduzidos os terraços de base média, construídos por lâminas arrastadas por tratores de esteira; por volta de 1950, arados de arrasto de 3 a 5 discos começaram a ser utilizados na construção dessas estruturas. A partir de 1960, chegaram os tratores de roda, com implementos acoplados aos três pontos do sistema hidráulico, e muitos terraços começaram a ser feitos com esses equipamentos; posteriormente surgiram os implementos do tipo terraceador de discos.

Com o surgimento e a ampla difusão da prática do plantio direto, o espaçamento entre os terraços pôde ser aumentado; entretanto os mesmos continuam a ser uma das técnicas mais utilizadas de controle mecânico da erosão do solo (BERTONI & LOMBARDI NETO, 1990).

Os terraços podem ser classificados sob diversos aspectos. Quanto a sua função, os mesmos são classificados em de infiltração (ou contenção) e de escoamento (ou drenagem). Os terraços de infiltração, ou terraços em nível, são os mais utilizados na prática, adaptando-se bem a solos de boa permeabilidade, como os latossolos e argissolos sem grande gradiente textural no perfil, por exemplo; constituem-se no tipo de terraço que promove, além do controle da erosão, a conservação da água na microbacia hidrográfica. Já os terraços de escoamento são implantados com um declive suave, visando promover o escoamento da água para um canal escoadouro, que conduz a água até o talvegue da microbacia. São utilizados apenas quando não é viável o uso dos terraços de infiltração, como ocorre em solos rasos ou com camadas pouco permeáveis rasas, tais como nos litossolos, nos cambissolos e nos argissolos com horizonte Btextural com forte gradiente no teor de argila (LOMBARDI NETO & BELLINAZZI JÚNIOR, 1989). Mais recentemente, os terraços em desnível têm sido implantadas em áreas sobre as quais há confinamento de bovinos; o objetivo é acabar com a lama, pois a água não infiltra devido ao pisoteio. A Figura 7.26 apresenta os principais elementos geométricos de um terraço.

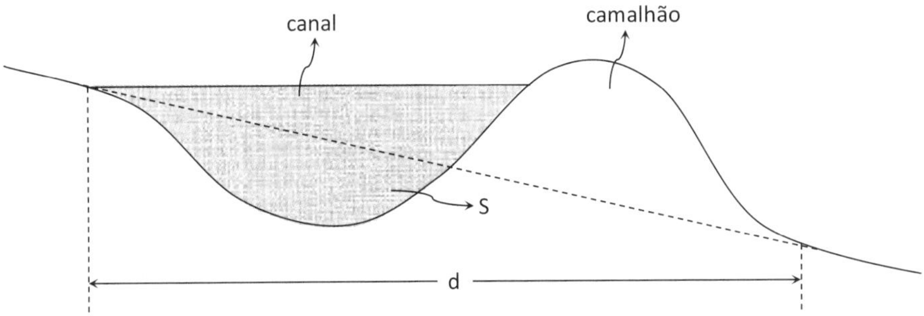

Figura 7.26 – Esquema de um terraço com base (d) e com canal de seção molhada (S)

Quanto à forma de construção, os terraços são classificados em do tipo Nichols e do tipo Magnum. O terraço do tipo Nichols é aquele que é construído com movimentação da terra apenas para baixo. É o tipo mais utilizado em áreas com declividade acentuada; possui geralmente base (d) estreita e seção que se assemelha à triangular; na maior parte das vezes a faixa que ele ocupa não é cultivada. O terraço do tipo Magnum é construído movimentando-se a terra para baixo e para cima, visando à construção do canal e do camalhão. Adaptam-se melhor a áreas com declividade suave e tendem a ter uma largura de base (d) maior; podem ser cultivados no talude de jusante do camalhão ou, quando a base é muito larga (terrenos com pouca declividade), em toda a sua extensão. Sua seção, logo após a construção, se apresenta aproximadamente trapezoidal, mas tende a ficar parabólica com o tempo.

O parâmetro largura da base (d) define os terraços em de base estreita, média ou larga. Considera-se de base estreita (também chamados de cordões em contorno) quando $d \leq 3$ m. Esse tipo, que é o de construção mais rápida e barata, é mais adaptado a declives acentuados (15 a 18%); é mais utilizado em lavouras pequenas, pouco mecanizadas e com culturas perenes. No extremo oposto, os de base larga (d variando de 6 a 12 metros) são recomendáveis para declives não superiores à valores da ordem de 6 a 8 %. Apesar de serem de construção mais onerosa, adaptam-se melhor a cultivos anuais mecanizados, pois podem, geralmente, ser cultivados em toda sua extensão.

b) Planejamento de sistema de terraços em nível

As principais etapas a serem cumpridas visando a implantação segura de um sistema de terraços em nível incluem:

1°) Medição do campo;

2º) Cálculo do espaçamento entre os terraços;

3º) Locação dos alinhamentos;

4º) Cálculo hidrológico;

5º) Dimensionamento hidráulico;

6º) Teste com implemento no campo; e

7º) Implantação do sistema.

1º) Medição do campo

Essa etapa visa determinar a declividade da direção do terreno que possui o maior grau, declividade essa que será utilizada para a estimativa do espaçamento entre os terraços (etapa posterior). Inicialmente define-se, por inspeção visual ou por medição, a direção morro a baixo que possui o declive mais severo, e marca-se esse alinhamento com duas ou mais balizas. Em seguida, utilizando-se uma trena, estaqueia-se esse alinhamento de 20 em 20 metros medidos aproximadamente na horizontal. Na sequência, determina-se a cota dessas estacas com um nível ótico e calculam-se as declividades entre cada duas estacas. Procura-se verificar se o declive é homogêneo ou se há trechos com declives de ordem de grandeza diferentes. Finalmente, calcula-se a média de todo o alinhamento ou dos dois ou três trechos de ordem de grandeza de declive semelhante. A(s) média(s) do(s) declive(s) calculado(s) será utilizada no cálculo do(s) espaçamento(s) entre os terraços. A experiência mostra que declives maiores que 18% já exigem tipos especiais de terraço (terraços em patamar) que, por exigir sistematização do terreno, possuem custo muito elevado.

2º) Cálculo do espaçamento entre os terraços

Existem várias propostas para a estimativa do espaçamento vertical (EV) entre os terraços; Pruski *et al.* (2009) fazem uma revisão sobre o assunto. Uma das metodologias mais consagradas no Brasil é a proposta por Lombardi Neto *et al.* (1994), que vale tanto para os sistemas de terraço em nível quanto para terraços de escoamento. A expressão básica para esse cálculo é dada pela equação 7.1:

$$EV = \frac{0{,}4518 . I^{0{,}58}}{2} .k.(u + m) \qquad (7.1)$$

Em que:

EV – espaçamento vertical entre os terraços, m;

I – declividade da área, %;

k – parâmetro que depende do tipo de solo (Tabela 7.6);

u – fator de uso do solo (Tabela 7.7); e

m – fator de manejo do solo (Tabela 7.8).

Tabela 7.6 – Agrupamento de solos, com suas qualidades, características, resistência à erosão e os respectivos valores de "k"

Grupo	Grupo de Resistência à Erosão	Principais Características				Grandes Grupos de Solos	k
		Profundidade	Permeabilidade (Horizonte A / Horizonte B)	Textura (Horizonte A/ Horizonte B)	Razão Textural		
A	Alta	Muito profundo (> 2,0 m) ou profundo (1,0 a 2,0 m)	Rápida/rápida M oderada/rápida	Média/média M.argilosa/m argilosa Argilosa/argilosa	<1,2	LR, LE, LV, LRv, LVt, LH, Lea e LVa	1,25
B	Moderada	Profundo (1,0 a 2,0 m)	Rápida/rápida Rápida/moderada	Arenosa/arenosa Arenosa/média Arenosa/argilosa Média/argilosa Argilosa/m.argilosa	1,2 a 1,5	Lj, LVP, PV, PVI, Pln, Te, Pvis, R, RPV, RLV, Lea(1) e Lva(3)	1,1
C	Baixa	Profundo (1,0 a 2,0 m) ou moderadamente profundo (0,5 a 1,0 m)	Lenta/rápida Lenta/moderada Rápida/moderada	Arenosa/média(2) Média/argilosa(2) Arenosa/argilosa Arenosa/m.argilosa	>1,5	Pmi, Pvp, Pvls, Pe, e M	0,9
D	Muito baixa	Moderadamente profundo (0,5 a 1,0 m) ou raso (0,25 a 0,50 m)	Rápida/moderada Lenta/lenta	Muito variável	Muito variável	Li-b, Li-ag, Gr, Li-fi, Li-ac e Pvp 0,75 (rasos)	0,75

(1) Média da percentagem de argila do horizonte B (excluindo B3) sobre média da percentagem de argila de todo horizonte A.

(2) Somente com mudanças textural abrupta entre os horizontes A e B.

(3) Somente aqueles com horizontes A arenoso.

Fonte: LOMBARDI NETO *et al.* 1994.

Tabela 7.7 – Grupos de culturas e os respectivos fatores de uso do solo (u)

Grupo	Culturas	u
1	Feijão, mandioca e mamona	0,50
2	Amendoim, algodão, arroz, alho, cebola, girassol e fumo	0,75
3	Soja, batatinha, melancia, abóbora, melão e leguminosa para adubação verde	1,00
4	Milho, sorgo, cana-de-açúcar, trigo, aveia, centeio, cevada, outras culturas de inverno e frutíferas de ciclo curto como o abacaxi	1,25
5	Banana, café, citros e frutíferas permanentes	1,50
6	Pastagens e, ou, capineiras	1,75
7	Reflorestamento, cacau, seringueira	2,00

Fonte: LOMBARDI NETO *et al.*, 1994.

Tabela 7.8 – Grupos de preparo do solo e manejo de restos culturais, com os respectivos valores de fator "m"

Grupo	Manejo do Solo		Restos Culturais	m
	Preparo Primário	**Preparo Secundário**		
1	Grande aradora (ou pesada) ou enxada rotativa	Grade niveladora	Incorporados ou queimados	0,50
2	Arado de disco ou aivecas	Grade niveladora	Incorporados ou queimados	0,75
3	Grade leve	Grade niveladora	Parcialmente incorporados com ou sem rotação de culturas	1,00
4	Arado escarificador	Grade niveladora	Parcialmente incorporados com ou sem rotação de culturas	1,50
5	Não tem	Plantio sem revolvimento do solo, roçadeira, rolo-faca, herbicidas (plantio direto)	Superfície do terreno	2,00

Fonte: LOMBARDI NETO *et al.*, 1994.

Exemplo 7.2

Calcular o espaçamento vertical entre os terraços para uma área com declive de 5%, sobre Latossolo Vermelho-Amarelo argiloso, em que se pretende cultivar soja, utilizando o sistema de plantio direto.

Solução:

Tabela 7.6 → k = 1,25;

Tabela 7.7 → u = 1,00;

Tabela 7.8 → m = 2,00.

Assim, utilizando a Equação 7.2, vem:

$$EV = \frac{0{,}4518 x\ 5^{0{,}58}}{2} .1{,}25.(1{,}00 + 2{,}00) = 2{,}15\,m$$

3º) Marcação dos alinhamentos dos terraços na área

Geralmente é mais fácil locar as posições dos terraços na linha de maior declive da área por intermédio do espaçamento vertical (EV) do que pelo espaçamento horizontal (EH). Faz-se uma visada com o nível ótico em uma mira posicionada inicialmente na parte superior da linha de maior declive; soma-se à leitura da mira o valor de EV e orienta-se um auxiliar que percorre a linha de maior declive morro a baixo, até que se obtenha a nova leitura de mira desejada. Procedendo-se dessa forma, sucessivamente, marca-se a posição em que os terraços em nível irão interceptar a linha de maior declive.

Em uma etapa posterior, novamente com auxílio do nível ótico e de uma mira, orienta-se um auxiliar que marcará estacas em nível, a distâncias de cerca de 10 metros, medidos com uma trena, definindo assim o alinhamento de cada terraço. Terminada a marcação, percorre-se cada alinhamento locado em nível, fazendo-se uma ligeira retificação da posição das estacas a fim de evitar mudanças bruscas de direção. Na sequência, mede-se o comprimento (L) e a área de contribuição (A) do maior dos alinhamentos em nível, dimensões essas que serão utilizadas no cálculo hidrológico.

4º) Cálculo hidrológico

Consiste em se calcular o volume de escoamento superficial, causado por uma chuva intensa, que o terraço deverá ter capacidade de armazenar, com um risco de falha previsível. Esse volume depende de uma série de fatores, sendo os mais importantes o regime pluviométrico da região, a capacidade de infiltração do solo, o tipo de cobertura do solo e o declive da área. Existem vários métodos que visam fazer esse tipo de previsão; os dois métodos que serão abordados nesse texto são os propostos por Cruciani (1987) Modificado e por Pruski *et al.* (2009) Simplificado.

Método proposto por Cruciani (1987) Modificado

Esse método é bastante simples, e baseia-se em observações do tamanho de sistemas dimensionados com modelos de simulação, principalmente no Estado de SP. Por esse critério preconiza-se que o terraço em nível deva ser capaz de armazenar o escoamento superficial proporcionado por uma chuva de 8 horas de duração, com período de retorno de 5 anos, tal como indica a Equação 7.2:

$$Vol = C \cdot h \cdot A \qquad (7.2)$$

Em que:

Vol – volume de escoamento superficial, m^3;

C – coeficiente de escoamento superficial, adimensional, (Tabela 3.3);

h – altura da chuva de 8 horas de duração, para um período de retorno de 5 anos, m, (ver Capítulo 3); e

A – área de contribuição do terraço, m^2.

Método proposto por Pruski et al. (2009) Simplificado

Esse método procura verificar, inicialmente, por meio de um balanço de volume, qual a duração da chuva que maximiza o escoamento superficial na área de contribuição entre dois terraços, conforme é esquematizado na Figura 7.27:

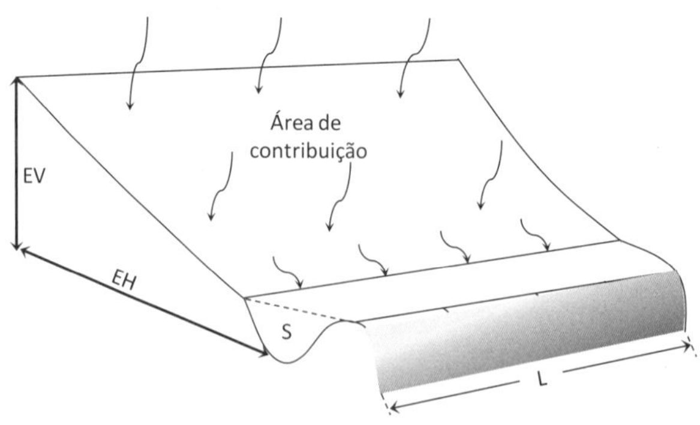

Figura 7.27 – Esquema para a visualização do balanço volumétrico na área de contribuição para o canal de um terraço em nível, de seção S

A equação do balanço, pode ser escrita como se segue:

chuva total = chuva escoada + chuva infiltrada + chuva retida na vegetação e no microrelevo

Desprezando-se o valor do último termo (também conhecido como "abstrações iniciais"), obtém-se a equação 7.3 (o Departamento de Engenharia Agrícola da Universidade Federal de Viçosa disponibiliza gratuitamente um software chamado TERRAÇOS que realiza esse balanço, sem desprezar as "abstrações iniciais")

$$ht = he + hi; \quad \text{ou} \quad he = ht - hi \qquad (7.3)$$

Em que:

ht-altura total da chuva intense precipitada, mm;

he-altura da chuva que se transformou em escoamento superficial, o qual se acumulou no terraço, mm; e

hi-altura da chuva que infiltrou no solo da area de contribuição. Mm.

Considerando que a altura total precipitada pode ser apresentada como o produto da intensidade média da chuva pela sua duração, e considerando também que o solo já se encontra próximo à saturação no momento da chuva (já atingiu a velocidade de infiltração básica – VIB), vem que:

$$he = i\,(mm/h)\,.\,t\,(hora)\ -\ VIB\,(mm/h\,)\,.\,t\,(hora) \qquad (7.4)$$

ou

$$he = i(mm/h).\frac{t(min)}{60} - VIB(mm/h)\,.\frac{t(min)}{60} \qquad (7.5)$$

Em que:

he – fração da precipitação que escoa superficialmente e é armazenada no terraço, mm;

t – duração da precipitação, min; e

VIB – velocidade de infiltração básica do solo, $mm.h^{-1}$.

Se a chuva tem duração muito curta, sua lâmina é pequena e, possivelmente, se infiltra toda no solo. Se a chuva é muito longa, sua intensidade deve ser pequena, sendo previsto, também, uma pequena lâmina de enxurada. Portanto, deve existir uma duração intermediária que maximiza a lâmina de enxurada (he), conforme ilustra a Figura 7.28.

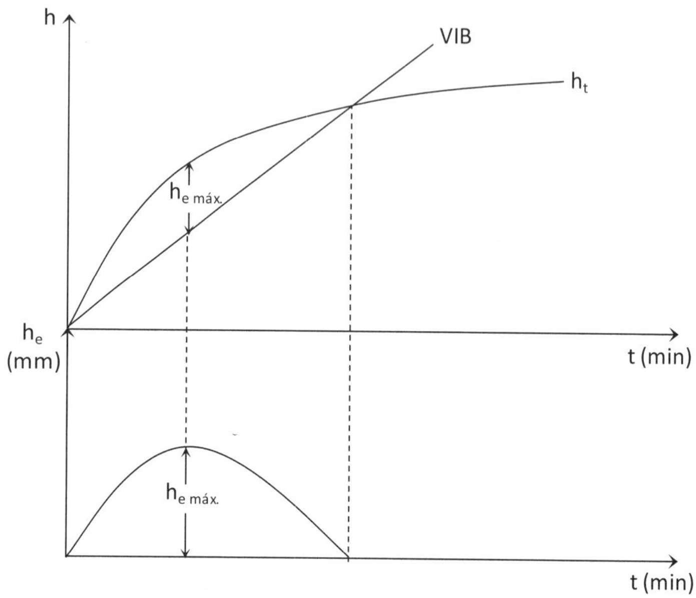

Figura 7.28 – Lâminas total (ht), de infiltração (hi) e de escoamento superficial (he), em função da duração da chuva intensa (t)

Assumindo-se que a intensidade média da chuva pode ser expressa por uma relação intensidade-duração-frequência do tipo $i = \dfrac{a \,.\, T^b}{(t + c)^d}$ (ver Capítulo 3), e substituindo-se essa relação na equação 7.5, obtém-se:

$$he = \frac{a \,.\, T^b}{(t + c)^d} \text{ x } \frac{t}{60} - \text{VIB x } \frac{t}{60} \qquad (7.6)$$

Para obter-se um possível ponto extremo da equação 7.6, deriva-se he em relação a t e iguala-se a zero, obtendo-se a equação 7.7. Pode ser demonstrado que o valor da segunda derivada de 7.6 é negativo, o que garante que o valor de t, encontrado iterativamente em 7.7, representa a duração que maximiza o escoamento superficial.

$$a \,.\, T^b \,.\, (-d) \,.\, (t + c)^{(-d-1)} \,.\, \frac{t}{60} + a \,.\, T^b \,.\, (t + c)^{-d} \,.\, \frac{1}{60} - \frac{\text{VIB}}{60} = 0 \qquad (7.7)$$

Exemplo 7.3

Considerando a relação intensidade-duração-frequência para a cidade de Piracicaba – SP, obtida por Denardin e Freitas (1982), ou seja, $i = \frac{2.017,05.\,T^{0,16}}{(t+21)^{0,91}}$, obter os valores de duração da chuva que maximizam o escoamento superficial para um terraço, considerando valores de VIB de 2, 15 e 50 $mm.h^{-1}$.

Resposta:

VIB ($mm.h^{-1}$)	t(min)
2	305,33
15	61,95
50	19,74

Uma vez conhecida a duração da chuva que maximiza o escoamento superficial, utiliza-se a equação 7.6 para o cálculo de he. Finalmente, o volume de água armazenado no terraço pode ser obtido pela equação 7.8, ou seja:

$$Vol = he\ .\ A \quad (7.8)$$

Em que:

Vol – volume de enxurada armazenado no terraço em nível, m^3;

he – fração da precipitação responsável pelo escoamento superficial, m; e

A – área de contribuição do terraço, m^2.

5º) Dimensionamento hidráulico

No caso dos terraços em nível, como não haverá escoamento pelo canal do terraço, o dimensionamento consiste simplesmente em calcular a seção S, para que a mesma seja suficiente para comportar o volume de enxurada calculado (Vol), o que é feito pela equação 7.9. A ordem de grandeza dos valores de S para terraços em nível, segundo observações de campo, variam entre 0,6 a 1,5 m^2.

$$S = \frac{Vol}{L} \quad (7.9)$$

Em que:

S – seção transversal do canal do terraço, m^2;

Vol – volume de enxurada armazenado no terraço, m^3; e

L = comprimento do terraço, m.

Exemplo 7.4

Considerando os dados de entrada propostos no Exemplo 7.3, comprimento de terraço de 400 m e área de contribuição de 1,1 ha, calcule os valores das seções dos canais.

Resposta:

VIB ($mm.h^{-1}$)	S (m^2)
2	1,60
15	0,90
50	0,36

6º) Teste com implemento no campo

Os terraços podem ser construídos com uma grande diversidade de implementos agrícolas, como arado fixo, arado reversível, terraceador redemoinho, terraceador de discos, trator de esteira com lâmina, motoniveladora, entre outros. Após o cálculo de S, deve-se fazer testes com o implemento que se deseja empregar, para se verificar se o mesmo será capaz de construir o terraço planejado, segundo a declividade do terreno, com um número de passadas que não seja excessivo, visando tornar a operação menos onerosa. Na Figura 7.29 é apresentado um gráfico experimental que mostra o aumento da seção de um terraço de base estreita em função do número de passadas do trator, com um arado de 3 discos. Verifica-se que, após cerca de 10 passadas, a operação perde eficiência; a partir desse limite, caso se deseje uma seção S maior, a melhor alternativa é a mudança do implemento que se planeja utilizar para essa operação, como a mudança para um terraceador de discos, por exemplo.

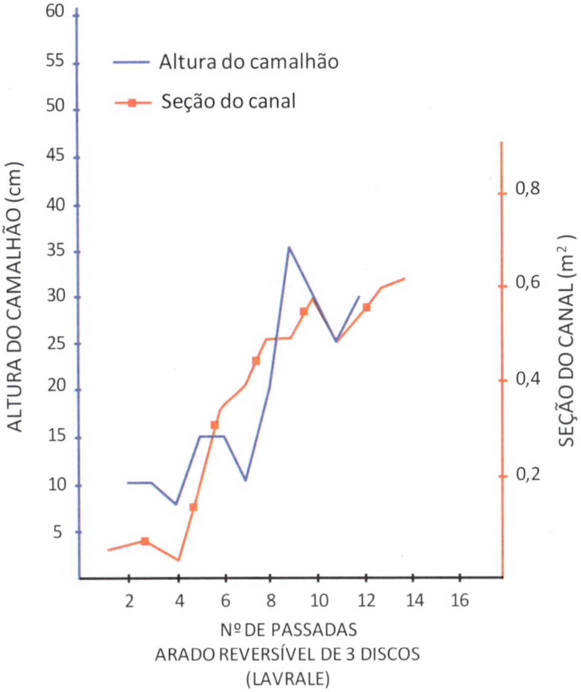

Figura 7.29 – Variação da altura do camalhão e da seção S do canal de um terraço, em função do número de passadas do trator, acoplado a um arado reversível de 3 discos

Uma vez construído o terraço do teste, mede-se a base (B) e a altura (y) do mesmo, tal como se apresenta na Figura 7.30, considerando uma borda livre de cerca de 20 cm, (medida de segurança devido ao futuro acamamento do camalhão). Caso a forma do canal se aproxime mais da triangular, a seção será dada por $S = ½ .B . y$; no caso de se assemelhar mais a uma parábola, a seção será $S = 2/3 . B . y$. Dessa forma, certifica-se que a seção a ser construída é suficiente para comportar a enxurrada calculada.

Após a implantação do sistema é recomendável, para terraços em nível, fazer obstruções nos canais dos terraços a cada 200 m, visando minimizar a água vazada em caso de rompimento de algum dos terraços. Sugere-se, também, que se construa um terraço de infiltração ou um canal divergente na parte de cima do terreno terraceado, o que evita a entrada de água externa vinda de montante, se for o caso.

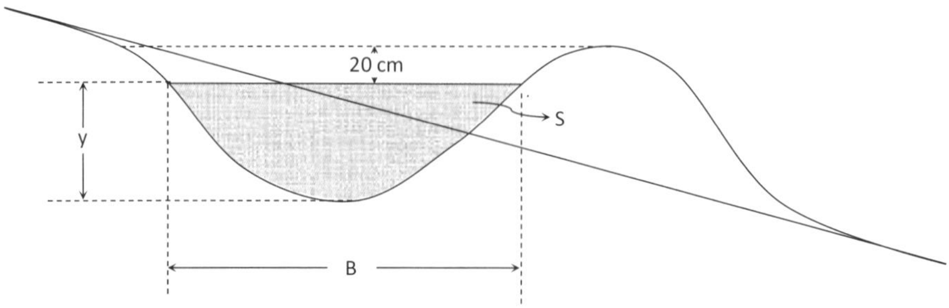

Figura 7.30 – Medição da base maior (B) e da altura do canal do terraço (y), visando a estimativa da seção molhada (S), adotando-se uma borda-livre de 20 cm (devido ao acamamento da terra)

c) Planejamento de sistemas de terraço em desnível

De uso menos frequente do que os terraços em nível, os terraços de escoamento necessitam de planejamento mais cuidadoso, pois tendo em vista que a água estará em movimento, deve-se ter cuidado redobrado para que não haja erosão dos canais. Geralmente esses terraços têm seção menor do que os terraços de infiltração e comprimento de até, no máximo, cerca de 500 m; são locados em declives suaves que variam de 2 a 4 por mil. Seu planejamento envolve as seguintes etapas:

1º) Teste de campo com implemento;

2º) Determinação da declividade máxima não erosiva;

3º) Marcação de campo;

4º) Determinação do espaçamento entre os terraços;

5º) Marcação dos alinhamentos;

6º) Cálculo da vazão de enxurrada;

7º) Verificação da capacidade de transporte da seção; e

8º) Implantação do sistema.

1º) Teste de campo com implemento

Semelhante ao teste descrito para o sistema de terraços em nível, esse teste consiste em realizar várias passadas com o implemento que se deseja utilizar para a construção do terraço, em um trecho com declive de aproximadamente 3 por mil, de cerca de 50 m de comprimento. Terminada as passadas, mede-se B e y, tal como ilustra a Figura 7.30.

2º) Determinação da declividade máxima não erosiva

Conhecido o tipo de solo e por meio da consulta da Tabela 3.11, verifica-se qual a velocidade máxima não erosiva e o coeficiente de rugosidade de Manning para o solo em questão. Em seguida, utilizando-se os valores de B e y medidos no teste de campo, calcula-se a seção molhada (S), o perímetro molhado (Pm) e o raio hidráulico (R) conforme apresentado na seção 3.3.2. Na sequência, por meio da equação de Manning (3.33) calcula-se a declividade Imax, que representa a declividade que acarretaria escoamento com a velocidade máxima não erosiva. Adota-se, então, um declive real menor ou igual que esse declive limite; na maioria das vezes opta-se por declives de 2 a 4 por mil.

3º) Marcação de campo

De forma semelhante àquela descrita para terraços em nível, essa etapa visa determinar a declividade média da direção de maior declive no terreno, declividade essa necessária à estimativa do espaçamento entre os terraços.

4º) Estimativa do espaçamento entre os terraços

Pode ser estimado pela mesma expressão usada para terraços em nível (equação 7.1).

Exemplo 7.5

Calcular o espaçamento vertical entre terraços para uma área com cerca de 10% de declive, sobre solo litólico, a ser cultivado com café adensado.

Solução:

Tabela 7.6 → k = 0,75;

Tabela 7.7 → u = 1,50;

Tabela 7.8 → m = 2,00.

Assim, utilizando a Equação 7.1, vem:

$$EV = \frac{0{,}4518 . 10^{0{,}58}}{2} . 0{,}75 . (1{,}50 + 2{,}00) = 2{,}25\,m$$

5º) Marcação em campo dos alinhamentos dos terraços em desnível

Nesta etapa procede-se de forma semelhante àquela descrita para os terraços em nível. Ao se realizar o estaqueamento para definir o alinhamento do terraço, caso o declive definido para o mesmo seja de 2 por mil, por exemplo, a cada 10 metros medidos com a trena, a posição a ser marcada deve fornecer um acréscimo de 2 cm na leitura da mira. Terminada a marcação, medem-se as dimensões da maior área de contribuição, visando o cálculo da vazão de enxurada.

6º) Cálculo hidrológico da vazão de enxurrada

Para terraços de escoamento, a chuva de projeto é de duração mais curta do que a utilizada no cálculo hidrológico dos terraços em nível; deverá ter duração igual ao tempo de concentração da enxurrada (tc) até o final do canal do terraço, onde o mesmo deságua no canal escoadouro (ver Capítulo 3). O cálculo do tc engloba o tempo para a o escoamento na rampa entre dois terraços, mais o tempo para o escoamento no canal do terraço, conforme a equação 7.10.

$$tc = tp_{rampa} + tp_{terraço} \qquad (7.10)$$

Em que:

tc – tempo de concentração da enxurada no final do terraço em desnível, s;

tp_{rampa} – tempo de escoamento na rampa entre dois terraços, s; e

$tp_{terraço}$ – tempo de escoamento pelo canal do terraço, s.

Conforme visto no Capítulo 3, o tempo de percurso parcial (tp) é dado pela razão entre o comprimento do percurso e a velocidade de enxurrada nesse percurso (equação 3.7). Uma vez calculado o tc, obtém-se a intensidade da chuva de duração igual ao tc e período de retorno de 5 anos. Em seguida, de posse da maior área de contribuição para os terraços, calcula-se a vazão da enxurrada prevista para ocorrer no final do terraço pela Fórmula Racional (equação 3.6).

g) Verificação da capacidade de transporte da seção

A checagem do desempenho hidráulico do canal do terraço consiste em verificar o risco de transbordamento da seção que foi medida em campo. Por simplificação e segurança, assume-se que o pico da enxurrada prevista (Qp) percorrerá todo o comprimento do terraço (na verdade a enxurrada máxima ocorrerá apenas no final do terraço).

De posse das dimensões do terraço obtidas no teste de campo com o implemento de implantação, e considerando a declividade real adotada, calcula-se a velocidade média esperada para o escoamento pela Equação de Manning (3.33). O produto do valor da seção (S) medida com a velocidade calculada pela Equação de Manning fornecerá a vazão que o terraço será capaz de transportar. Caso essa vazão seja menor do que a vazão de enxurrada obtida pela Fórmula Racional (Qp), recomenda-se realizar novo teste de campo, com outro tipo de implemento, capaz de abrir eficientemente uma seção de canal maior.

Exemplo 7.6

Um sistema de terraços em desnível será implantado em uma área uniforme, de declividade em torno de 5%, sobre solo de textura média, onde se pretende cultivar culturas anuais. Testes de campo feitos com um terraceador sugeriram uma seção parabólica útil para o canal (já encontando a borda livre) de 3,5 m de base e 40 cm de profundidade. O espaçamento vertical previsto entre os terraços é de 2,5 m; o terraço de maior comprimento terá cerca de 400 m. Realize o planejamento necessário à implantação do sistema; utilize a relação intensidade-duração-frequência de Piracicaba – SP, para um período de retorno de 5 anos.

Solução:

Cálculo da declividade máxima não erosiva

$$S = \frac{2}{3} . B . y = \frac{2}{3} . 3{,}5 . 0{,}40 = 0{,}93\,m^2$$

$$Pm = B + \frac{8}{3} . \frac{y^2}{B} = 3{,}5 + \frac{8}{3} . \frac{0{,}40^2}{3{,}5} = 3{,}62\,m$$

$$R = \frac{S}{Pm} = \frac{0{,}93}{3{,}62} = 0{,}26\,m$$

V_{max} (Tabela 3.11) = 0,60 m/s; n (Tabela 3.9) = 0,030

$$V = \frac{1}{n} . R^{2/3} . I^{0,5} \Rightarrow I_{max} = 0{,}00195 m/m \Rightarrow I\,escolhido = 2\ por\ mil$$

Cálculo do tamanho da área de contribuição

$$\text{Declive} = \frac{EV}{EH} \therefore 0{,}05 = \frac{2{,}5}{EH} \therefore EH = 50\,m \Rightarrow A = 50.400 = 20.000 m^2 = 2{,}0\,ha$$

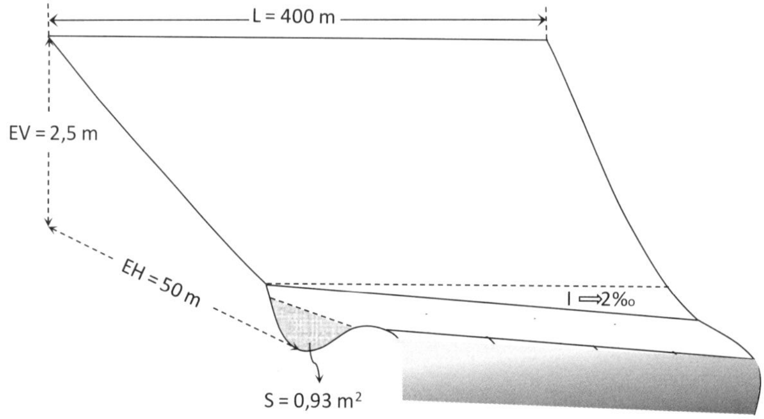

Figura 7.31 – Dimensões da área terraceada do Exemplo 7.6

Determinação da vazão de enxurrada

$tc = tp_{\text{rampa}} + tp_{\text{terraço}}$

$$tc = \frac{50}{0{,}27\sqrt{5{,}0}} + \frac{400}{0{,}45\sqrt{0{,}2}} = 1994\text{seg} = 33{,}2\,\text{minutos}$$

$$i = \frac{2.0175{,}05.\,T^{0,16}}{(t+21)^{0,91}} = \frac{2.017{,}05.\,5^{0,16}}{(33{,}2+21)^{0,91}} = 69{,}0\,mm/h$$ (Equação de chuva intensa de Piracicaba)

C (Tabela 3.3) = 0,60

$$Qp = \frac{C.i.A}{360} = \frac{0{,}60.\,69{,}0.\,2{,}0}{360} = 0{,}230\,m^3/s = 230\,L/s$$

Determinação da capacidade de transporte do terraço

$$V = \frac{1}{n} . R^{2/3} . I^{0,5} = \frac{1}{0,030} . 0,26^{2/3} . 0,002^{0,5} = 0,61 \, m/s$$

$$Q = S . V = 0,93 \, m^2 . 0,61 \, m/s = 0,57 \, m^3/s = 570 \, L/s$$

Conclusão :

*Como a vazão que o terraço é capaz de transportar (570 L/s) é maior que a vazão de enxurrada prevista para um período de retorno de 5 anos (230 L/s), a seção e o declive planejados estão à contento. Isto significa que os riscos de transbordamento e erosão do canal do terraço em desnível estão dentro do previsto.

d) Planejamento do canal escoadouro

O canal escoadouro tem a função de receber o escoamento dos terraços em desnível e conduzí-lo até o talvegue da microbacia (Figura 7.32). Para declives de até 12% constitui-se, geralmente, de um canal gramado largo e raso, de seção aproximadamente parabólica. Para declividades ainda maiores, é necessário construir-se estruturas de salto e revestir o canal, o que muitas vezes não é economicamente viável. A experiência mostra que o canal escoadouro deve ser construído durante a estação seca do ano, e pelo menos um ano antes dos terraços em desnível, para que a grama se estabilize perfeitamente. A prática comum de realizar o deságue dos terraços em desnível em uma mata lateral deve ser encarada com cautela, pois são vários os relatos de que esse procedimento causou formação de voçorocas dentro da mata.

O dimensionamento do canal escoadouro pode ser feito segundo dois procedimentos. No primeiro (1), calculam-se inicialmente as vazões de enxurrada previstas para todos os trechos do canal e, posteriormente, realiza-se o dimensionamento hidráulico das seções (ver seção 3.3). No segundo procedimento (2), dimensionam-se as seções à medida em que se disponibilizam as vazões; dessa forma, a velocidade média do escoamento das seções já dimensionadas será utilizada para o cálculo do tempo de concentração (tc) para o dimensionamento da seção posterior. O Exemplo 7.7 contempla o procedimento (2) de dimensionamento; originado do dimensionamento de galerias de águas pluviais urbanas, esse procedimento é considerado o mais acurado.

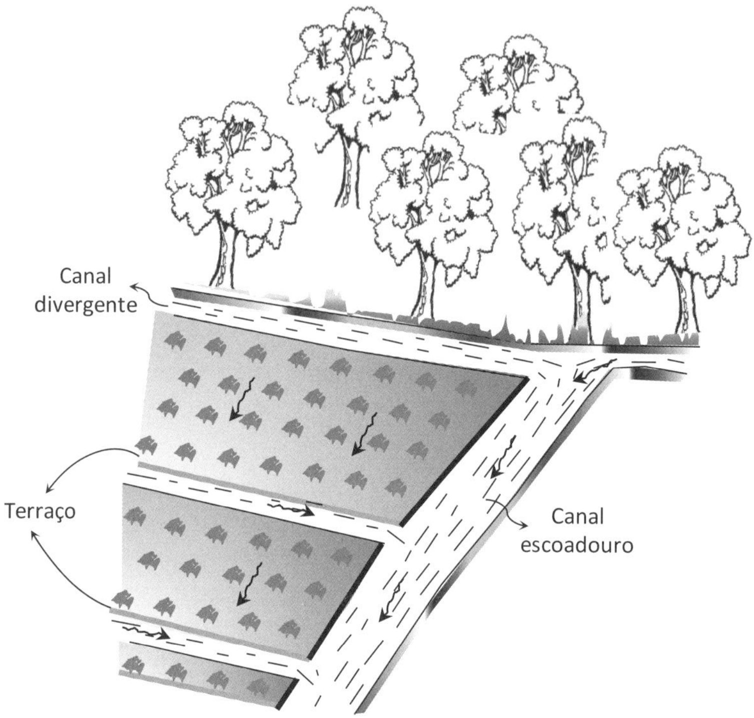

Figura 7.32 – Sistema de terraços em desnível com canal escoadouro e canal divergente de proteção à montante da área cultivada

Exemplo 7.7

Dimensionar as sucessivas larguras do canal escoadouro de um sistema de terraços em desnível, constituído por 5 terraços iguais ao apresentado no Exemplo 7.6 e ilustrado na Figura 7.33. Assumir rampa de declive 5%, seção parabólica com altura da lâmina d'água útil durante a enxurrada de 30 cm e coeficiente de rugosidade de Manning (n) de 0,100 (grama de porte médio).

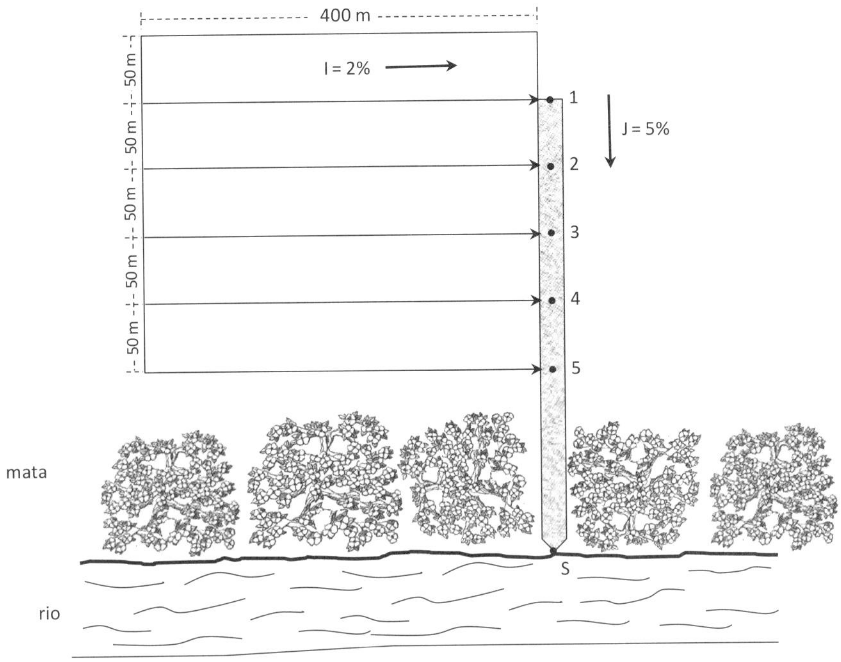

Figura 7.33 – Sistema de terraço em desnível, destacando os trechos do canal escoadouro que se deseja dimensionar, quais sejam : 1-2, 2-3, 3-4, 4-5 e 5-S

Solução:

Trecho 1-2

Nesse trecho escoará a mesma vazão que escoa no terraço dimensionado no Exemplo 7.6, ou seja, 0,230 m^3/s. Com essa vazão, y = 0,30 m, n= 0,100 e I = 0,05 m/m, calcula-se B iterativamente pela equação de Manning, assumindo seção parabólica, ou seja:

$$Q=\left(\frac{2}{3}B.y\right).\frac{1}{n}.\left[\frac{\left(\frac{2}{3}B.y\right)}{\left(B+\frac{8}{3}\frac{y^2}{B}\right)}\right]^{\frac{2}{3}}.I^{0,50}$$

O valor obtido para B é 1,60 m. Em seguida, calcula-se a área da seção (S=2/3.B.y), que corresponde a 0,32 m^2, e finalmente a velocidade média da enxurrada (V=Q/S), que vale 0,72 m/s.

Trecho 2-3

O tempo de concentração para esse trecho será dado por:

$$tc = 33{,}2 + \frac{50\,m}{0{,}72\,m/s\,.\,60} = 34{,}4\,min$$

Com esse novo valor de tc, calcula-se a nova intensidade da chuva e, com a Fórmula Racional (usando A = 4,0 ha), a nova vazão (Q = 0,451 m^3/s), e assim sucessivamente. O resumo dos valores calculados é apresentado na Tabela 7.9.

Tabela 7.9 – Resumo dos cálculos para a solução do Exemplo 7.7, usando a velocidade calculada por Manning para o trecho anterior, visando o cálculo do tc até o trecho atual

Trecho	**tc (min)**	**i(mm/h)**	**Q(m^3/s)**	**B(m)**	**S(m^2)**	**V(m/s)**
1-2	33,2	69,0	0,230	1,60	0,32	0,72
2-3	34,4	67,6	0,451	3,00	0,60	0,75
3-4	35,5	66,4	0,664	4,38	0,88	0,76
4-5	36,6	65,2	0,869	5,71	1,14	0,76
5-S	37,7	64,1	1,068	7,01	1,40	0,76

e) Planejamento dos drenos de cintura

Os drenos de cintura, ou drenos de base de encosta, são canais trapezoidais, posicionados entre uma encosta e uma baixada, e que têm a função de interceptar o escoamento superficial e subterrâneo vindo da encosta em direção a baixada, conforme é mostrado, de forma esquemática, na Figura 7.34. É importante que seu posicionamento fique entre esses dois tipos de relevo pois, caso fique muito encosta acima, interceptará pouco o LF; caso fique muito dentro da baixada, acarretará em perda de área cultivável. Geralmente são relativamente profundos (cerca de 1,5 metro) para interceptar eficientemente o LF. Os drenos de cintura são bastante eficientes; quando a baixada não é muito larga (até cerca de 50 a 100 metros), a simples abertura do drenos de cintura pode, além de interceptar as enxurradas, resolver o problema da drenagem subterrânea nesta área.

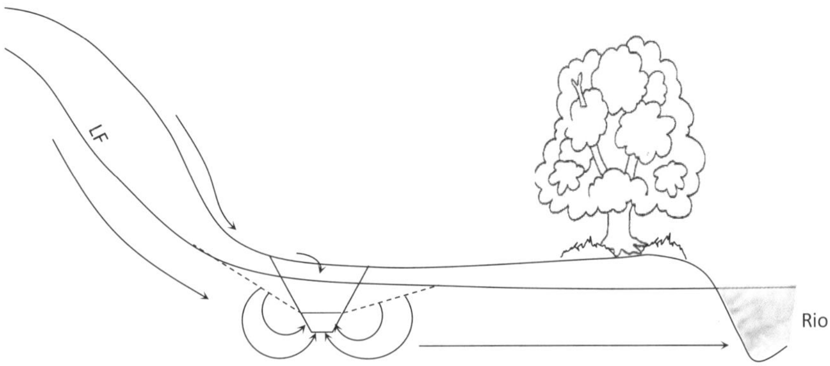

Figura 7.34 – Corte esquemático de um dreno de cintura trapezoidal, que intercepta os escoamentos superficial e subterrâneo simultaneamente

Como o escoamento superficial tem ordem de magnitude muitas vezes maior que o subterrâneo, o dimensionamento hidráulico envolve a estimativa apenas do primeiro. Assim, inicialmente, determina-se a área de contribuição para o dreno de cintura e calcula-se o tempo de concentração, conforme ilustra a Figura 7.35. Adotando-se declividade de fundo a mais próxima possível da declividade média da superfície, e tendo em vista que a profundidade do dreno já está definida (geralmente de 1,5 a 2,0 metros de profundidade), calcula-se o valor da base menor da seção trapezoidal para que a mesma seja suficiente para escoar a vazão de enxurrada. É importante checar a velocidade a fim de se verificar se a mesma é erosiva. Caso isso aconteça, deve-se prever um declive menor para o fundo do dreno de cintura e dotar o mesmo de algumas estruturas de salto. O Exemplo 3.5 apresenta o cálculo da enxurrada para o dimensionamento de um dreno desse tipo.

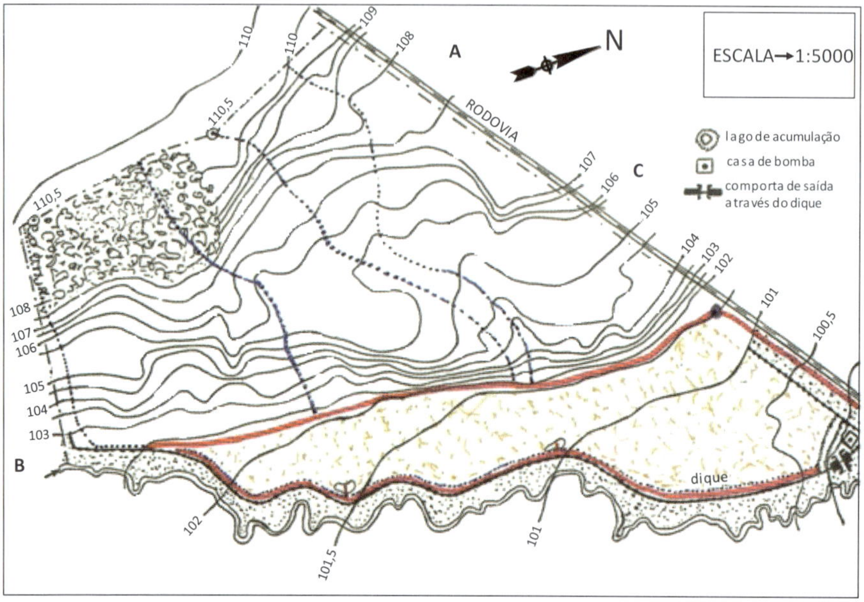

Figura 7.35 – Área de contribuição e quatro trajetórias assumidas para o cálculo do tempo de concentração, visando o dimensionamento de um dreno de cintura, que protege a baixada da água vinda da encosta

f) Planejamento de canais divergentes

Os canais divergentes, tais como os drenos de cintura, são usados para evitar que a enxurrada de montante penetre em uma área mais baixa. Opta-se por esse tipo de estrutura quando não existe LF presente, pois são de construção mais rápida e barata do que valas abertas com retro-escavadeiras. São dimensionados tal como os terraços em desnível e assumem, na maioria das vezes, seção parabólica. Quando se pretende cultivar o terreno a montante do canal divergente, é importante deixar-se uma faixa vegetada imediatamente acima deste para evitar uma entrada de sedimentos excessiva, o que acarretaria necessidade de se refazer sua seção com frequência.

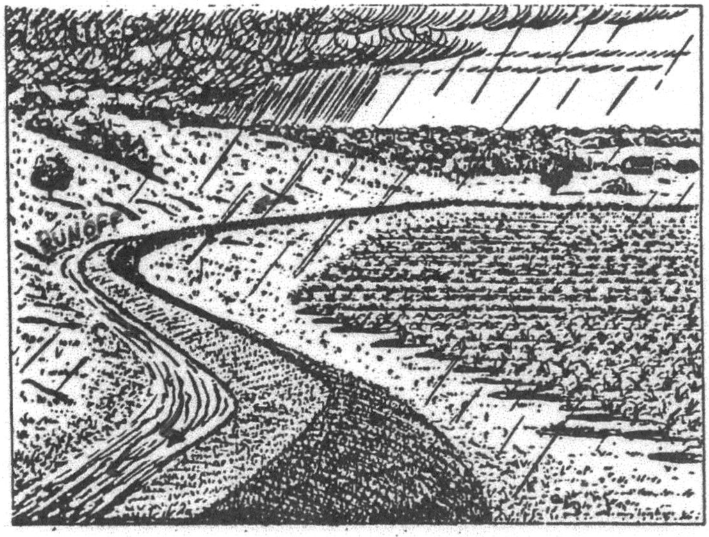

Figura 7.36 – Canal divergente de proteção de baixada de jusante, do escoamento superficial que vem da encosta

7.3.4 – Exercícios propostos sobre terraceamento

a) Verifique se um terraço em nível com seção efetiva de 3,5 m de base por 45 cm de altura é capaz de comportar uma chuva de 8 horas com período de retorno de 5 anos.

Dados:

– Localidade = Piracicaba;

– $i = \dfrac{2017{,}05.T^{0,16}}{(t+21)^{0,91}}$; Lembrar que t é dado em minutos;

– C=0,30;

– Área de contribuição = 1,2 há;

– Comprimento do terraço = 400 m;

– Volume escoado = C. h(chuva).A;

– Volume armazenado = S . L; e

– $S = \frac{2}{3} Bh$.

Resposta:

Volume escoado = 262,37 m^3

Volume armazenado = 420,00 m^3 → o terraço é capaz de comportar o escoamento.

b) Os terraços de base estreita em nível, também conhecidos como cordões em contorno ou "curvas de nível", possuem seção que se assemelha mais à triangular do que à parabólica. Pretende-se dimensionar um sistema desse tipo para a cultura do café na localidade de Araguari – MG. O terreno é uniforme, de forma que cada terraço terá cerca de 400 m, com área de contribuição de 0,60 ha; o coeficiente de escoamento superficial previsto é 0,40. Sabendo-se que o canal dos terraços terá cerca de 45 cm de profundidade útil, calcule sua largura útil para que o mesmo possa comportar uma chuva efetiva de 8 horas de duração para um período de retorno de 5 anos (usar o critério de Cruciani (1987) Modificado).

Equação de chuva intensa de Araguari: $i = \frac{10.246,18.\ T^{0,186}}{(t + 53,003)^{1,146}}$

Resposta:

B = 2,21 m

c) Pretende-se dimensionar um sistema de terraços em desnível com as seguintes características:

* O terreno é uma rampa uniforme com um declive de 5%;

* Os terraços terão cerca de 300 m de comprimento, 40 metros de espaçamento horizontal, 2 por mil de declive e área de captação aproximadamente retangular; e

* A área será totalmente cultivada com culturas anuais.

Pede-se: calcular a vazão de pico pela Fórmula Racional, visando o dimensionamento de um dos terraços, utilizando um período de retorno de 5 anos. Utilize a relação intensidade-duração-frequência de Piracicaba - SP.

Outros dados:

$i = \dfrac{2017{,}05.T^{0{,}16}}{(t+21)^{0{,}91}}$; sendo i em mm/h; T em anos e t em minutos;

Velocidade do escoamento superficial no terreno: $v = 0{,}27\sqrt{I}$;

Velocidade do escoamento superficial no terraço: $v = 0{,}45\sqrt{I}$;

C = 0,60; e

$$Qp = \frac{c.i.A}{360}.$$

Resposta:

Qp = 157,18 L/s

d) Achar a largura do canal escoadouro, no trecho 7-8 da Figura a seguir, estimando as velocidades para o cálculo do tc apenas por fórmulas empíricas do tipo $v = k.\sqrt{I}$.

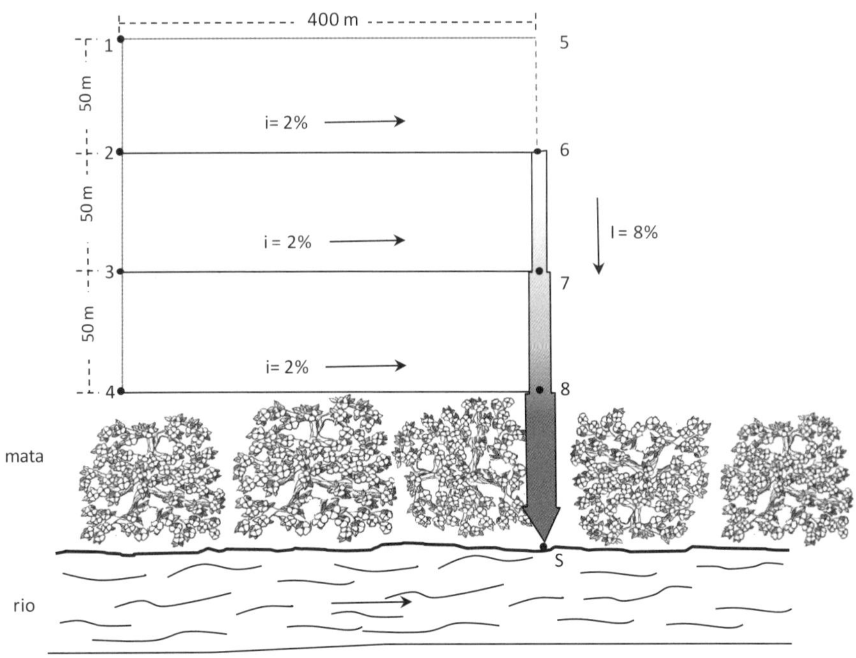

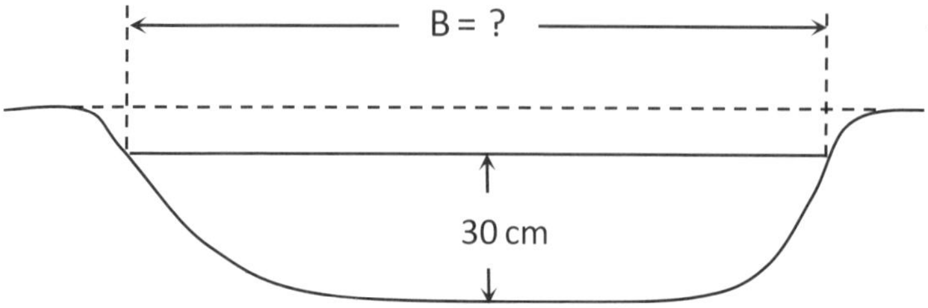

Dados:

$V = 0{,}27\sqrt{I}$ (velocidade da água no terreno);

$V = 0{,}45\sqrt{i}$ (velocidade da água no terraço e no canal escoadouro);

C = 0,40;

$i = \frac{2.017{,}05T^{0{,}16}}{(t+21)^{0{,}91}}$ (equação de chuva intensa de Piracicaba);

T = 5 anos;

$Q = \frac{C.i.A}{360}$;

n = 0,125 (grama alta);

Vmax não erosiva = 1,5 m/s;

$Q = S.V$;

$V = \frac{1}{n} R^{2/3} I^{0{,}50}$;

$S = \frac{2}{3} B\, y$;

$P = B + \frac{8}{3}.\frac{y^2}{B}$; e

$$R = \frac{S}{P}.$$

Resposta: B = 1,98 m

e) O Engenheiro Otto Pfafstetter, do extinto DNOS (Departamento Nacional de Obras e Saneamento), foi o pioneiro no desenvolvimento de equações de chuvas intensas no Brasil, Em obra publicada em 1957, e re-editada em 1982, estabeleceu equações para 98 localidades do Brasil, equações essas do tipo:

$$h_{t,T} = T^{\alpha + \frac{\beta}{T^{\gamma}}}.\left[a.\,t + b.\,Log\left(1 + c.\,t\right)\right]$$

Em que:

$h_{t,\,T}$ – altura da precipitação, correspondente à duração t e período de retorno T, mm;

T – período de retorno, anos;

t – duração da precipitação, horas; e

a, b, c, α, β, γ – constante de ajuste de cada estação.

Para Piracicaba - SP, os valores das constantes são:

a = 0,30; b=25; c=20; α = 0,156; β = 0,08; γ = 0,25

Considerando essa equação, calcule o valor da base do canal de um terraço em nível, sabendo-se que a altura útil da lâmina d'água dentro do canal será de 40 cm. Utilize o Método Pruski (2000) Modificado.

Dados:

Área de contribuição para o terraço = 1,1 ha;

VIB = 15 mm/h;

Comprimento do terraço = 400 m; e

$$S = \frac{2}{3} B.\,h.$$

Lembre-se que:

$$\frac{d}{dx}\operatorname{Log}_a u = \frac{\operatorname{Log}_a e}{u}\frac{du}{dx}$$

Resposta: B=3,27 m

7.4 – Sistema de drenagem principal

7.4.1 – Componentes da rede principal

O sistema de drenagem principal, também chamado de rede principal ou de "macrodrenagem", é constituído por uma série de canais, geralmente classificados em coletores e canal principal. Sua função é a de transportar a água de drenagem dos drenos de campo até o sistema de saída. Os drenos de campo podem ser subterrâneos, superficiais ou um conjunto dos dois tipos; assim, a rede principal transporta tanto a água proveniente do lençol freático (LF) como a do escoamento superficial.

A rede principal é geralmente locada nos trechos mais baixos da área e nos talvegues; quando a área é muito plana, seu "layout" pode ser regular. A profundidade dos canais (valas) deve ser suficiente para garantir cota para o deságue dos drenos de campo na rede principal; o talude das laterais dos canais é função da estabilidade do solo, sendo definido pela textura do material a ser escavado. A declividade do fundo desses canais deve ser tal que este fique o mais paralelo possível da superfície do terreno, garantindo volume escavado mínimo. Já a largura da base menor da seção trapezoidal (b) será calculada para transportar a vazão de projeto.

7.4.2 – Estimativa da vazão de projeto

A ordem de grandeza da vazão subterrânea é geralmente muito pequena quando comparada com a do escoamento superficial. Assim, mesmo que a rede principal venha a transportar água de drenos subterrâneos, esta costuma ser desprezada para fins de cálculo, considerando-se apenas a água do escoamento superficial.

Na maioria das vezes, para se estimar a vazão de pico do escoamento superficial, procede-se tal como descrito no Capítulo 3, ou seja, calcula-se o tempo de concentração da área, obtém-se a chuva de duração igual ao tempo de concentração e aplica-se uma fórmula apropriada.

No caso particular de áreas muito planas (declive menor que 5 por mil), Smedema & Rycroft (1983) ponderam que existe uma grande fração do escoamento que é do tipo sub-superficial, ocorrendo logo abaixo da camada arada. Devido a esse fato, a hidrógrafa gerada não tem um pico típico, apresentando-se mais suavizada. Assim, para esses casos, esses autores recomendam usar, para o cálculo da vazão da rede principal, o volume referente à metade de uma chuva de 6 horas, para um período de retorno de 5 anos, a ser escoada em 6 horas.

Exemplo:

Dada a equação de chuva intensa para Juazeiro – BA $\left(i = \dfrac{5.592{,}554.\, T^{0{,}242}}{(t + 40{,}039)^{1{,}093}} \right)$, calcular a vazão específica para o dimensionamento da rede principal de drenagem de uma área muito plana, segundo o critério de Smedema & Rycroft (1983).

Solução:

$$i = \frac{5.592{,}554.\, 5^{0{,}242}}{(6 \text{ x } 60 + 40{,}039)^{1{,}093}} = 11{,}82 \text{ mm/h}$$

11,82 mm/h ÷ 2 = 5,91 mm/h = 16,42 L/s/ha

7.4.3 – Estudo hidráulico da rede principal

Após a locação das estacas da rede principal no campo e o levantamento dos perfis reais, realiza-se esse estudo hidráulico para se definir o traçado do fundo dos canais e a largura da caçamba que irá realizar a escavação. Esse planejamento é feito a partir da saída do dreno de campo de cota mais alta até a chegada ao sistema de saída; é possível se fazer, também, em sentido oposto (da saída para os drenos de campo), principalmente quando a cota da saída é fator limitante.

Na Figura 7.37 está representado um perfil de um coletor de um projeto de drenagem para cana-de-açúcar em Ribeirão Preto – SP. O mesmo tem 625 metros e foi demarcado com 25 estacas espaçadas de 25 metros, o que é um padrão bastante utilizado na prática. Considerando-se que geralmente não se dispõe de aparelhos topográficos especiais, e que se poderia marcar uma diferença de cota mínima de 1 cm em cada 25 metros, a declividade mínima de fundo será considerada de 0,4 por mil.

O estudo hidráulico consiste em se definir uma declividade mínima e uma declividade máxima para o traçado do fundo do canal. Verifica-se, assim, se 0,4 por mil é suficiente para transportar a vazão de projeto; caso não seja, opta-se por uma caçamba mais larga. Em seguida, verifica-se qual a declividade máxima não erosiva para a vazão de projeto calculada (ver Capítulo 3).

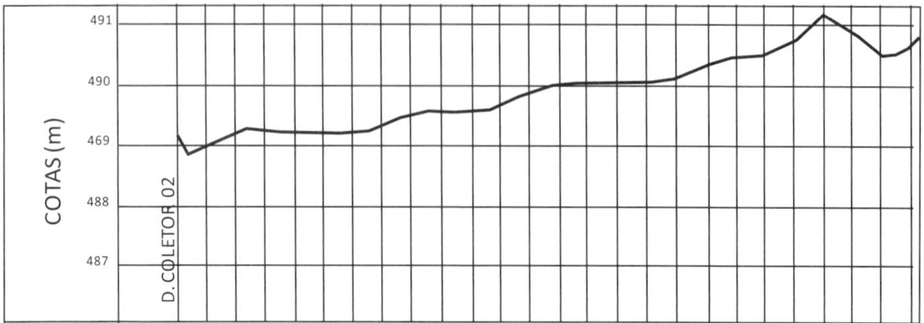

ESTACA	0	1	2	3	4	5	6	7	8	9	10	11	12	13	14	15	16	17	18	19	20	21	22	23	24	25
COTA DO TERRENO	488,13	488,97	489,17	489,22	489,17	489,16	489,18	489,37	489,47	489,57	469,50	489,60	488,87	489,83	489,99	489,86	489,38	480,06	480,25	480,38	490,43	480,65	487,06	480,76	490,40	490,57
COTA DO PROJETO																										
PROF. (m)																										

Figura 7.37 – Perfil do alinhamento de um coletor, com estacas a cada 25 metros, destacando-se: a numeração de cada estaca, a cota do terreno no ponto de cada estaca, a cota que deverá ter o fundo do coletor naquele ponto e a profundidade de escavação até o fundo da vala naquele ponto

De posse das declividades mínima e máxima, e da profundidade mínima de escavação, que é função da profundidade dos drenos de campo, define-se o fundo do canal, a princípio paralelo à superfície do terreno; caso não haja declive suficiente, usa-se a declividade mínima; caso a declividade seja muito alta, projeta-se uma estrutura de salto e usa-se a declividade máxima.

Exemplo:

Deseja-se planejar a escavação do fundo do coletor 1-6 no trecho 4-5, apresentado na Figura 7.38. O sistema de drenagem será instalado em uma área muito plana, próxima à localidade de Taubaté - SP $\left(i = \dfrac{913{,}707.\,T^{0{,}158}}{(t + 5{,}000)^{0{,}772}} \right)$

Pede-se:

Calcular a vazão de dimensionamento para o trecho 4-5;

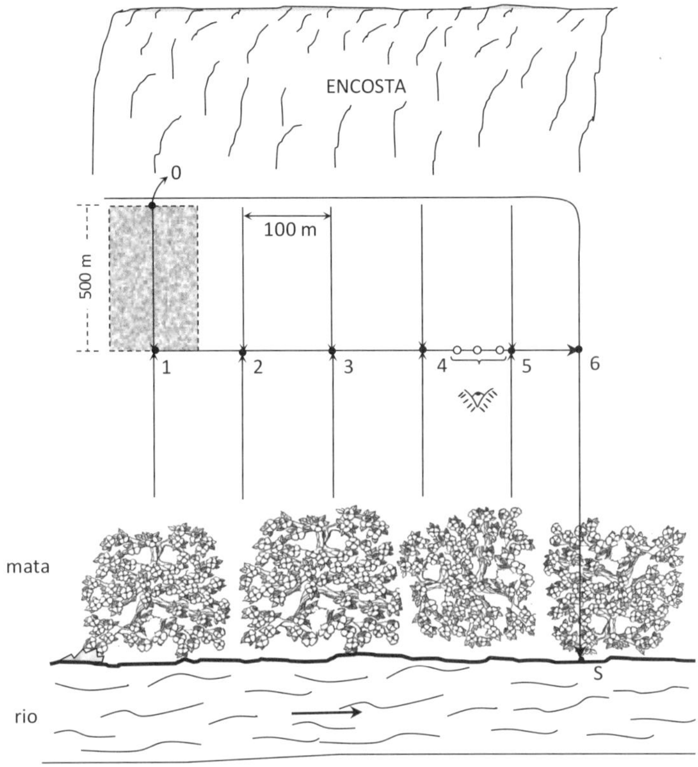

Figura 7.38 – "Layout" para realização do exemplo proposto, que consiste no estudo hidráulico do trecho 4-5 do coletor

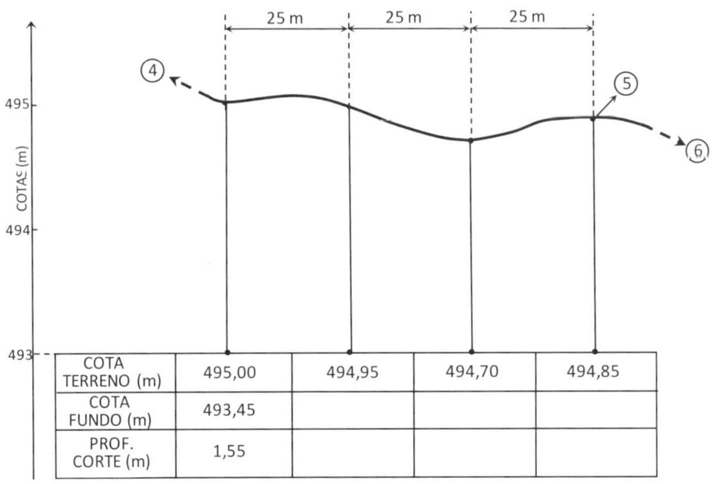

COTA TERRENO (m)	495,00	494,95	494,70	494,85
COTA FUNDO (m)	493,45			
PROF. CORTE (m)	1,55			

Figura 7.39 – Perfil do coletor entre os pontos 4 e 5

b) Verificar se a declividade mínima de 0,4 por mil é suficiente para transportar a vazão de projeto com velocidade adequada;

c) Calcular a declividade máxima não erosiva; e

d) Preencher a tabela da Figura 7.39, estabelecendo as cotas do fundo do coletor e as profundidades dos cortes para o fundo do coletor.

Dados adicionais:

– Considerar que os drenos de campo impõem uma profundidade mínima para o coletor de 1,50 metros;

– Utilizar uma borda livre de 30 cm, base menor de 40 cm, inclinação de talude de 1:1 e coeficiente de rugosidade de Manning de 0,030; e

– Assumir uma velocidade mínima para se evitar assoreamento excessivo de 0,30 m/s e uma velocidade máxima não erosiva de 0,90 m/s.

Solução:

a) Cálculo da vazão de projeto para o trecho 4-5:

$$i = \frac{913,707 . 5^{0,158}}{(6 \text{ x } 60 + 5,000)^{0,772}} = 12,39 \text{mm/h}$$

12,39 mm/h ÷ 2 = 6,2 mm/h = 17,22 L/s/ha

17,22 L/s/ha x 8 drenos x 5 ha/dreno = 688,8 L/s

b) Checando a capacidade de transporte com declive de 0,4 por mil:

$$S = b . h + \lambda . h^2 = 0,40 . 1,20 + 1 . 1,20^2 = 1,92 \text{m}^2$$

$$PM = b + 2 . h . \sqrt{\lambda^2 + 1} = 0,40 + 2 . 1,20 . \sqrt{1^2 + 1} = 3,794 \text{m}$$

$$R = \frac{S}{PM} = \frac{1,92}{3,974} = 0,506 \text{m}$$

$$V = \frac{1}{n} R^{2/3} I^{1/2} = \frac{1}{0,030} 0,506^{2/3} . 0,0004^{0,50}$$
$$= 0,423 \text{ m/s} \text{ [Como é maior que 0,30 m/s, está adequado]}$$

$Q = S \, . \, V = 1{,}92 \text{ m}^2 \, . \, 0{,}423 \text{ m/s} = 0{,}812 \text{ m}^3\text{/s}$
[Como é maior que 688,8 L/s, está adequado]

c) Calculando a declividade máxima não erosiva:

$$Q = S \, . \, V \quad \therefore \quad S = \frac{Q}{V} = \frac{0{,}6888}{0{,}90} = 0{,}765 \text{ m}^2$$

$$S = b \, . \, h + \lambda \, . \, h^2 \quad \therefore \quad 0{,}765 = 0{,}40 \, . \, h + 1 \, . \, h^2 \quad \therefore \quad h^2 + 0{,}40 \, . \, h - 0{,}765 = 0 \quad \therefore \quad h = \frac{-0{,}40 \pm \sqrt{0{,}40^2 - 4.1.(-0{,}765)}}{2}$$

$$\therefore \; h = 0{,}697 \text{ m}$$

$$PM = b + 2.h.\sqrt{\lambda^2 + 1} = 0{,}40 + 2 \, . \, 0{,}697 \sqrt{1^2 + 1} = 0{,}323 \text{ m}$$

$$V = \frac{1}{n} R^{2/3} . I^{0{,}50} \quad \therefore \quad I = \left(\frac{V \, . \, n}{R^{2/3}}\right)^2 = \left(\frac{0{,}90 \, . \, 0{,}030}{0{,}320^{0{,}667}}\right)^2 = 0{,}0033 \text{ m/m} = 3{,}3 \text{ por mil}$$

d) Calculando a profundidade de escavação em cada estaca e a declividade de fundo do coletor entre duas estacas:

Observando-se a Figura 7.40, verifica-se que no primeiro intervalo é possível utilizar-se a declividade natural, que é de 2,0 por mil. No segundo trecho, como a declividade é excessiva, adota-se a declividade máxima não erosiva e utiliza-se uma estrutura de salto. É fundamental que o salto seja revestido com rachão para não causar erosão. No terceiro intervalo, como o terreno é ascendente, adota-se a declividade mínima.

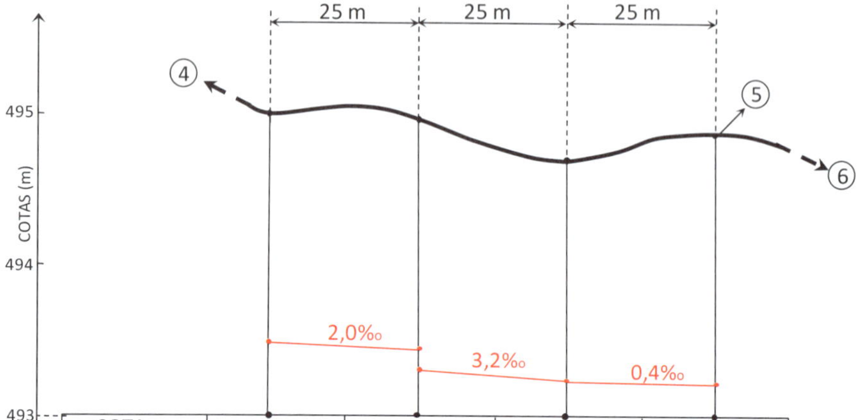

COTA TERRENO (m)	495,00	494,95		494,70	494,85
COTA FUNDO (m)	493,45	493,40	493,28	493,20	493,19
PROF. CORTE (m)	1,55	1,55	1,67	1,50	1,66

Figura 7.40 – Previsão do fundo do coletor no trecho 4-5. Destaca-se que na segunda estaca deverá haver um degrau, posteriormente protegido com rachão em rampa 4:1

7.4.4 – Exercícios propostos sobre rede principal

a) Deseja-se planejar o perfil do fundo de um coletor, de forma que a declividade mínima seja de 0,4 por mil e a declividade máxima seja de 4,0 por mil, mantendo-se uma profundidade mínima de 1,40 m. Um trecho do perfil da superfície do terreno está esquematizado na folha seguinte. Calcule as profundidades de escavação e desenhe o perfil do fundo desse trecho do coletor.

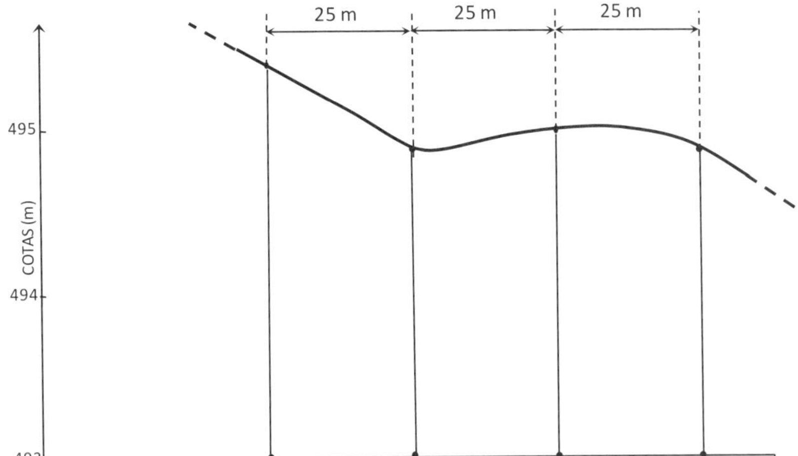

COTA TERRENO (m)	495,40	494,90	495,00	494,90
COTA FUNDO (m)	493,95			
PROF. CORTE (m)	1,45			

Resposta:

– Profundidades de corte (m): 1,45/1,80; 1,40; 1,51; 1,52 m

– Declividades: 4,0 por mil; 0,4 por mil; 0,4 por mil

b) Uma valeta trapezoidal irá passar aproximadamente no centro de uma baixada de 10,0 ha, para esgotar o excesso d'água de chuva e encaminhá-la até um ponto de saída. A valeta será aberta paralelamente à superfície do terreno e terá 1,0 metro de profundidade, 30 cm de base e talude 1:1 ; o coeficiente de rugosidade de Manning previsto é de 0,030. O critério de drenagem a ser utilizado será o de Smedema & Rycroft (1983), ou seja, drenar a metade de uma chuva de 6 horas, com um período de retorno de 5 anos, em 6 horas, No alinhamento da valeta a declividade mínima levantada foi de 0,5 por mil e a declividade máxima de 5,0 por mil.

Responda:

1 – Qual a vazão que deverá ser utilizada na análise do perfil da valeta ?

2 – No trecho onde o declive é de 0,5 por mil, a valeta será capaz de escoar esta vazão (usar uma borda livre de 20 cm) ?

3 – No trecho onde o declive é de 5,0 por mil, existe risco de erosão (considerar velocidade máxima não erosiva de 0,7 m/s) ?

Formulário:

$$Q = S.V$$

$$V = \frac{1}{n} R^{2/3} . I^{0,50} \quad \text{(Manning)}$$

$$S = b.h + \lambda.h^2$$

$$P = b + 2.h.\sqrt{\lambda^2 + 1}$$

$$R = \frac{S}{P}$$

$$i = \frac{2.017,05.T^{0,16}}{(t+21)^{0,91}} \quad \text{(Equação de chuva intensa de Piracicaba)}$$

Resposta:

1 – Q = 162,5 L/s;

2 – Qmax = 321,0 L/s → Sim, a valeta é capaz de escoar a vazão de projeto de 162,5 L/s.

3 – Imax = 4,41 por mil → Sim, 5 por mil já apresenta risco de erosão.

c) Deseja-se fazer a avaliação de um perfil de um coletor que drena uma área de 20 ha. O critério de dimensionamento será o de Smedema & Rycroft (1983), que prevê que o coletor deva escoar a metade de uma chuva de 6 horas, durante um tempo de 6 horas, considerando um período de retorno de 5 anos. Consultando a tabela de chuvas intensas de Araraquara –SP, calcule a vazão que deverá ser utilizada no projeto dessa estrutura, em litros/segundo.

Tabela 7.10 – Araraquara: Previsão de máximas alturas de chuvas, em mm

Duração t (minutos)	Período de retorno T (anos)								
	2	5	10	15	20	25	50	100	200
10	19,3	23,0	25,5	26,9	27,9	28,7	31,0	33,3	35,6
20	28,7	35,0	39,1	41,4	43,0	44,3	48,2	52,0	55,8
30	34,5	42,7	48,1	51,1	53,3	54,9	60,0	65,0	70,0

60	44,1	56,4	64,5	69,1	72,3	74,8	82,5	90,1	97,6
120	52,6	69,5	80,7	87,0	91,4	94,8	105,3	115,7	126,1
180	57,4	75,0	86,6	93,2	97,8	101,3	112,2	123,0	133,8
360	65,3	83,6	95,7	102,6	107,3	111,0	122,4	136,60	144,8
720	73,1	91,8	104,1	11,1	116,0	119,8	131,3	142,8	154,3
1080	77,7	96,5	109,0	116,0	120,9	124,7	136,4	148,0	159,5
1440	81,0	99,9	112,4	119,5	124,4	128,2	140,0	151,6	163,2

Resposta: Q de projeto = 387,2 L/s

7.5 – Sistema de saída

7.5.1 – Aspectos importantes a serem observados

O ponto de deságue da água de drenagem é um dos aspectos que deve ser observado desde o início dos estudos básicos para a elaboração do projeto, pois pode se tornar um fator limitante. No caso da drenagem de lotes em zona urbana, por exemplo, deve-se procurar a galeria de águas pluviais mais próxima, pois geralmente é proibida a descarga na rede de esgoto, na maioria das cidades brasileiras. Quando se implanta um sistema de terraços em desnível em área longe do talvegue, é preciso entrar em acordo com vizinhos de jusante para a passagem do canal escoadouro até o curso d'água. Saídas em canais que atravessam estradas têm sua cota mínima determinada pelas cotas de fundo das estruturas de travessia, tais como bueiros e aduelas; muitas vezes não é possível se rebaixar essas estruturas, principalmente se a estrada tiver grande movimento.

Os sistemas de saída geralmente são classificados em quatro tipos: por gravidade, intermitente, por bombeamento e vertical, conforme ilustra a Figura 7.41.

7.5.2 – Saída por gravidade

O planejamento das cotas de fundo de um sistema de drenagem geralmente é feito começando pelo dreno de cota mais elevada e terminando no ponto de saída. Quando esse ponto se situa numa cota acima do nível da maior parte das cheias do curso d'água tem-se uma saída por gravidade. Esse caso se constitui no tipo de saída preferível, que é a mais barata; deve-se procurar saída por gravidade mesmo que se tenha que diminuir a profundidade dos drenos de campo e, consequentemente, reduzir o espaçamento.

7.5.3 – Saída intermitente

Ocorre quando o fundo do canal principal se localiza em cota tal que é afogada frequentemente por cheias de curta duração. Nesse caso, deve-se prever o uso de uma tubulação de concreto no qual é acoplada a uma comporta de ferro fundido que se fecha automaticamente quando o nível do rio sobe; esta comporta é denominada válvula "flap" ou "stop-log".

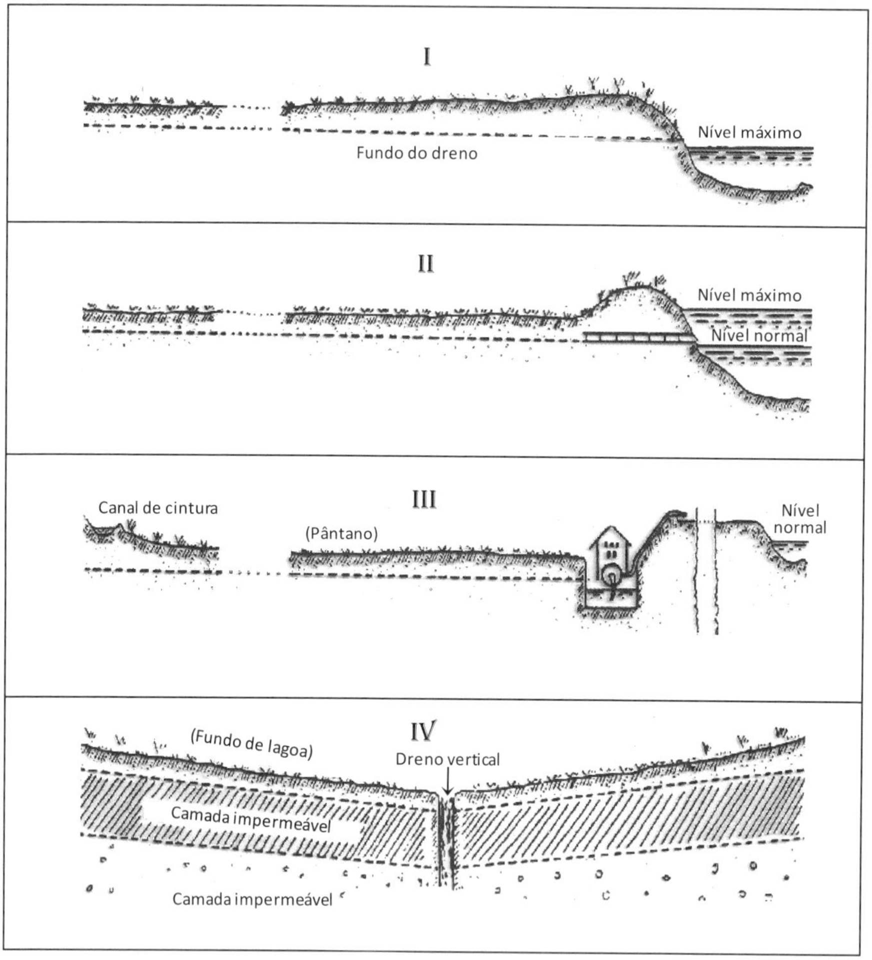

Figura 7.41 – Saídas do tipo por gravidade (I), intermitente (II), por bombeamento (III) e vertical (IV) (DAKER, 1984)

7.5.4 – Saída por bombeamento

Quando o nível do rio é tal que a área ficaria alagada várias vezes por ano e durante um tempo de vários dias, a solução é construir-se um "polder". Estes são áreas protegidas por diques que possuem opção de descarga por bombeamento. No Estado de São Paulo existem "polders" nos vales dos rios Paraíba do Sul, Tietê, Mogi-Guaçú, entre outros. As bombas utilizadas são geralmente axiais, de eixo vertical, que recalcam grandes vazões a pequenas alturas manométricas (suficiente apenas para vencer o dique). É interessante se prever a escavação de uma lagoa no ponto de captação da bomba, pois havendo a possibilidade de se armazenar água, o pico de descarga é amortecido; este cálculo pode ser realizado confrontando-se o hidrograma de cheia amortecida por diferentes volumes de lagoa com diferentes capacidades de bomba, a fim de encontrar o cenário mais econômico (Figura 7.42). Outra observação importante para o uso de saídas por recalque é a forte necessidade do uso de drenos de cintura para isolar a área da entrada de águas externas, evitando-se sobrecarregar a casa de bombas.

A Legislação Floretal anterior (de 1989) preconizava que a faixa correspondente à área de preservação permanente (APP) fosse medida à partir do nível da cheia sazonal, ou seja, a cheia com um período de retorno de 1 a 2 anos. Dessa forma, a maioria das áreas inundadas frequentemente devia, por lei, ficar fazendo parte da APP, fato este que fez reduzir muito a implantação de novos "polders" no Brasil.

A Legislação Florestal Atual (2012) prevê que a APP seja contada a partir da calha normal do rio, havendo, portanto maior chance de construção de novos poulders. Entretanto, a construção de diques de terra envolve o conhecimento de Mecânica dos Solos e Simulação Hidrológica, a fim de se prever o impacto da supressão da área de alagamento do rio pode ocasionar na bacia, principalmente à jusante.

Conclui-se, portanto, que se trata de uma obra que deve ser realizada com muita caltela, e por equipe especializada.

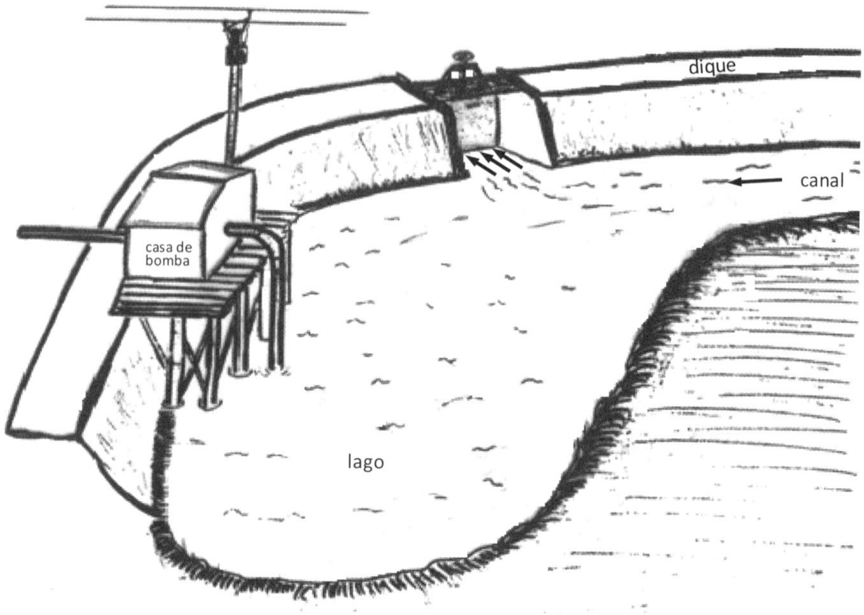

Figura 7.42 – Esquema de lagoa "amortecedora" para saída por bombeamento, quando o rio está elevado

7.5.5 – Saída vertical

Usada em áreas irrigadas quando se detecta a presença de estrato permeável em sub-superfície, foi uma opção bastante usada em propriedades no Oeste dos Estados Unidos. Embora prática, esse tipo de saída corre o risco de colmatar com o passar dos anos de uso e de poluir água subterrânea que eventualmente possa ser utilizada nas proximidades mais a jusante. Assim, em vários estados americanos, este tipo de saída foi proibido pela legislação ambiental. No Brasil, ainda não se tem muita tradição com saídas verticais. No Semi-Árido brasileiro, quando o talvegue está muito distante da área a ser drenada, é mais comum escavar-se lagoas de sacrifício para, por intermédio da evaporação, servirem de ponto de saída.

CAPÍTULO 8

MODELOS COMPUTACIONAIS APLICADOS À DRENAGEM

8.1 – A importância da modelagem para o entendimento do processo da drenagem

A dificuldade em prever o desempenho dos sistemas de drenagem agrícola resulta da complexa interação existente entre os fatores envolvidos, ou seja, condições de clima, solo, planta e do próprio sistema (FEDDES, 1988). As variações temporais das condições climáticas dificultam a avaliação experimental dos efeitos de cada um dos fatores envolvidos sobre o desempenho do sistema de drenagem. Assim, um dado sistema de drenagem pode ter um efeito decisivo sobre a produtividade de uma cultura em um ano úmido e não trazer benefícios à cultura em um ano seco, principalmente se não houver comportas reguladoras de nível nos coletores. A complexidade do problema aumenta quando se considera as interações entre as diferentes partes do sistema. Uma área com boa drenagem superficial, por exemplo, exigirá uma drenagem subterrânea menos intensa do que outra, na qual a drenagem superficial seja deficiente (SKAGGS, 1991). Outro aspecto importante é que nem sempre o sistema que propicia produtividade máxima da cultura é aquele que fornecerá o melhor retorno econômico (FERREIRA, 1987).

Neste contexto, devido ao grande número de variáveis que envolvem e dificultam a avaliação de um sistema de drenagem em diferentes situações, a utilização de modelos matemáticos torna-se desejável pela rapidez, precisão dos resultados obtidos e por permitir que um grande número de fatores e efeitos sejam contabilizados.

A modelagem computacional assume um papel importante, pois permite ao projetista prever o desempenho e propor a otimização de sistemas de drenagem agrícola. Este desempenho resulta da complexa interação existente entre condições de clima, solo, planta e do próprio sistema. Um mesmo sistema de drenagem se comporta diferentemente em anos bastante úmidos ou secos, influenciando diretamente na produtividade das culturas. Quando se relaciona este comportamento a procedimentos que estimam a resposta da cultura a diferentes condições de umidade do solo, torna-se possível avaliar os efeitos da drenagem sobre o crescimento e a produtividade das culturas (FEDDES, 1988).

Um dos parâmetros imprescindíveis para o desenvolvimento das culturas é a umidade do solo em que se encontra a sua zona radicular, pois há uma maior facilidade no transporte através das raízes, quando a mesma se encontra em condições ótimas. Quando há umidade excessiva na zona radicular, ocorre prejuízo para as culturas devido à hipoxia. Tal adversidade não corresponde, necessariamente, à presença direta do LF por si só, mas sim, à deficiência de aeração no solo, comprometendo a absorção de água e nutrientes, o transporte destes através do sistema radicular e tornando as plantas mais susceptíveis às doenças e à deficiência nutricional (COSTA, 1994).

8.2 – Os primeiros modelos de drenagem

Esforços no sentido de modelar essa grande quantidade de fatores começaram a ser implementados na década de 60 por pesquisadores holandeses e americanos, por meio da utilização de equações de previsão de movimentação do lençol freático sob condições de recarga intermitente, tais como as equações de Krayenhoff van de Leur, de Zeeuw e Hellinga e Schilfgaarde (SCHILFGAARDE, 1974).

A base para dimensionamentos de drenagem subterrânea, utilizando a previsão do seu desempenho, e que serviu de princípio para o desenvolvimento de modelos de simulação, foi iniciada por Schilfgaarde (1965): dispondo de uma série de dados diários de precipitação e evapotranspiração, realizou um balanço hídrico na zona radicular e calculou a porcentagem com que cada chuva iria recarregar efetivamente o LF. Realizada a simulação para uma série de anos, este autor pode determinar o comportamento da posição do LF, ou seja, durante qual período este permanecia acima de uma dada altura durante determinado número de dias. Os resultados obtidos foram satisfatórios e incentivaram novas linhas de pesquisas visando o desenvolvimento de metodologias de dimensionamento baseadas em simulação, a partir de séries de dados climáticos já medidos, propriedades do solo e equações de recarga intermitente (SCHILFGAARDE, 1974). Vários modelos foram então desenvolvidos, alguns baseados na equação de Schilfgaarde e outros na de Kraijenhoff van de Leur, como os modelos de Young & Ligon (1972) e de Minderhoud (1982), respectivamente.

Chieng *et al.* (1978) propuseram um modelo que fornecia como resultados a posição do lençol freático e a umidade na zona radicular para períodos de um dia, bem como a duração e o número de vezes por ano em que o lençol ficava mais raso do que uma profundidade estabelecida, para cada coeficiente de drenagem simulado. Uma vez caracterizado o coeficiente de drenagem que atendia ao critério de drenagem estabelecido para a cultura em questão, este era utilizado para calcular o espaçamento entre drenos por intermédio da equação de Hooghoudt. Esse modelo assumia várias premissas simplificadoras, ou seja, considerava o escoamento em direção aos drenos constante e igual ao coeficiente de drenagem a ser testado, calculava a evapotranspiração por uma função empírica que dependia da umidade na zona radicular e da evapotranspiração potencial e considerava que o escoamento superficial só ocorreria quando o lençol estivesse na superfície do solo. Bhattacharya *et al.* (1977) desenvolveram um modelo semelhante a este e apresentaram, como complementação, uma avaliação econômica dos resultados obtidos.

Wiser *et al.* (1974) propuseram um modelo para simular a oscilação diária do lençol freático utilizando a equação de Schilfgaarde. O modelo estimava a produtividade para a cultura da alfafa, em função da variabilidade temporal do lençol freático, sendo a relação entre as posições do lençol e a produtividade realizada por um procedimento empírico proposto por Tovey (1964). Estes resultados permitiram realizar uma análise econômica e selecionar a melhor combinação entre espaçamento e profundidade dos drenos. Neste modelo, assumiu-se que não havia escoamento superficial e, portanto, toda a precipitação evaporava ou era absorvida pela cultura ou atingia a zona saturada.

Com o passar do tempo os modelos foram sofrendo alterações e melhorias. O escoamento superficial e a retenção de parte da precipitação na zona radicular passaram a ser considerados, pois o principal objetivo da drenagem consiste em garantir condições de aeração na zona radicular favoráveis ao desenvolvimento de culturas. Considerando que esse objetivo está intimamente correlacionado ao controle da profundidade do lençol freático, e que esta profundidade pode ser facilmente monitorada nos experimentos, foram desenvolvidos vários índices no intuito de correlacionar a oscilação sazonal do lençol com a produtividade das culturas (SMEDEMA, 1988). Um desses índices é o SEW_{30}, definido como o somatório dos produtos dos dias pelos centímetros de altura do lençol freático acima de um plano localizado a 30 cm de profundidade (FEDDES, 1988).

Armstrong *et al.* (1980) desenvolveram um modelo para simular a posição diária do lençol freático utilizando a equação de Schilfgaarde. A evapotranspiração foi desprezada, e considerou-se que toda a precipitação infiltrava no solo. Após calibrado, o modelo forneceu resultados satisfatórios e foi aplicado para estimar os valores de SEW_{30}, considerando dez anos de dados pluviométricos, em duas regiões da Inglaterra.

8.3 – O modelo DRAINMOD

Os modelos anteriormente citados não consideravam os processos físicos que envolvem a precipitação, o armazenamento superficial, a infiltração e o escoamento superficial. Consequentemente, o efeito conjunto da drenagem de superfície e da drenagem subterrânea sobre a movimentação do lençol freático não podia ser estimado. Tentando superar esse problema, Skaggs (1974) propôs um modelo numérico para simular a movimentação do lençol, no qual o fluxo na zona não saturada foi calculado pela equação de Richards enquanto o fluxo para os drenos foi estimado pela equação de Hooghoudt. Embora os resultados encontrados tenham sido satisfatórios, naquela época, o tempo computacional exigido para a simulação restringia a aplicação do modelo a eventos com duração de poucos dias. Como alternativa, o autor sugeriu, em substituição à equação de Richards, que novos modelos adotassem procedimentos aproximados para caracterizar a infiltração e a resposta do lençol freático à evapotranspiração, permitindo assim uma simulação rápida para uma série de dados climáticos de vários anos.

Durante a segunda metade da década de 70, na Universidade do Estado da Carolina do Norte, foi desenvolvido um modelo de simulação aplicável a condições de solos com lençol freático raso em regiões úmidas, denominado DRAINMOD (SKAGGS, 1981).

O DRAINMOD, que foi desenvolvido para permitir o dimensionamento, avaliação e otimização de sistemas de drenagem, inclui sub-rotinas que consideram o tipo de drenagem subterrânea (convencional ou controlada por comportas), o grau de drenagem de superfície e os efeitos de práticas como a subirrigação e a aplicação de águas servidas em áreas não aproveitáveis. O modelo prevê, em base horária, o escoamento subterrâneo e o superficial, a profundidade do lençol freático, o teor de umidade na zona radicular e a evapotranspiração, em resposta à entrada de dados climáticos de vários anos, às propriedades físicas do solo e ao tipo de sistema de drenagem (SKAGGS, 1990).

Na elaboração deste modelo, foi evitado o uso de métodos numéricos complexos para a descrição dos componentes hidrológicos do balanço hídrico, preferindo-se os procedimentos aproximados que, embora menos precisos, processam a simulação mais rapidamente. Assim, o fluxo de água em direção aos drenos é estimado por equações de regime permanente, ou seja, o modelo utiliza a equação de Hooghoudt na maioria das vezes, ou a equação de Kirkham quando a superfície do solo está alagada. Justifica-se o emprego destas equações para simular um processo transiente devido ao fato de ser adotado um incremento de tempo curto, isto é, uma hora. O processo de subirrigação é calculado pela equação de Ernest enquanto a infiltração da água no solo é determinada pela equação de Green e Ampt. O fluxo ascendente máximo no perfil do solo é estimado supondo-se condições de equilíbrio dinâmico, enquanto a distribuição da umidade na zona não saturada assume, por simplificação, condições de equilíbrio estático com o lençol freático (SKAGGS & SCHILFGAARDE, 1999).

Como dados de saída, o modelo DRAINMOD fornece estimativas diárias dos volumes relativos aos componentes do balanço hídrico tais como precipitação, infiltração, drenagem, evapotranspiração, escoamento superficial, etc, como também as estimativas da posição diária do lençol freático. Além disso, o programa prevê anualmente a produtividade esperada para a cultura em estudo, em função das características do sistema de drenagem sob simulação. Essa previsão é realizada calculando-se os índices de estresses por excesso (baseado no SEW_{30}) ou falta de umidade (HARDJOAMIDJOJO & SKAGGS, 1982).

O programa DRAINMOD sofreu vários aperfeiçoamentos e em 1985 foi reescrito em versão para computadores pessoais (PCs). Seu desempenho tem sido testado com sucesso em vários tipos de solo, culturas e condições climáticas. Testes de avaliação foram realizados nos Estados de Ohio (SKAGGS *et al.*, 1981), Carolina do Norte (SKAGGS, 1982; HARDJOAMIDJOJO & SKAGGS, 1982), Califórnia (CHANG *et al.*, 1983), Ilinois (MOSTAGHIMI *et al.*, 1985), Flórida (ROGERS, 1985), Louisiana (GAYLE *et al.*, 1987; FOUSS *et al.*, 1987), Virgínia (MCMAHON *et al.*, 1988), Iowa (SANOJA *et al.*, 1990), Geórgia (SHIRMOHAMMADI *et al.*, 1991) e outros países tais como Canadá (MADRAMOOTOO, 1990), Índia (GRUPTA *et al.*, 1993) e Brasil (MIRANDA, 1998).

8.4 – Outros modelos modernos

A partir do final dos anos 70, na Holanda, foi desenvolvido um modelo para estimativa da movimentação do lençol freático e umidade na zona radicular, que foi denominado Soil Water and Actual Transpiration Rate - SWATR. Este modelo baseava-se na solução da equação de Richards por diferenças finitas, abrangendo as zonas saturadas e não-saturadas integradamente. BELMANS *et al.* (1983) implementaram melhorias no programa, como a introdução de um termo de extração para simular a absorção de água pelas raízes, e modificaram seu nome para SWATRE. Outras modificações foram realizadas ao longo da década de 80, após a qual o modelo foi denominado SWATREN (WORKMAN & SKAGGS, 1989). Estes autores realizaram novas alterações para permitir a aplicação do modelo em situações nas quais o lençol freático atinge a superfície do solo e compararam os resultados de simulação com aqueles obtidos com a aplicação do DRAINMOD. Concluíram, então, que o modelo SWATREN simulava a movimentação do lençol tão bem quanto o modelo DRAINMOD.

A distribuição da água no perfil de solos argilosos com muitas rachaduras assume um aspecto peculiar, pois o fluxo preferencial acarreta um aumento na infiltração e consequente diminuição do escoamento superficial. Jarvis e Leeds-Harrison (1987) propuseram um modelo teórico para estimar a movimentação da água nas zonas saturada e não-saturada nessas condições. Considerando o movimento da água nas rachaduras e na matriz do solo separadamente, este modelo foi apresentado para simular eventos com poucas horas de duração, assumindo-se intensidade de precipitação constante. Workman & Skaggs (1990), com o mesmo intuito, desenvolveram o modelo PREFLO em que o escoamento nos macroporos é calculado por meio da equação de fluxo em tubos capilares, enquanto o movimento na matriz do solo é determinado pela equação de Richards, resolvida para uma dimensão, por diferenças finitas. O movimento horizontal da água, proveniente dos macroporos para a matriz do solo, é simulado considerando termos do tipo fonte na equação de Richards. As simulações realizadas com a aplicação deste modelo mostraram que o efeito do fluxo preferencial é expressivo em solos de condutividade hidráulica baixa (0,15 cm/h) e praticamente desprezível em solos com condutividade hidráulica alta (0,8 cm/h).

Em trabalho subsequente, Workman & Skaggs (1991) compararam dados simulados pelos modelos DRAINMOD e PREFLO com os dados de campo para um solo sem rachaduras. O modelo PREFLO foi aplicado sem a rotina de fluxo preferencial. Os resultados mostraram que ambos os modelos previram a movimentação do lençol freático de modo satisfatório. Entretanto, por empregar uma solução numérica da equação de Richards, o modelo PREFLO consumiu 20 a 30 vezes mais tempo de computação do que o DRAINMOD, para processar a simulação. Outra desvantagem do modelo PREFLO consiste na exigência de dados de entrada cuja obtenção é mais trabalhosa como, por exemplo, valores de índice de área foliar ao longo do ciclo da cultura, para avaliar a evaporação e a transpiração separadamente.

A partir dos anos 80, muitos sistemas de drenagem instalados nos Estados Unidos foram projetados objetivando atender necessidades de drenagem e sub-irrigação (FOUSS, 1985). Dentre as diversas melhorias implementadas no programa DRAINMOD, uma das mais interessantes foi realizada por Fouss (1985) e Fouss et alii (1987). Eles desenvolveram sub-rotinas que tornaram o modelo capaz de simular o desempenho de sistemas de drenagem controlados por comportas, com ou sem sub-irrigação, acionadas por sensores de profundidade do lençol freático localizados no campo.

Segundo Bengtson *et al.* (1993), o momento exato para realizar mudanças nos controles dos sistemas de drenagem controlada ou de sub-irrigação constitui o maior problema dos agricultores que realizam este manejo manualmente e dos projetistas que desejam regular os sistemas de controle automático. Nesse caso, a aplicação de modelos de simulação pode ser muito útil, embora modelos como o DRAINMOD não sejam práticos, pois requerem um grande número de parâmetros de entrada. Visando contornar esse problema, os autores desenvolveram o modelo simplificado Fluctuating Watertable Model - FWTMOD, que utiliza a equação de recarga intermitente de De Zeeuw e Hellinga para simular a movimentação do lençol freático.

O FWTMOD pode ser mais facilmente utilizado pelos agricultores pois, além dos dados climáticos, exige apenas dois parâmetros básicos de entrada, ou seja, o fator de reação (α) e um coeficiente de recarga para estimar a percentagem da precipitação que infiltra no solo. Esses parâmetros podem ser obtidos por meio de um processo de calibração prévia, utilizando dados observados da posição do lençol freático. Comparações iniciais feitas entre as observações de campo e os resultados de simulação obtidos com a aplicação do FWTMOD e do DRAINMOD, revelaram que ambos os modelos previram igualmente bem a flutuação do lençol freático em sistemas de drenagem convencional.

Os modelos FWTMOD e DRAINMOD operam em nível de parcela, ou seja, assumem como volume de controle uma região do perfil do solo de alguns metros cúbicos, localizada na posição intermediária entre dois drenos paralelos. Em 1985, foi apresentado no Canadá um modelo para simular vazões horárias dos escoamentos superficial e subterrâneo, provenientes de áreas drenadas de até 20 hectares. Denominado DRAINSIM, este modelo foi modificado, calibrado e avaliado por Hackwell *et al.* (1991). A avaliação revelou que não houve diferenças significativas entre as vazões de pico e o tempo de pico simulados e observados.

Outro modelo de simulação para áreas drenadas em nível de bacia foi desenvolvido por Parsons *et al.* (1991) e denominado WATRCOM. Este modelo simula a posição do lençol freático, a descarga dos drenos e a produtividade relativa esperada para qualquer ponto de uma bacia de até 1000 hectares, drenada por uma malha irregular de drenos, constituída de diferentes tipos de solos e práticas agrícolas variadas. O WATRCOM simula a movimentação tridimensional da água por elementos finitos, usando a equação diferencial de Boussinesq.

Devido ao tempo de concentração e ao amortecimento na calha ("routing"), o pico de vazão em uma grande bacia é inferior à soma dos picos das subáreas que compõem esta bacia. Assim, Konyha *et al.* (1992) desenvolveram uma rotina baseada na solução das equações de Saint-Venant para condutos livres, que considera os valores de escoamento superficial e subterrâneo estimados pelo DRAIMOD, para cada sub-área, e fornece a hidrógrafa final para a saída da bacia. Este estudo objetivou quantificar o efeito de diferentes práticas de drenagem, tais como drenagem com canais abertos e grande espaçamento, drenagem utilizando drenos fechados e drenagem controlada, sobre a vazão na saída da bacia. Os resultados mostraram que o aumento da taxa de drenagem subterrânea propicia diminuição do volume e da vazão de pico de escoamento superficial.

Nos anos 80, paralelamente ao desenvolvimento dos modelos de avaliação dos sistemas de drenagem, foram propostos vários modelos específicos para simulação do escoamento superficial e processo erosivo. Dentre esses modelos, destacam-se o Areal Nonpoint Source Watershed Enviroment Response Simulation - ANSWERS (BEASLEY *et al.*, 1980), o Erosion Productivity Impact Calculator - EPIC (WILLIAMS *et al.*, 1983), o Simulator of Water Resources in Rural Basins - SWRRB

(WILLIAMS *et al.*, 1985), o Groundwater Loading Effects of Agricultural Management Systems - GLEAMS (LEONARD *et al.*, 1987) e o Kentucky Erosion Model - KYERMO (HIRSCHI & BARFIELD, 1988).

Posteriormente, muitos desses modelos foram modificados possibilitando sua aplicação em áreas dotadas de drenos subterrâneos. Assim, foram propostos os modelos "híbridos" EPIC-WT (SABBAGH *et al.*, 1991), Agricultural Drainage Pesticide Transport - ADAPT (CHUNG *et al.*, 1992) e Water Erosion Predict Project - WEPP (SAVABI *et al.*, 1993), dentre outros. Os modelos EPIC-WT e ADAPT quantificam o escoamento superficial por meio do método do Número da Curva, enquanto o modelo WEPP utiliza o método da onda cinemática para simular este processo. Entretanto, os três modelos possuem em comum a rotina que simula o escoamento para os drenos subterrâneos e a posição do lençol freático que é a mesma preconizada pelo DRAINMOD. Comparações realizadas entre o desempenho do DRAINMOD e do EPIC-WT revelaram que o primeiro estimou com maior precisão o escoamento superficial enquanto o segundo teve melhor desempenho do que o primeiro ao estimar o escoamento para os drenos subterrâneos, embora os resultados relativos às oscilações do lençol freático ao longo do tempo tenham sido semelhantes para os dois modelos.

8.5 – Modelos de drenagem brasileiros

Em avaliação de campo, onde prevaleceram condições de baixo coeficiente de armazenamento (J), o SIMDRENO, modelo desenvolvido por Duarte (1997), utilizando a equação de Kraijenhoff, simulou posições do lençol freático com menor erro-padrão do que o DRAINMOD, quando se comparou com os valores medidos. A grande limitação deste modelo, entretanto, refere-se a sua utilização, pois o usuário se depara com uma trabalhosa operação na entrada de dados devido à linguagem de programação utilizada. A tendência atual dos modelos é permitir que haja uma maior facilidade na obtenção e manuseio dos dados de entrada, principalmente quando se trata das séries históricas longas de precipitação e evapotranspiração.

Em 1997, no Brasil, foi desenvolvido o modelo computacional denominado "SISDRENA" – Sistema de Drenagem (MIRANDA, 1998, que a partir de séries de dados diários de precipitação e evapotranspiração potencial, características fisico-hídricas do solo, dados da cultura e das características do sistema de drenagem, permite simular o escoamento superficial, a posição do lençol freático (LF), a vazão escoada através dos drenos, a evapotranspiração real e o armazenamento de água na zona radicular. O escoamento superficial é estimado por uma modificação do método do Número da Curva, que considera a porosidade drenável do solo e a profundidade do lençol freático. A posição do LF e a vazão são estimados pela equação de de Zeeuw e Hellinga e Hooghoudt, respectivamente. O armazenamento de água e a evapotranspiração real são estimados por um balanço hídrico. O desenvolvimento do SISDRENA visou superar algumas limitações do modelo SIMDRENO, contabilizando de forma mais precisa o efeito do fluxo ascendente sobre o rebaixamento do LF, e o efeito da drenagem subterrânea sobre o escoamento superficial. O desempenho do SISDRENA foi comparado com o do SIMDRENO, considerando o modelo norte-americano DRAINMOD como padrão. As simulações realizadas pelo SISDRENA apresentaram menores erros padrões quanto a estimativa do escoamento superficial, altura do LF e vazão escoada pelos drenos.

CAPÍTULO 9

AVALIAÇÃO ECONÔMICA DE SISTEMAS DE DRENAGEM

9.1 – A drenagem agrícola como um investimento econômico

O dimensionamento criterioso de um sistema de drenagem envolve dois aspectos. O primeiro refere-se às consequências físicas da instalação do projeto e à previsão dos impactos da drenagem artificial no sistema solo-água-planta (ver Capítulo 10); o segundo é o aspecto econômico (DUARTE *et al.*, 2002).

A drenagem agrícola tem por objetivo tornar produtiva uma determinada área ou aumentar a produtividade de uma área já previamente cultivada. Portanto, trata-se de uma prática que representa um investimento de capital, visando obter benefícios futuros. Assim, como em qualquer outro investimento, o projeto deve ser avaliado economicamente.

Para uma dada situação de campo, é possível que sistemas de drenagem com características diferentes venham gerar respostas semelhantes, em termos de produtividade de uma cultura. Neste contexto, a análise econômica dos projetos é um instrumento que facilita a escolha entre várias alternativas ou, simplesmente, permite decidir se é ou não aconselhável se realizar uma determinada aplicação de recursos (PIZARRO, 1978).

9.2 – Vida útil, vida econômica e vida financeira do projeto de drenagem

Para efeito de análise econômica, os conceitos de vida útil, econômica e financeira do projeto devem ser diferenciados.

Segundo Smedema & Rycroft (1983), drenos tubulares com manutenção adequada têm uma vida útil em torno de 50 a 100 anos. Em concordância com esses autores, Fausey *et al.* (1982) afirmam que drenos subterrâneos instalados adequadamente podem durar quase indefinidamente (mais de 50 anos). O Bureau of Reclamation dos Estados Unidos considera uma vida útil de 100 anos para projetos de drenagem subterrânea (KANWAR *et al.*,1983). Leitch (1983) sugere 20 a 50 anos de duração para drenos tubulares e 25 anos para drenos abertos com manutenção deficiente. Mcmahon *et al.* (1988) estimaram em 30 anos a vida útil de drenos tubulares de PVC.

Quanto ao período de análise ou vida econômica do projeto, é necessário considerar que ele possui um valor máximo, logo após sua construção, e um valor nulo, ao final de sua vida econômica. Como, em termos econômicos, os custos e as receitas que ocorrem após aproximadamente 30 anos têm um peso insignificante, o período de análise ou vida econômica de um projeto de drenagem pode ser da ordem de 20 a 30 anos (PIZZARRO, 1978; SMEDEMA e RYCROFT, 1983).

O conceito de vida financeira é utilizado quando o projeto é financiado por um banco que impõe a condição do empréstimo a ser pago num determinado número de anos. Nesse caso, a vida financeira costuma ser bem mais curta que a vida útil ou a vida econômica, ou seja, cerca de 10 anos e, ao final desse período, o valor terminal do projeto deve ser considerado (CARTER e CAMP, 1994).

9.3 – Custos de um projeto de drenagem

Os custos de um projeto de drenagem compreendem despesas com a regularização dos cursos d'água, escavação dos emissores, drenos principais e coletores, instalação dos drenos de campo, regularização do terreno, manejo das instalações e manutenção. Normalmente, o custo da produção agrícola não é considerado como um dos custos do projeto, e é descontado do valor da receita bruta gerada pela produção.

O custo de um projeto de drenagem varia bastante, em função das diferenças na intensidade de drenagem exigida (espaçamento e profundidade dos drenos), disponibilidade de maquinaria especializada e materiais, escala do projeto, habilidade e custo da mão-de-obra, existência de concorrência entre empreiteiras, entre outros (BORNSTEIN *et al*., 1986).

Nos Estados Unidos, país que possui grande tradição em drenagem agrícola, os custos da drenagem tem variado desde US$ 500/ha com a utilização de drenos abertos até US$ 6.000,00/ha com a utilização de drenos fechados e espaçamento pequeno.

No Brasil, de acordo com informações obtidas junto a empresas de saneamento no Estado de São Paulo, para drenagem realizada com drenos abertos visando o cultivo da cana-de-açúcar e espaçamento variando entre 50 e 100 metros, o custo do projeto tem girado em torno de R$ 2.000/ha a R$ 4.000/ha. Já no Vale do Rio São Franscisco, informações pessoais obtidas junto à CODEVASF revelaram valores de até R$ 9.000/ha para drenagem de pomares de uva com drenos tubulares (SUGUINO & BARROS, 2010). Esses valores estão de acordo com levantamento de custo feito por Duarte *et al.*(2011) para projeto de drenagem tubular para a cultura de citros em Pirassununga – SP; esses autores encontraram um valor de cerca de R$ 8.500,00/ha, prevendo-se utilização de espaçamento de 35 metros.

Quando se analisa o custo de instalação de drenos tubulares por unidade de comprimento, dentre os fatores citados anteriormente, a profundidade de instalação destaca-se por sua grande influência. Geralmente os projetos instalados em regiões úmidas utilizam profundidades de 1,0 a 1,5 m, enquanto nas zonas semi-áridas, com risco de salinização, as profundidades de 1,5 a 2,0 m são preferíveis, quando não há limitação de profundidade de operação da máquina que irá implantar o sistema. Além do custo da escavação, maiores profundidades permitem maiores espaçamentos, que implicam em uma maior área de captação e no uso de tubos de maiores diâmetros; tubos maiores requerem também um maior dispêndio com envelopes (BOUMANS &SMEDEMA, 1986).

O custo de escavação para drenos abertos, segundo a CODEVASF é de cerca de R$ 140,00/hora de operação de retro-escavadeira; empreiteiras paulistas informaram custos de escavação de R$ 6,00/m^3 escavado (2014).

O custo de manutenção assume um peso maior quando se utiliza drenos abertos. Nesse caso, a frequência da manutenção dependerá de vários fatores como a erodibilidade do solo, a inclinação dos taludes, o crescimento de vegetação e outros. Leitch (1983) propõe duas metodologias para o cálculo do custo de manutenção dos drenos a céu aberto, quais sejam: considerar o custo equivalente a 3% do custo de implantação a cada ano ou um terço do custo de implantação a cada sete anos. Segundo o autor, ambas as estimativas têm efeito semelhante no valor presente dos custos do projeto.

Os problemas relacionados à manutenção de drenos fechados referem-se ao acúmulo de sedimentos, quebra da ponta externa, achatamento causado pela passagem de máquinas muito pesadas, entupimento devido à penetração de animais ou raízes e outros. Segundo Hermsmeier (1978), o custo de limpeza com jato d'água pressurizado (hidrojateamento) variava entre US$ 0,50/m a US$ 0,65/m na região do Imperial Valley, nos Estados Unidos. Segundo informações pessoais obtidas com a CODEVASF (2010), o custo de manutenção de projetos de drenagem no Vale do Rio São Francisco gira em torno de R$ 1.000,00/ha/ano. Fausey *et al.* (1982) comentavam ainda que a falta de manutenção nos sistemas de drenos fechados era muito comum no estado americano de Ohio. Segundo pesquisa realizada por esses autores, apenas 20% dos agricultores vinham realizando manutenção em seus sistemas de drenagem anualmente.

9.4 – Benefícios proporcionados pela drenagem

O principal benefício da drenagem agrícola consiste em permitir o aumento da produtividade ou a incorporação de áreas anteriormente alagadas ou salinizadas ao processo produtivo. A estimativa do valor monetário direto proporcionado pelo incremento da produtividade ou pelo estabelecimento de uma nova atividade agrícola produtiva devido à drenagem é dada pela expressão

$$Ri = pi \, . \, qi \; - \; cpi \qquad (9.1)$$

Em que:

Ri - receita anual (ou aumento na receita), R\$. ha^{-1};

pi - preço da produção, R\$.kg^{-1};

qi - quantidade produzida (ou aumento na produção), kg.ha^{-1} ; e

cpi - custo da produção agrícola (ou variação no custo), R\$.ha^{-1}.

Existe uma série de outros benefícios normalmente não contabilizados na análise econômica e que merecem atenção, tais como: redução do risco de perda da produção, aumento da versatilidade da propriedade permitindo o plantio de uma maior variedade de culturas, diminuição da compactação do solo, aumento da resistência à seca devido a maior profundidade do sistema radicular das culturas, melhor trafegabilidade de máquinas na área, redução de problemas devido a atolamento de máquinas, redução de prejuízos causados por doenças e insetos, etc (JORJANI & VUUREN, 1991).

Por outro lado, a execução de um projeto de drenagem muitas vezes gera opiniões controvertidas devido à dificuldade em se quantificar com clareza os benefícios proporcionados pela drenagem. Segundo Jorjani & Vuuren (1991), essa controvérsia em relação aos benefícios tem basicamente a dois aspectos:

- o aspecto mais importante refere-se à grande variação anual do incremento na produtividade proporcionado pela drenagem, proveniente da dependência das condições climáticas, que são aleatórias, principalmente em relação às precipitações. A maioria das avaliações são realizadas comparando a produtividade de áreas drenadas com áreas não drenadas, durante um período de poucos anos, o que pode não refletir o que ocorrerá durante a vida útil do projeto;
- a resposta da cultura pode ser obtida em parcelas experimentais ou por meio de observações realizadas em propriedades agrícolas. Os experimentos realizados em parcelas possuem a vantagem de permitir um maior controle sobre as variáveis que afetam a produtividade, embora normalmente sejam criticados por não refletirem as condições reais encontradas nas áreas produtivas. Os estudos realizados em fazendas, além da desvantagem do alto custo, não permitem quantificar satisfatoriamente os efeitos das variáveis intervenientes.

Neste contexto, os modelos de simulação apresentam-se como uma ferramenta útil, pois permitem estimar a resposta da cultura para diferentes tipos de solo, espaçamentos e profundidades de drenos, para cada ano de uma série temporal de dados climáticos (ver Capítulo 8).

9.5 – Análise da rentabilidade do projeto

Os custos e os benefícios decorrentes de um projeto de drenagem ocorrem em diferentes épocas ao longo de sua vida útil. A fase inicial do cálculo econômico consiste, justamente, em avaliar os custos e receitas anuais para uma série de anos. Para isso, estudos são realizados, ano a ano, sobre os custos e os benefícios para situações correspondentes à presença e à ausência do projeto. A diferença entre tais situações fornece duas séries, isto é, uma que revela o incremento anual dos custos e, a outra, o incremento anual dos benefícios. A partir dessas séries são calculados os índices de rentabilidade.

Os maiores investimentos costumam ocorrer durante a fase de implantação do projeto, enquanto as receitas ocorrem depois que o projeto atinge seu potencial pleno. Economicamente, a época em que os recursos são aplicados ou recolhidos tem importância fundamental, pois uma determinada soma de capital no tempo presente vale mais do que a mesma quantidade dez anos após. Assim, para os cálculos dos índices de rentabilidade, os valores monetários que constituem as séries de incremento de custos e benefícios devem ser transformados em valores correspondentes a um momento de referência. Para efetuar essa transformação é necessário adotar um determinado valor para a taxa de juros anual. O valor adotado influencia diretamente a estimativa da rentabilidade do projeto. Ao adotar valores mais altos para a taxa de juros, a preservação da área em seu estado natural tende a ficar mais atrativa do que a drenagem, pois o valor presente dos benefícios proporcionados pelo projeto tende a reduzir.

Segundo Kanwar *et al.* (1983), a escolha do valor da taxa de juros para investimentos de longa duração não é uma tarefa fácil, principalmente em épocas de instabilidade econômica. Esses autores sugerem taxas de 12% e 16% ao ano. Segundo Pizarro (1978), o valor desta taxa normalmente varia de 8% a 15% quando se trata de avaliação de projetos públicos.

9.6 – Índices de rentabilidade de um projeto

9.6.1 – Valor presente líquido ou valor atual

O valor presente do projeto pode ser definido como a diferença entre benefícios e custos (quando não há produção antes do projeto) ou a diferença entre os incrementos nos benefícios e custos (quando existe uma atividade produtiva mesmo sem a drenagem), obtida por intermédio da transformação das séries de custos e benefícios correspondentes à vida econômica do projeto para um ano de referência (SMEDEMA & RYCROFT, 1983). Matematicamente, este conceito é definido pela expressão

$$VP = \sum_{i=0}^{i=n} \frac{(Ri - Ci)}{(1+r)^i} - CI \quad (9.2)$$

Em que:

VP – valor presente líquido, R$.ha^{-1};

Ci – custo anual de manutenção do projeto de drenagem, R$.ha^{-1};

CI – custo de implantação do projeto de drenagem, R$.ha^{-1};

n – vida econômica do projeto, anos; e

r – taxa de juros anual, decimal.

O valor presente de um projeto de drenagem vai depender do tipo de solo, estado da drenagem da área antes do projeto, grau de intensidade de drenagem exigido, tipo de cultura a ser implantada, clima, etc. É sempre desejável que sejam encontradas grandezas positivas para o valor presente, pois números negativos implicam em perdas, significando que os custos foram maiores que os benefícios no momento em que ambos foram atualizados (KANWAR *et al.*, 1983). Analizando projetos de drenagem no Estado de Iowa, USA, estes autores encontraram valores presentes variando de US$ -170/ha a US$ 4.602/ha. Leitch (1983), conduzindo estudo semelhante no Estado de Minnesota, encontrou valores presentes variando de US$ -568/ha a US$ 2.193/ha.

9.6.2 – Taxa Interna de Retorno (TIR)

Entre os vários índices que expressam a rentabilidade de um projeto, a TIR é considerada o mais adequado (PIZARRO, 1978; BORNSTEIN *et al.*, 1986; JORJANI & VUUREN, 1991). TIR é uma taxa de atualização que iguala os valores atualizados das séries de incrementos de custos e benefícios.

Matematicamente, a TIR pode ser calculada iterativamente através da fórmula do valor presente, obtendo-se o valor da taxa de juros que faz com que o valor presente seja nulo. Após calculada, a TIR deve ser comparada com a taxa de juros anual (r). Se a TIR for maior que r, significa que o investimento é economicamente viável. Se TIR for menor que r, o investimento não será lucrativo (JORJANI & VUUREN, 1991).

Estes autores avaliaram ainda os efeitos do tipo de solo e da drenagem natural da área sobre a viabilidade econômica dos projetos de drenagem em Ontario, no Canadá, para o cultivo do milho. Quanto aos efeitos provenientes da drenagem natural, eles concluíram que as áreas com drenagem natural pobre fornecem uma TIR maior do que as áreas deficientemente drenadas, pois o incremento na produtividade obtido naquelas áreas é maior. Quanto ao tipo de solo, foi verificado que os solos argilosos fornecem uma TIR baixa devido ao alto custo do projeto de drenagem. Apenas os projetos instalados em solos arenosos mostraram-se economicamente viáveis. Nesse estudo, os valores obtidos para a TIR variaram de -4,42% a 7,93%.

Bornstein *et al.* (1986), estudando a viabilidade econômica da instalação de drenos rasos (0,6 metros de profundidade) instalados com espaçamento reduzido (6 e 12 metros), visando ao aumento da produtividade da cultura da alfafa, obtiveram valores de TIR de 3,3% e 6,7%, respectivamente. Eles concluíram que, para um espaçamento de 12 metros, a drenagem representava um empreendimento viável embora a TIR de 6,7% ficasse um pouco abaixo de alguns valores correntes de taxa de juros.

9.6.3 – Período "payback"

O período "payback" é definido como o número de anos necessários para a recuperação dos custos do projeto através dos benefícios gerados durante a vida econômica do mesmo. Este índice pode ser calculado iterativamente utilizando a fórmula do valor presente, obtendo-se o número de anos (n) que faz com que o valor presente seja nulo. Quanto mais curto o "payback", mais interessante se torna o projeto em termos econômicos.

Leitch (1983) encontrou valores de "payback" variando de 2 a mais de 50 anos, em função da diversidade de solos, condições fisiográficas e culturas exploradas nos projetos de drenagem implantados do Estado de Minnesota, USA. Bornstein *et al.* (1986) obtiveram valores variando de 12 a 20 anos, para diferentes espaçamentos entre drenos e preços de venda da produção no Estado de New York, USA.

Em estudo realizado para a drenagem tubular no Estado de São Paulo, visando a exploração de citros, o período "payback" encontrado foi de 7 anos, considerando R$ 6,00 o preço de venda da caixa de laranja (DUARTE *et al.*, 2011).

9.6.4 – Relação benefício-custo

A relação benefício-custo é um índice de rentabilidade muito popular e amplamente utilizado em análise de empreendimentos agrícolas públicos. Esta relação é definida como o quociente do valor atualizado dos benefícios (ou incrementos de benefícios) e dos custos. A fórmula matemática é :

$$B / C = \frac{\sum_{i=1}^{i=n} \left(\frac{Ri}{(1+r)^i} \right)}{\sum_{i=1}^{i=n} \left(\frac{Ci}{(1+r)^i} \right) + CI} \qquad (9.3)$$

Em que B/C é a relação benefício-custo, adimensional.

O desejável é que o valor da relação benefício-custo calculada seja maior que a unidade. Se este valor for inferior a um, significa que a TIR a ser obtida com os capitais investidos é menor que a taxa de juros utilizada. Se este valor for exatamente igual a um, então a taxa de juros utilizada coincidirá com a TIR.

A relação benefício-custo aumenta com o aumento da vida econômica do projeto e diminui com o aumento da taxa de juros. A taxas de juros mais baixas, o efeito da vida do projeto sobre a relação benefício custo é mais visível. Leitch (1983) e Kanwar *et al.*(1983), fazendo avaliações econômicas de projetos de drenagem nos Estados Unidos, encontraram valores para a relação benefício-custo variando de 0,6 a 5,88.

CAPÍTULO 10

ASPECTOS AMBIENTAIS DA DRENAGEM AGRÍCOLA

10.1 – Contaminação da água de drenagem

Altas produtividades agrícolas e sistemas de agricultura sustentáveis são implementados em solos drenados no mundo inteiro. Embora a drenagem permita a exploração de áreas úmidas, o escoamento de água para os drenos pode transportar nutrientes, sedimentos, pesticidas e, potencialmente, outros poluentes para a água de superfície e subterrânea, sob alguns sistemas de manejo de drenagem, contribuindo para a degradação do meio ambiente. O público em geral às vezes tem sido levado a acreditar que todos os sistemas de drenagem causam mal, o que tem resultado em pressão pública para reduzir e/ou acabar com os projetos de drenagem. Tendo em vista que para atender a demanda crescente por alimentos, fibra e energia possa ser essencial a implantação de novos projetos de drenagem, o desafio é desenvolver sistemas integrados de manejo da drenagem com outras práticas culturais que possibilitem agricultura e produção florestal sustentáveis, e que minimizem a degradação do meio ambiente (GILLIAM *et. al*., 1999).

Os problemas com a contaminação por nitrato oriundo da água dos drenos subterrâneos, por exemplo, vêm acontecendo há vários anos no Canadá e nos Estados Unidos. Mais de 2,5 milhões de hectares das terras cultivadas nas províncias de Ontário e Quebec no Canadá têm drenagem subterrânea, principalmente para a produção de milho. O transporte de nitrato via água nos escoamentos dos drenos desses sistemas de drenagem frequentemente excede 10 mg/L, nível máximo de contaminação geralmente estabelecido para a água de beber. Nos Estados Unidos, efluentes de sistemas de drenagem da região do cinturão do milho são despejados no rio Mississipi e, ao chegarem ao México, contribuem para o agravamento de problemas de hipoxia no Golfo do México (JAYNES *et al*., 2004).

O dimensionamento do sistema de drenagem pode acarretar efeitos nas perdas de $N\text{-}NO_3^-$. Nangia *et al*. (2005) avaliaram o efeito do espaçamento dos drenos nessas perdas e verificaram que o aumento do espaçamento causa redução destas, devido ao aumento da desnitrificação.

Historicamente, os sistemas de drenagem têm sido utilizados apenas para o controle do lençol freático e da salinidade, sendo dimensionados em função das chuvas intensas ou das taxas de percolação proveniente da irrigação. Os projetos de drenagem subterrânea que visam também manter a qualidade da água requerem o uso de modelos hidrodinâmicos que simulem o movimento e a qualidade da água, permitindo o controle da quantidade e da qualidade daquela que sai pelos drenos. Dentre os modelos desenvolvidos, o que vem sendo utilizado com maior sucesso nos Estados Unidos é o DRAINMOD-N (ver Capítulo 8). O dimensionamento realizado por esse modelo prevê que a produtividade da cultura deva sofrer uma ligeira redução ao se manter o ambiente mais úmido, aumentando a desnitrificação e, consequentemente, diminuindo a concentração de nitrato na água de drenagem.

Essa é uma linha de pesquisa ainda em fase de desenvolvimento do Brasil. Veloso (2006) estudou a potencialidade de contaminação com nitrato em solo Glei Pouco Húmico, no qual foram instalados drenos subterrâneos espaçados a cada 10 metros, em Piracicaba – SP. Foram realizadas coletas da água da zona saturada e daquela que escoava nos drenos, durante um ciclo de uma cultura de milho, no qual se aplicou até 200 Kg/ha de N, na forma de uréia. Concluiu-se que a adubação nitrogenada não afetou a qualidade da água monitorada no lençol freático e na descarga dos drenos. Tendo em vista que foi avaliado apenas um único ciclo e que a textura do solo variava de média a argilosa, seria necessária a condução de um maior número de experimentos para permitir recomendações.

10.2 – Manejo da drenagem visando adaptações fisiomorfológicas das plantas

A drenagem excessiva pode causar contaminação do lençol freático (LF) e modificações ambientais, tais como a degradação e oxidação excessiva da matéria orgânica do solo, com consequente exposição de substratos sub-superficiais improdutivos. Além disso, em zonas úmidas, quando o LF é excessivamente rebaixado, perde-se a oportunidade da planta se beneficiar do fluxo ascendente que contribuiria para parte de suas necessidades hídricas. Problemas como esses vêm incentivando o desenvolvimento de uma nova linha de pesquisa que procura estudar a tolerância fisio-morfológica de culturas à ambiente temporariamente não aerado. A idéia central dessa linha é verificar se encharcamentos ligeiros proporcionados à planta nas fases iniciais de desenvolvimento poderiam torná-la mais tolerante à encharcamentos mais severos, que viessem a ocorrer nos estágios de desenvolvimento posteriores.

Segundo Calheiros (2000), há fortes evidências de que o adequado manejo da água no solo e do LF pode levar ao "endurecimento fisiológico" da cultura por meio de uma adaptação gradativa dos mecanismos fisiológicos e morfológicos da planta, podendo, aliado à introdução de cultivares mais tolerantes, vir a constituir a melhor estratégia de exploração de culturas mesófitas em terras baixas.

Trocas abruptas da pressão parcial de oxigênio abaixam significativamente o estado de energia das células e não permitem que ocorram respostas de aclimatação, bem como a indução de um metabolismo alternativo antes da condição se tornar letal. Ao contrário, a elevação gradativa do nível de anoxia (falta de oxigênio) pode levar a planta à adaptações, como o desenvolvimento de aerênquima, o lançamento de raízes adventícias, e como observado em raízes hipoxigenadas de milho, o desenvolvimento de mudança no padrão de síntese de proteínas (SACHS *et al.*, 1980).

Calheiros (2000) estudou o efeito de três manejos do lençol freático na indução de adaptações fisio-morfológicas è hipoxia nas culturas do trigo e do feijão. Após a indução no período vegetativo, por meio de curtos períodos de encharcamento com duração progressiva, a eficiência dos manejos foi forçada a manifestar-se por intermédio de encharcamento permanente e severo no período de florescimento/formação de grãos. Verificou-se que, realmente, ocorreram adaptações que ajudaram as plantas a sobreviver quando do estresse severo; entretanto, os parâmetros de produção ficaram ainda muito distantes daqueles medidos em plantas que não foram sujeitas à inundação.

Conclui-se que a indução a adaptações fisio-morfológicas em plantas mesófitas se trata de uma linha de pesquisa interessante, que aliada ao melhoramento genético, pode vir à contribuir, no futuro, para o uso de sistemas de drenagem menos intensos e menos impactantes.

10.3 – A biodrenagem

A biodrenagem é um termo relativamente novo, que pode ser entendido como o processo de extração de água do solo através do sistema radicular das plantas, e sua eliminação na forma de vapor, por meio da evapotranspiração (RAM *et al.*, 2008). Ela representa uma tecnologia alternativa para resolução dos problemas de alagamento, necessidade de rebaixamento no nível freático e necessidade de controle da salinidade do solo, principalmente em regiões áridas e semi áridas. Vem sendo testada em vários países como Índia, Israel, Austrália, Paquistão, Estados Unidos, entre outros.

Diversos trabalhos vêm sendo desenvolvidos com diversas espécies vegetais na busca para selecionar as mais adaptadas à biodrenagem. Citam-se como características desejáveis possuir uma elevada demanda evapotranspirométrica, uma certa tolerância à salinidade e também promover uma remuneração ao produtor. As que vêm sendo testadas com maior sucesso são o eucalipto e a acácia; Holmes & Wronski (1981) observaram que o eucalipto, nas condições da Austrália, era capaz de evapotranspirar 70 mm/ano a mais que a maioria das culturas anuais.

Heuperman *et al.* (2002) sugerem o uso algumas linhas de árvores para o controle do "seepage" lateral proveniente de encostas e de canais de irrigação; no caso das encostas as linhas podem ser posicionadas no topo, à meia-encosta ou na baixada. Ram *et al.* (2008), trabalhando na Índia, verificaram efeito significativo no rebaixamento do LF em consequência da instalação de "biodrenos" espaçados a 66 metros; cada biodreno era constituído de 2 linhas de eucalipto plantadas sobre um camalhão largo. Já Gafni & Zohar (2007), trabalhando em duas áreas experimentais em Israel, obtiveram resultados promissores em apenas uma delas.

Atualmente, no Brasil, não existem relatos na literatura especializada acerca do uso da biodrenagem, apesar do sistema apresentar potencialidades, em especial em áreas irrigadas no Semiárido. As plantações florestais de eucalipto têm estado no meio de grandes controvérsias, e continuam a despertar acalorados debates quanto a seus impactos ao meio ambiente. De modo geral, criticam-se os efeitos sobre o solo (empobrecimento e erosão) e a água (impacto sobre a umidade do solo e sobre os aquíferos livres), muito embora estudos comparativos entre o consumo de água em plantações de eucalipto e de floresta nativa (Mata Atlântica), desenvolvido por Almeida & Soares (2003), tenham constatado que os consumos se equivalem. No entanto, quando se considera o consumo de espécies nativas da Caatinga e do Cerrado, parece que, realmente, o eucalipto promove uma evapotranspiração maior. Portanto, conclui-se que se trata de uma técnica com amplas frentes de pesquisas a serem exploradas no futuro.

10.4 – A Legislação ambiental

A implantação de projetos de drenagem subterrânea em áreas baixas próximas a cursos d'água deve ser realizada apenas após obtenção de autorização do órgão ambiental/florestal competente de cada Estado. Essa aprovação é embasada no Código Florestal, que prevê a manutenção de Área de Preservação Permanente (APP) formada pela mata ciliar ao longo do curso d'água e ao redor das nascentes.

Entre os pesquisadores há consenso de que a faixa ciliar é insubstituível, em razão da biodiversidade e de seu alto grau de especialização e endemismo, além dos serviços ecossistêmicos essenciais que desempenham. Dentre esses serviços destacam-se a estabilização das encostas, a manutenção da população de polinizadores e de ictiofauna, o controle natural de pragas, de doenças e das espécies invasoras. Na zona ripária, além do abrigo da biodiversidade com seu provimento de serviços ambientais, os solos úmidos e sua vegetação nas zonas de influência de rios e lagos são ecossistemas de reconhecida importância na atenuação de cheias, no condicionamento da qualidade da água e na manutenção de canais pela proteção de margens e redução do assoreamento. Quando esses ecossistemas naturais ladeiam os corpos d'água, o carbono e os sedimentos são fixados, a água em excesso é contida, a energia de correntezas é dissipada e os fluxos de nutrientes nas águas de percolação passam por filtragem química e por processamento microbiológico, o que reduz sua turbidez e aumenta sua pureza (SBPC, 2011).

Embora exista consenso da importância da permanência da faixa ciliar ao longo dos cursos d'água, a largura necessária para essa faixa cumprir seus objetivos é objeto de grande polêmica. Na Tabela 10.1 são apresentadas as larguras propostas pelas leis federais de 1965, 1989 e 2012.

Tabela 10.1 – Largura da faixa ciliar ao longo dos rios, segundo o tamanho da calha do curso d'água, segundo as leis florestais de 1965, 1989 e 2012

Lei Federal 4.771 de 1965		**Lei Federal 7.803 de 1989**		**Lei Federal 12.651 de 2012**	
Calha Leito Regular	**Largura APP**	**Calha Leito regular**	**Largura APP**	**Calha Leito regular**	**Largura APP**
< 10 m	5 m	< 10 m	30 m	< 10m	30m
10 a 200 m	½ calha	10 a 50 m	50 m	10 a 50m	50m
		50 a 100 m	100 m	50 a 200m	100m
> 200 m	100 m	100 a 200 m	150 m	200 a 600m	200m
		> 200 m	1 calha	> 600m	500m

Entre os anos de 1973 e 1987 esteve em vigor um programa do governo federal denominado PROVÁRZEAS, por meio do qual se subsidiava projetos de sistematização e drenagem de várzeas, visando principalmente a produção de arroz irrigado por inundação. As faixas observadas durante esse programa baseavam-se no Código Florestal (Lei 4.771 de 15/09/1965); desta forma, com a promulgação da Lei 7.803 (18/07/1989) muitas áreas que se tornaram agricultáveis, por incentivo do próprio governo, caíram na ilegalidade.

Atualmente (2012), foi aprovada uma nova lei federal, segundo a qual a largura da APP ao longo dos rios foi mais uma vez alterada, para cursos d'água de mais de 100 metros de largura.

Outra alteração prevista pelo substitutivo de 2012 é que o início da marcação da faixa ciliar, que era medido a partir do nível mais alto do rio (1989), passará a ser medido a partir da borda do leito menor do rio (2012). No Estado de São Paulo, o antigo DPRN (atualmente incorporado à CETESB), em casos em que havia polêmica para interpretação do "nível mais alto do rio", aceitava o critério de se considerar o nível correspondente a uma cheia com período de retorno de 2 anos, que podia ser calculada com relativa precisão, desde que se fizesse batimetria das calhas. Há necessidade, portanto, de se propor um novo critério técnico. O mais coerente para a lei de 2012 seria considerar a calha correspondente à vazão média de longo período do trecho do curso d'água em questão.

Outro aspecto que vem influenciando a legalidade da drenagem em áreas baixas, próximas a cursos d'água, é a necessidade de a propriedade possuir a percentagem exigida de Reserva Legal, devendo a mesma ser averbada. A experiência tem demonstrado também que, havendo previsão de desmatamento, dificilmente se obtém autorização, mesmo que os pontos já citados estejam sendo observados. A tendência atual dos técnicos estaduais dos órgãos florestais/ambientais é, aproveitando a visita à propriedade, não se restringir à área do projeto de drenagem; os técnicos percorrem toda a propriedade e anotam todos os aspectos pendentes. Esse processo, no Estado de São Paulo, é denominado de cumprimento da Agenda Verde da propriedade.

É importante destacar ainda que serviços de manutenção de drenos abertos em projetos já implantados também estão sujeitos à necessidade de se encaminhar uma licença ao órgão ambiental/florestal. O pedido deve ser acompanhado por um mapa da propriedade contemplando a área do projeto, certidão do cartório de imóveis, cópia do imposto territorial rural pago e um memorial descritivo do caminho de acesso à propriedade.

Finalmente, cabe observar que existem alguns aspectos "subjetivos" que dependem das características e tradições de cada região. No Estado de São Paulo, por exemplo, regiões onde há tradição de agricultura em várzeas, como Taubaté, Salesópolis, Sertãozinho e Registro, os técnicos se limitam ao cumprimento do Código Florestal. Já em regiões onde predomina a agricultura de "terras altas", qualquer mancha de solo hidromórfico pode ser encarada como "área úmida", devendo ser anexada à APP.

Tendo em vista esses aspectos anteriormente discutidos, o melhor a fazer é, antes de qualquer inversão de capital no projeto de drenagem, consultar o órgão ambiental/florestal local, para se isentar de futuros prejuízos e aborrecimentos.

CAPÍTULO 11

BIBLIOGRAFIA

ALMEIDA, A.C.; SOARES, J.V. Comparação entre o uso da água em plantações de *Eucalyptus grandis* e floresta ombrófita densa (Mata Atlântica) na costa leste do Brasil. Revista Árvore; v.27, n.2, p.159-170, 2003.

ARENAS, M.T.L.; MEIJAS, R.J.; TORRES, F.M. et al. Estimation of the evolútion in time of salts of the soil solution by means of suction cups (compact disc). In: INTERNATIONAL SYMPOSIUM ON WATER QUANTITY AND QUALITY ON GREENHOUSE HORTICULTURE, Almeria, 1996. Proceedings. Almeria: ICIA, ISHS, SECH, 1996.

ARMSTRONG A.C., RYCROFT D.W., WELCH D.J. Modelling watertable response to climatic inputs – Its use in evaluating drainage designs in Britain. **Journal of the Agricultural Engineering Research**, v.25, n.3, p.311-323, 1980.

AYERS, R.S. & WESTCOT, D. W. **Qualidade de água na agricultura**. Trad. H.R. Gheyi, J.F. Medeiros e F.A.V. Damasceno. Campina Grande: UFPB, 1991. 218p. (FAO. Estudos de Irrigação e Drenagem, 29).

BATISTA, M.J.; NOVAES, F.; SANTOS D.G.; SUGUINO, H.H. **Drenagem de solos no combate a desertificação**. Brasília, DF: Ministério do Meio Ambiente. 1999. 204 p.

BEASLEY, D.B., HUGGINS, L.F., MONKE, E.J. ANSWERS: a model for watershed planning. **Transactions of the ASAE**, v.23, n.3, p.938-944, 1980.

BELMANS, C., WESSELING, J.G., FEDDES R. A. Simulation model of the water of a cropped soil: SWATRE. **Journal of Hydrology**, v.63, n.3, p.271-286, 1983.

BELTRAN, J.M. **Drenaje agrícola.** Madrid: Ministério de Agricultura, Pesca y Alimentacion, 1986. 239 p.

BENGTSON, R.L., GARZON, R.S., FOUSS, J.L. A fluctuating watertable model for the management of a controlled-drainage/subirrigation system. **Transactions of the ASAE**, v.36, n.2, p.437-443, 1993.

BERTONI, J.; LOMBARDI NETO, F. **Conservação do solo**. São Paulo: Editora Ícone, 1990. 355 p.

BHATTACHARYA, K., FOROUD N., CHIENG, S. et al. Subsurface drainage cost and hydrologic model. **Journal of the Irrigation and Drainage Division**, v.103, n.3, p.299-308, 1977.

BOHN, H.L.; McNEAL, B.L.; O'CONNOR, G.A. Soil chemistry. New York: John Wiley, 1985. 341p.

BOONSTRA, J. & N.A. de RIDDER 1981. Numerical modelling of groundwater basins: a user-oriented manual. ILRI Publication 29, Wageningen. 226 p.

BORNSTEIN, J., SKINNER, S.P., REILING, S.D. Economics of subfurface drainage systems for alfafa hay. **Transactions of the ASAE**, v.29, n.2, p.484-488, 1986.

BOUMANS, J.H., SMEDEMA, L.K. Derivation of cost-minimizing depth for lateral pipe drains. **Agricultural Water Management**, v.12, n.1, p.41-51, 1986.

BURGUEÑO, H. La fertirrigacion en cultivos hortícolas com acolchado plástico. Culiacan, Sin., Mexico. 1996. v.1. 45p.

CALHEIROS, R.O. Efeito do manejo da água de drenagem na adaptação fisiomorfológica de plantas mesófitas ao encharcamento. Piracicaba, 2000. 127p. Tese(Doutorado) – Escola Superior de Agricultura "Luiz de Queiroz", Universidade de São Paulo.

CANTOS, Baltazar Lopes; CRUCIANI, Décio Eugênio; DUARTE, Sergio Nascimento. Estudo de critérios de drenagem para a produção do feijoeiro. In: VII SIMPÓSIO DE INICIAÇÃO CIENTÍFICA DA USP, 1999, Piracicaba. VII Simpósio de Iniciação Científica da USP - CDROM. São Paulo: USP, 1999.

CARTER, C.E., CAMP, C.R. Drain spacing effects on water table control and cane sugar yields. **Transactions of the ASAE**, v.37, n.5, p.1509-1513, 1994.

CHANG, A.C., SKAGGS, R.W., HERMSMEIER, L.F. et al. Evaluation of a water management model for irrigated agriculture. **Transactions of the ASAE**, v.26, n.2, p.412-422, 1983.

CHIENG, S., BROUGHTON, R.S., FOROUD, N. Drainage rates and water-table depths. **Journal of the Irrigation and Drainage Division**, v.104, n.4, p.413-433, 1978.

CHRISTIANSEN, J.E.; OLSEN, E.C.; WILLARDSON,L.S. Irrigation water quality evaluation. **Journal of the irrigation and drainage division**, ASCE, v.103,, n.1IR2, p.155-169, 11976.

CHUNG, S.O., WARD, A.D., SCHALK, C.W. Evaluation of the hydrologic component of the ADAPT water management model. **Transactions of the ASAE**, v.32, n.2, p.571-579, 1992.

COSTA, R. N. T. Espaçamento econômico de drenos laterais e a dinâmica do lençol freático sobre o rendimento da cultura do milho (*Zea mays* L.). Piracicaba, 1994. 88p. Tese (Doutorado) Escola Superior de Agricultura "Luiz de Queiroz", Universidade de São Paulo.

CRUCIANI, D. E. Caracterização agronômica de coeficientes de drenagem para elaboração de projetos. In: SIMPÓSIO BRASILEIRO DE HIDROLOGIA E RECURSOS HÍDRICOS, 4., Fortaleza, 1981. **Anais.** Fortaleza: Associação Brasileira de Recursos Hídricos - ABRH, 1981b. p.500-514.

CRUCIANI, D. E.; MINAMI, K. Efeitos do excesso de água no solo na produção de aveia (*Avena strigosa sckreb*). **Revista ITEM**, v.16, p.31-33, 1984.

CRUCIANI, D. E.; MINAMI, K. Susceptibilidade do pimentão (*Capsicum annum L.)* a inundações temporárias do sistema radicular. **Anais da Escola Superior de Agricultura "Luiz de Queiroz"**. v.39, p.137-150. 1982.

CRUCIANI, D.E. **A drenagem na agricultura**. 4. ed. São Paulo: Nobel, 1987. 337p.

CRUCIANI, D.E. Caracterização agronômica do coeficiente de drenagem para elaboração de projetos com a cultura do milho (*Zea mays, L.*). **Revista ITEM**. n.22, p.28-31. 1985.

DAEE. Guia prático para projetos de pequenas obras hidráulicas. Secretaria de Recursos Hídricos, Saneamento e Obras do Estado de São Paulo, São Paulo, 2005. 111 p.

DAKER, A. A água na agricultura – 2º Volume: Captação, elevação e melhoramento da água. Livraria Freitas Bastos, Rio de Janeiro, 1984. 439 p.

DENARDIN, J.E.; FREITAS, P.L. Características fundamentais da chuva no Brasil. Pesquisa Agropecuária Brasileira, Brasília, 17(10)1409-1416, 1982.

DONEEN, L.D. Water quality for irrigated agriculture. In: POLJAKOFF-MAYBER, A.; GANE, J. (Ed.) Plants in saline enviroments. Berlin: Springer-Verlag, 1975. p.56-76. (Ecological Studies, 15).

DONNAN, W.W. Model of a tile-spacing formula. **Soil Society of American Proceedings**. v.11, p.131-136, 1947.

DOURADO NETO, D.; SAAD, A.M.; JONG van LIER, Q. de, ed. **Curso de agricultura irrigada**. Piracicaba, ESALQ/Depto. Agricultura. 1991. 156p.

DUARTE, E. F. et al. Estudo da sensibilidade à submersão do solo das culturas de maior interesse econômico da baixada fluminense – I Efeitos da inundação periódica na cultura do quiabo. **Revista ITEM** (no prelo). 1990.

DUARTE, E. F. et al. Estudo da sensibilidade à submersão do solo das culturas de maior interesse econômico da baixada fluminense – II Efeitos das inundações periódicas sobre a cultura da batata-doce. **Revista ITEM** (no prelo). 1991.

DUARTE, E. F. et al. Estudo da sensibilidade à submersão do solo das culturas de maior interesse econômico da baixada fluminense – III Efeitos das inundações periódicas sobre a cultura do milho. **Revista ITEM** (no prelo). 1992.

DUARTE, S. N. et al. Avaliação econômica da drenagem subterrânea para citros. **Anais do XL Congresso Brasileiro de Engenharia Agrícola.** Brasília-DF: Sociedade Brasileira de Engenharia Agrícola. CDROM, 3 p. 2011

DUARTE, S.N. Modelo para avaliação de desempenho de sistemas de drenagem subterrânea e cálculo de espaçamento de drenos. Tese de Doutoramento. Curso de Pós-Grasuação em Engenharia Agrícola da UFV. Viçosa, 1997, 142 p.

DUARTE, S.N.; MIRANDA, J.H.; JACOMAZZI, M.A.; MENDONÇA, F.C.; GUERRA FILHO, P.A. Avaliação econômica da drenagem subterrânea para citros. Sociedade Brasileira de Engenharia Agrícola, Jaboticabal, 2011. Anais do XL Congresso Brasileiro de Engenharia Agrícola – CDROM. Cuiabá, 2011.

DUARTE, S. N.; CRUCIANI, D. E.; CANTOS, B. L. Efeitos da dinâmica do lençol freático sobre a cultura do feijoeiro. In: XXIX CONGRESSO BRASILEIRO DE ENGENHARIA AGRÍCOLA, 2000, Fortaleza. Anais do XXIX Congresso Brasileiro de Engenharia Agrícola - CDROM. Fortaleza: UFC/SBEA, 2000.

DUARTE, S. N.; CRUCIANI, D. E.; CARARO, D. C.; PASSOS, K. S.; LOPES, Alexsandro Donizete Vaz. Avaliação de equações de drenagem para regime não permanente em condições de laboratório. **Revista Brasileira de Engenharia Agrícola e Ambiental,** Campina Grande, v. 5, n. 2, p. 181-186, 2001.

DUARTE, S. N.; MIRANDA, J. H.; CRUCIANI, D. E. Desempenho de equações de espaçamento entre drenos. **Engenharia Rural**, Piracicaba, v. 13, n. único, p. 49-55, 2002.

DUARTE, S. N.; MIRANDA, J. H.; FOLEGATTI, M. V. Dimensionamento econômico de sistemas de drenagem para a produção de cana-de-açúcar usando o modelo SISDRENA. **Revista Brasileira de Engenharia Agrícola e Ambiental,** Campina Grande, v. 6, n. 1, p. 1-6, 2002.

ERNST, L.F. 1962. Grondwaterstromingen in de verzadigde zone en hun berekening bij aanwezigheid van horizontale evenwijdige open leidingen. Verslagen Landbouwkundige Onderzoekingen 67-15. PUDOC, Wageningen, 189 p.

EUCLYDES, H. P. **Saneamento agrícola – Atenuação de cheias: metodologia e projeto**. Belo Horizonte: Fundação Rural Mineira – RURALMINAS, 1986. 305 p.

FAO. Drainage of slaty soils. Irrigation and drainage paper nº 16. FAO, Rome, 84p., 1973.

FAO. Irrigation, drainage and salinity: an international sourcebook. Pais: UNESCO, Hutchinson, 1973, 510p.

FAO. Yield response towater. Doorenbos, J. & Kassam, A.H. FAO Irrigation and Drainage paper 33. FAO, Rome, 1979.

FAO. Prospects for drainage of Clay soils. Irrigation and drainage paper nº 51. FAO, Rome, 135p., 1995.

FAUSEY, N.R., NOLTE, B.H., BEATHARD, P.S. Subsurface drainage maintenance in Ohio. **Transactions of the ASAE**, v.25, n.3, p.997-1001, 1982.

FEDDES, R.A. Effects of drainage on crops and farm management. **Agricultural Water Management**, v.14, n.1, p.3-18, 1988.

FEDDES, R.A., M. MENENTI, P. KABAT; W.G.M. BASTIAANSEN, 1993. Is large-scale modelling of drainage.

FEDDES, R.A., P.J. KOWALIK; H. ZARADNY 1978. Simulation of field water use and crop yield.

FERREIRA, P.A. Curso de engenharia de irrigação. XI. Drenagem. Brasília, DF: Associação Brasileira de Educação Agrícola Superior. 1987. 86p.

FLECHA, P. A. Nunez; MINGOTI, R.; DUARTE, S. N.; MIRANDA, J. H.; CRUCIANI, D. E. Sensibilidade da cultura da batata ao excesso de água no solo. In: XXXIII CONGRESSO BRASILEIRO DE ENGENHARIA AGRÍCOLA - CONBEA, 2004, São Pedro. Anais do XXXIII Congresso Brasileiro de Engenharia Agrícola - CDROM. Jaboticabal: SBEA - Sociedade Brasileira de Engenharia Agrícola, 2004.

FOUSS, J.L. Simulated feedback-operation of controlled-drainage/subirrigation systems. **Transactions of the ASAE**, v.28, n.3, p.839-847, 1985.

FOUSS, J.L., BENGTSON, R.L., CARTER, C.E. Simulating subsurface drainage in the lower Mississipi Valley with DRAINMOD. **Transactions of the ASAE**, v.30, n.6, p.1679-1688, 1987.

FOUSS, J.L., SKAGGS, R.W., ROGERS, J.S. Two-stage weir control of subsurface drainage for water table management. **Transactions of the ASAE**, v.30, n.6, p.1713-1719, 1987.

FUKUDA, H.T. Rice irrigation in Japan. FAO, Rome, 1968, 60p.

GAFNI, A.; ZOHAR, Y. Hydrological and salinity impacts of a biodrainage strategy application in the Yizre' el Valley, Israel. **Hydrological Processes,** v.21, p.2164-2173, 2007.

GAYLE, G.A., SKAGGS, R.W., CARTER, C.E. Effects of excessive soil water conditions on sugarcane yields. **Transactions of the ASAE**, v.30, n.4, p.993-997, 1987.

GILLIAM, J.W.; BAKER, J.L.; REDDY, K.R. Water quality effects of drainage in humid regions. American Society of Agronomy, Crop Science Society of America, Soil Science of America. USA, Madison. In: Agriculture Drainage, 1999. (Agronomy monograph n.38)p.801-830.

GOMES, A. S.; PAULETTO, E. A. **Manejo do solo e da água em áreas de várzeas**. Pelotas: Embrapa Clima Temperado, 1999. 200 p.

GRUPTA, G.P., PRASHER, S.O., CHIENG, S.T. et al. Application of DRAINMOD under semi-arid conditions. **Agricultural Water Management**, v.24, n.1, p.63-80, 1993.

HACKWELL, S.C., PRASHER, S.O., BARRINGTON, S.F. Testing of a field scale drainage model on subsurface-drained farmlands. **Agricultural Water Management**, v.20, n.1, p.29-45, 1991.

HARDJOAMIDJOJO, S., SKAGGS, R.W. Predicting the effects of drainage systems on corn yields. **Agricultural Water Management**, v.5, n.2, p.127-144, 1982.

HERMSMEIER, L.F. Drainage practice in Imperial Valley. **Transactions of the ASAE**, v.21, n.1, p.105-109, 1978.

HEUPERMAN, A.F.; KAPOOR, A.S.; DENECKE, H.W. Biodrainage: Principles, experiences and applications. Rome: FAO, 2002. 79p.

HIRSCHI, M.C., BARFIELD, B.J. KYERMO: a physically based research erosion model Part I. Model development. **Transactions of the ASAE**, v.31, n.3, p.804-813, 1988.

HOFFMAN, G.J. Guidelines for reclamation of salt-affected soils. In: INTER-AMERICAN SALINITY WATER MANAGEMENT TECHINICAL CONFERENCE, Juarez, 1980. Proceedings. Juarez, 1980. p.49-64.

HOLMES, J.W.; WRONSKI, E.B. The influence of plant communities upon the hydrology of catchments. **Agricultural Water Management**, v.4, p.19-34, 1981.

HONEYFIELD, H.R. and B.A. SIAL, 1992. Envelope design for sub-surface drainage system for Fordwah Eastern Sadiqia (South) Project. In: W.F. Vlotman, Proceedings 5th international drainage workshop: subsurface drainage on problematic irrigated soils: sustainability and cost.

HOOGHOUDT, S.B. 1940. Algemeene beschouwing van het probleem van de detailontwatering en de infiltratie door middel van parallel loopende drains, greppels, slooten en kanalen. Verslagen van landbouwkundige onderzoekingen 46 (14) B, Algemeene Landsdrukkerij, 's-Gravenhage, 193 p.

ILRI Princípios y aplicaciones del drenaje IV Diseño y manejo de los sistemas de drenaje. Wageningen: International Institute for Land and Improvemente, 1978. 547 p.

JACOBSEN, Th. & R.M. ADAMS 1958. Salt and silt in ancient mesopotamian agriculture. Science 128, 3334, pp. 1251-1258.

JARVIS, N.J., LEEDS-HARRISON, P.B. Modelling water movement in drained clay soil. I. Description of the model, sample output and sensitivity analysis. **Journal of Soil Science,** v.38, n.3, p.487-498, 1987.

JAYNES, D.B.; KASPAR, T.C.; MOORMAN, T.B.; PARKIN, T.B. Potential methods for reducing nitrate losses in artificially drained fields. In: COOKE, R.A. Drainage VIII, In: INTERNATIONAL DRAINAGE SYMPOSIUM, 8; 2004. Sacramento. Proceedings..., Sacramento: American Society of Agricultural Engineers.

JONG VAN LIER, Q. Extração da água do solo por plantas: desenvolvimento e validação de um modelo. Piracicaba, 1994. 98p. (Doutorado - Escola Superior de Agricultura "Luiz de Queiroz"/USP).

JORJANI, H., VUUREN, W. van. Physical and economics benefits of subsurface drainage by soil type in eastern Ontario. **Agricultural Water Management**, v.19, n.3, p.235-251, 1991.

KANEKO, R. 1975. Agricultural engineering activities in Japan. Irrigation and drainage course, Japan International Cooperation Agency. Uchihara International Agricultural Training Centrc, 160 p.

KANWAR, R.S., JOHNSON, H.P., SCHULT, D. et al. **Transactions of the ASAE**, v.26, n.2, p.457-464, 1983.

KIRKHAM, D. 1972. Problems and trends in drainage research, mixed boundary conditions. **Soil Science**. 113, 4, pp. 285-293.

KONYHA, K.D., SKAGGS, R.W., GILLIAM, J.W. Effects of drainage and water management practices on hydrology. **Journal of Irrigation and Drainage Engineering**, v.118, n.5, p.807-819, 1992.

KRUGEL, C.; DREYSPRING, C.; HEINZ, W. A new suction apparatus for the complete separation of the soil solution from the soil itself. Superphosphate, v.8, p.101-108, 1935.

KUMBARE, P.S., K.V. RAO, K.V.G. RAO, H.S. CHAUHAN; R.J. OOSTERBAN 1992. Performance of some synthetic drain filter materials in sandy loam soils. In: W.F. Vlotman, Proceedings 5th international drainage workshop: subsurface drainage on problematic irrigated soils: sustainability and cost effectiveness. International Waterlogging and Salinity Research Institute, Lahore, pp. 5.97-5.104. pp. 1251-1258.

LARCHER, W. Physiological plant ecology. 3.ed. Berlin: Springer – Verlag, 1995. 506p.

LEEGHWATER, J.A. 1641. In: Haarlemmermeerboek, 1838 13e dr. Amsterdam, 192 p. Lin, F., P. Campling and P. Pauwels 1990. Drain CAD: a comprehensive and flexible software package.

LEITCH, J.A. Economics of prairie wetland drainage. **Transactions of the ASAE**, v.26, n.5, p.1465-1475, 1983.

LEONARD, R.A., KNISEL, W.G., STILL D.A. GLEAMS: groundwater loading effects of agricultural management systems. **Transactions of the ASAE**, v.30, n.5, p.1413-1418, 1987.

LIBARDI, P.L. Dinâmica da água no solo. Piracicaba: O Autor, 1995. 497p.

LIMA, L.A. Efeito de sais no solo e na planta. In: GHEYI, H.R.; QUEIROZ, J.E.; MEDEIROS, J.M. (Ed.). **Manejo e controle da salinidade na agricultura**. Campina Grande: UFPB; SBEA, 1997. p.113-136.

LIPMAN, C.B. A new method of extracting the soil solution. **Journal of Agricultural Science,** v.3, p.131-134. 1918.

LOMBARDI NETO, F. et al. Terraceamento Agrícola. Campinas, SP. Secretaria da Agricultura e do Abastecimento do Estado de São Paulo – Coordenadoria de Assistência Técnica Integral, 1994. 39p. (Boletim técnico da CATI, 206).

LOMBARDI NETO, F.; BELLINAZZI JUNIOR, R. **Simpósio sobre terraceamento agrícola.** Campinas: Fundação Cargill, 1989. 266 p.

MAAS, E.V. Crop tolerance. **California Agriculture**, v.38, n.10, p.21-21, 1984.

MAAS, E.V.; HOFFMAN, G.J. Crop salt tolerance: current assessment. **Journal of Irrigation and Drainage Division**. ASCE, v.103, n. IR2, p.115-134, 1977.

MADRAMOOTOO, C.A. Assessing drainage benefits on a heavy clay soil in Quebec. **Transactions of the ASAE**, v.33, n.4, p.1217-1223, 1990.

MAIERHOFER, C.R. 1962. Drainage in irrigation: a world problem I and II. The reclamation era, 48, 3, pp. 73-76 and 4, pp. 103-105.

MARCIANO, C.R. Variabilidade das leituras de tensiômetros e sonda de nêutrons em experimentos de manejo de irrigação. Piracicaba, 1995. 149p. (Mestrado - Escola Superior de Agricultura "Luiz de Queiroz"/USP).

MCMAHON, P.C., MOSTAGHIMI, S., WRIGHT, F.S. Simulation of corn yield by a water management model for coastal plain soil in Virginia. **Transactions of the ASAE**, v.31, n.3, p.734-742, 1988.

METZGER, J.F., J. GALLICHAND, M.H. AMER and J.S.A. Brichieri-Colombi 1992. Experiences with fabric envelope selection in a large subsurface drainage project in Egypt. In: W.F. Vlotman, Proceedings 5th international drainage workshop: subsurface drainage on problematic irrigated soils: sustainability and cost effectiveness. International Waterlogging and Salinity Research Institute, Lahore, pp. 5.77-5.87.

MILLAR, A. A. Drenagem de terras agrícolas. São Paulo: McGraw-Hill do Brasil. 1978. 276 p.

MINDERHOUND, P. A model for the design of drainage in flat agricultural. **Agricultural Water Management**, v.5, n.2, p.95-125, 1982.

MINGOTI, R.; DUARTE, S. N.; MIRANDA, J. H.; CRUCIANI, D. E. Dimensionamento econômico de profundidades e espaçamentos de drenos para a produção de cana-de-açúcar. **Revista Brasileira de Engenharia Agrícola e Ambiental**, Campina Grande, v. 10, p. 535-540, 2006.

MINGOTI, Rafael; FLECHA, Pablo Alberto Nunez; DUARTE, Sergio Nascimento; CRUCIANI, Décio Eugênio; MIRANDA, Jarbas Honório de. Sensibilidade da cultura da alface ao excesso de água no solo. In: XXXIII CONGRESSO BRASILEIRO DE ENGENHARIA AGRÍCOLA - CONBEA, 2004, São Pedro. Anais do XXXIII Congresso Brasileiro de Engenharia Agrícola - CDROM. Jaboticabal: SBEA - Sociedade Brasileira de Engenharia Agrícola, 2004.

MINGOTI, Rafael; SÁ, Jocelito Saccol de; DUARTE, Sergio Nascimento; CRUCIANI, Décio Eugênio. Efeitos de diferentes velocidades de rebaixamento do nível freático na cultura da cenoura (*Daucus carota* L.). **Engenharia Rural**, Piracicaba - SP, v. 13, n. único, p. 57-64, 2002.

MIRANDA, J.H. Modelo para simulação da dinâmica da água em sistemas de drenagem subterrânea e cálculo do espaçamento entre drenos. Dissertação de Mestrado. Curso de Pós-Graduação em Agronomia, Área de Concentração: Irrigação e Drenagem. ESALQ/USP, Piracicaba, 1998, 108 p.

MOSTAGHIMI, S., LEMBKE, W.D., BOAST, C.W. Controlled-drainage/subirrigation simulation for a claypan soil. **Transactions of the ASAE**, v.28, n.5, p.1557-1563, 1985.

NANGIA, V.; GOWDA, P.H.; MULLA, D.J.; SANDS, G.R. Modeling nitrate-nitrogen losses in response to tile drain depth and spacing in a cold climate. In: ANNUAL INTERNATIONAL MEETING 2005. Tampa, FL. Meeting... TAMPA: ASAE, 2005. 1 CDROM.

NOSENKO, P.P. & I.S. ZONN 1976. Land drainage in the world. ICID Bulletin, 25, 1, pp. 65-70.

PARSONS, J.E., SKAGGS, R.W., DOTY, C.W. Development and testing of a water management model (WATRCOM): development. **Transactions of the ASAE**, v.34, n.1, p.120-128, 1991.

PEREIRA, F.M.A. Solos afetados por sais no Nordeste I: efeito da relação solo-água nos valores de condutividade elétrica. **Agropecuária Técnica**. 1981.Vol.2. p.148-154.

PFAFSTETTER, O. (1957) "Chuvas Intensas no Brasil" Departamento Nacional de Obras de Saneamento - DNOS, Rio de Janeiro, RJ, Brasil, 419p.

PINTO, F.A.; FERREIRA, P.A.; PRUSKI, F.F.; ALVES, A.R.; CECON, P.R. Equações de chuvas intensas para algumas localidades do Estado de Minas Gerais. **Revista Engenharia Agrícola,** Jaboticabal, v.16, n.1, p.91-104, 1996.

PIZARRO, F. Drenaje agrícola y recuperación de suelos salinos. Madrid: Agrícola Española, 1978. 521p.

PORTO, R. M. Hidráulica básica. São Carlos: EESC – USP, 1998. 519 p.

PRUSKI, F.F.; CALIJURI, M.L.; BHERING, E.M.; SILVA, J.M.A. Metodologia baseada no uso de sistemas de informações geográficas para obtenção de equações de chuvas intensas em qualquer localidade do Estado do Paraná. **Revista Engenharia na Agricultura**, Viçosa, v.5, n.3, p.254-265, 1997.

PRUSKI, F.F.; GRIEBELER, N.P.; SILVA, J.M.A.; OLIVEIRA, J.R.S. Práticas mecânicas para o controle da erosão hídrica. In: PRUSKI, F.F. (Ed.) Conservação de solo e água – Práticas mecânicas para o controle da erosão hídrica. Viçosa: Editora UFV, 2009. p.132-165.

QUEIROZ, J.E.; GONÇALVES, A.C.; SOUTO, J.S.; FOLEGATTI, M.V. Avaliação e monitoramento da salinidade do solo. In: Manejo e controle da salinidade na agricultura irrigada. Ed. H.R. Gheyi, J.E Queiroz e J.F. Medeiros. Campina Grande. SBEA. 1997. p.69-111

RAM, J.; DAGAR, J.C.; SINGH, G.; LAL, K.; TANWAR, V.S.; SHOERAN, S.S.; KALEDHONKAR, M.J.; DAR, S.R.; KUMAR, M. Biodrainage: Eco-friendly technique for combating Watterlodging and salinity. Karnal: Central Soil Salinity Research Institute, 2008. 24p. Technical Bulletin.

REEVE, R.C. & BOWER, C.A. Use of high salt waters as a floculant and source of divalent cations for reclaiming sodic soils. **Soil Science**, 1960. v.90, p.139-144

REICHARDT, K. A água em sistemas agrícolas. São Paulo: Ed. Manole, 1987. 188p.

REICHARDT, K. A água na produção agrícola. São Paulo: McGraw-Hill do Brasil, 1978. 120p.

REICHARDT, K. Dinâmica da matéria e da energia em ecossistemas. Piracicaba, ESALQ/Depto. de Física e Meteorologia, 1993. 505p.

RHOADES, J.D. Eletrical conductivity methods for measuring and mapping soil salinity. **Advances in Agronomy**, 1994. v. 49. P.201-251.

RHOADES, J.D.; CHANDUVI, F.; LESCH, S. Soil salinity assessment: methods and interpretation of electrical conductivity measurements. Rome: FAO, 1999. 150p. (FAO Irrigation and Drainage Paper, 57).

RHOADES, J.D.; LOVEDAY, J. Salinity in irrigated agriculture. In: STEWART, D.R.; NIELSEN, D.R. (Ed.) Irrigation of agricultural crops. Madison: ASA, CSSA, SSSA, 1990. p.1089-1142. (Agronomy, 30).

RICHARDS, L.A. A pressure-membrane extraction apparatus for soil solution. **Soil Science,** v.51, n.5, p.377-386, 1941.

RICHARDS, L.A. ed. Diagnosis and improvement of saline and alkali soils. Washington,DC.USDA,1954 160p. (USDA Handbook,60).

ROGERS, J.S. Water management model evaluation for shallow sandy soils. **Transactions of the ASAE**, v.28, n.3, p.785-790, 1985.

RUSSELL, J.L. Remote sensing feasible? Journal Hydrology 143, pp.125-152. Russell, J.L. 1934. Scientific research in soil drainage. **Journal Agricultural Science.** 24, pp. 544-573.

SÁ, J. S.; CRUCIANI, D. E.; DUARTE, S. N. Efeito da aplicação de nitrogênio na tolerância de plantas de lentilha ao encharcamento do solo. In: XXXIII CONGRESSO BRASILEIRO DE ENGENHARIA AGRÍCOLA -

CONBEA, 2004, São Pedro. Anais do XXXIII Congresso Brasileiro de Engenharia Agrícola - CDROM. Jaboticabal: SBEA – Sociedade Brasileira de Engenharia Agrícola, 2004.

SÁ, J. S.; CRUCIANI, D. E.; DUARTE, S. N. Índice diário de estresse da cultura da ervilha. In: XII CONGRESSO NACIONAL DE IRRIGAÇÃO E DRENAGEM, 2002, Uberlândia. Anais do XII CONIRD. Brasília: Associação Brasileira de Irrigação e drenagem, 2002.

SÁ, J. S.; CRUCIANI, D. E.; DUARTE, S. N.; PEREIRA, J. R. B.. Sensibilidade de plantas de soja ao rebaixamento do nível freático. **Irriga**, Botucatu, v. 10, n. 2, p. 135-145, 2005.

SÁ, J. S.; CRUCIANI, D. E.; DUARTE, S. N.. Uso de nitrogênio em plantas de trigo submetidas à inundação do solo. In: XXXIV CONGRESSO BRASILEIRO DE ENGENHARIA AGRÍCOLA, 2005, Canoas. Anais do XXXIV Congresso Brasileiro de Engenharia Agrícola - CDROM. Jaboticabal: Sociedade Brasileira de Engenharia Agrícola - SBEA, 2005.

SÁ, J. S.; LUCAS, A. A. T.; CRUCIANI, D. E.; DUARTE, S. N.. Análise de crescimento de plantas de lentilha submetidas a manejos do nível freático. In: XXXIII CONGRESSO BRASILEIRO DE ENGENHARIA AGRÍCOLA - CONBEA, 2004, São Pedro. Anais do XXXIII Congresso Brasileiro de Engenharia Agrícola - CDROM. Jaboticabal: SBEA - Sociedade Brasileira de Engenharia Agrícola, 2004.

SAAD, A.M. Uso de tensiômetro no controle da irrigação por pivô central em cultura do feijoeiro (*Phaseolus vulgaris* L.). Piracicaba, 1991. 144 p. (Mestrado - Escola Superior de Agricultura "Luiz de Queiroz"/USP).

SABBAGH, G.J., BENGSTON, R.L., FOUSS, J.L. Modification of EPIC to incorporate drainage systems. **Transactions of the ASAE**, v.34, n.2, p.467-472, 1991.

SALGADO, S. El drenaje y su impacto sobre lãs propiedades físicas del suelo. Chillan: Universidad de Concepcion, 1986. 49 p.

SANOJA, J., KANWAR, S., MELVIN, S.W. Comparison of simulated (DRAINMOD) and measured tile outflow and water table elevations from two field sites in Iowa. **Transactions of the ASAE**, v.33, n.3, p.827-833, 1990.

SANTOS, R.V. & HERNANDEZ, F.F.F. Recuperação de solos afetados por sais. In: Gheyi H.R.; QUEIROZ, J.E.; MEDEIROS, J.F. (ed) Manejo e controle da salinidade na agricultura irrigada. Campina Grande: UFPB, 1997. cap.10, p.319-362.

SAVABI, M.R. Modeling subsurface drainage and surface runoff with WEPP. **Journal of Irrigation and Drainage Engineering**, v.119, n.5, p.801-813, 1993.

SBPC. O Código Florestal e a ciência. Contribuições para o diálogo. São Paulo: Sociedade Brasileira para o Progresso da Ciência, 2011, 124p.

SCHILFGAARDE, J. van Drainage for agriculture. Madinson: American Society of Agronomy, 1974. 700 p.

SCS/USDA**.** Drainage of agricultural land. New York: Water Information Center, 1973. 430 p.

SHALHEVET, J.; KAMBUROV, J. Irrigation and salinity: a world-wide survey. New Delhi: International Commission on Irrigation and Drainage, 1976, 106p.

SHIRMOHAMMADI, A., THOMAS, D.L., SMITH, M.C., Drainage-subirrigation design for Pelham loamy sand. **Transactions of the ASAE**, v.34, n.1, p.73-80, 1991.

SILVA, D.D. et al. Estimativa e espacialização dos parâmetros da equação de intensidade-duração-frequência para o Estado de São Paulo. **Revista Engenharia na Agricultura,** Viçosa, v.7, n.2, p.70-87, 1999.

SILVA, E.F.F. Avaliação da eficiência de diversos produtos na recuperação de solo salino-sódico e no desenvolvimento e produção da cultura de arroz (*Oryza sativa L.*). Campina Grande: UFPB, 1997, 70p. Dissertação Mestrado.

SILVA, E.F.F; DUARTE, S.N.; COELHO, R.D. Salinização dos solos cultivados sob ambiente protegidos no Estado de São Paulo. In: FOLEGATTI, M.V. (Ed.). Fertirrigação: citrus, flores e hortaliças. Guaíba: Agropecuária, 1999. p.267-277.

SKAGGS, R.W. 1980. Drainmod-reference report: Methods for design and evaluation of drainage water management systems for soils with high water tables. U.S.D.A. Soil Cons. Service, Forth Worth, 190 p.

SKAGGS, R.W., Drainage. In: MODELING PLANT AND SOIL SYSTEMS Madison: American Society of Agronomy, 1991. p.205-243. (Agronomy Monograph, 31).

SKAGGS, R.W., DRAINMOD - Reference report: methods for design and evaluation of drainage-water management systems for soils with high water tables. Raleigh: USDA-SCS, 1981. 329 p.

SKAGGS, R.W., DRAINMOD - User's manual. Raleigh: North Carolina State University, 1990. 101p.

SKAGGS, R.W., FAUSEY, N.R., NOLTE, B.H. Water management model evaluation for north central Ohio. **Transactions of the ASAE**, v.24, n.3, p.922-928, 1981.

SKAGGS, R.W., Field evaluation of a management simulation model. **Transactions of the ASAE**, v.25, n.3, p.666 - 674, 1982.

SKAGGS, R.W.; SCHILFGAARDE J.van Agricultural drainage. Madinson: American Society of Agronomy. 1999. 1328 p.

SMEDEMA, L.K. Water table control indices for drainage of agricultural land in humid climates. **Agricultural Water Management**, v.14, n.1, p.69-77, 1988.

SMEDEMA, L.K., RYCROFT, D.W. Land drainage. Ithaca: Cornell University Press, 1983. 377p.

SOARES, M. R.; CANTOS, B. L.; CRUCIANI, D. E.; DUARTE, S. N. Critérios de drenagem subterrânea para a cultura da beterraba (*Beta vulgaris* L.). In: VIII SIMPÓSIO DE INICIAÇÃO CIENTÍFICA DA USP, 2000, Piracicaba. VIII Simpósio de Iniciação Científica da USP. São Paulo: Universidade de São Paulo, 2000.

SOUZA, K.T.S. Sensibilidade da primeira soca da cana-de-açúcar ao excesso de água no solo. Piracicaba, 2011. 101p. Tese (Doutorado) – Escola Superior de Agricultura "Luiz de Queiroz", Universidade de São Paulo.

SPOSITO, G. The future of an illusion: Ion activies in soil solutions. **Soil Science Society of America Journal,** v.48, p.531-536, 1984.

SUGUINO, H. H.; BARROS, J. C. Dimensionamento de sistemas de drenagem. In: GHEYI, H. R.; DIAS, N. S.; LACERDA, C. F. Manejo da salinidade na agricultura: estudos básicos e aplicados. Fortaleza: INCTSal, 2010. p.369-382.

TAVARES, A. C. S. Sensibilidade da cana-de-açúcar (Saccharum spp.) ao excesso de água no solo. Escola Superior de Agricultura "Luiz de Queiroz" – ESALQ/USP. Tese de doutoramento. Piracicaba, 2009, 220 p.

TOVEY, R. Alfafa growth as influenced by static and fluctuating water tables. **Transactions of the ASAE**, v.7, n.3, p.310-312, 1964.

UNIVERSITY OF CALIFORNIA COMMITTEE OF CONSULTANTS. Guidelines for interpretation of water quality for agriculture. Davis: University of California, 1974.

USBR 1978. Drainage manual. U.S. Department of the Intenor, Bureau of Reclamation, Denver, 286 p.

VAN BEERS, W.F.J. (UNPLUBLISHED) In: WESSELING, J. 1973. Subsurface flow into drains. Theories of field drainage and water-shed runoff, 8. ILRI Publication 16, Vol II., Wageningen. The Netherlands.

VAN GENUCHTEN, M.T. A closed form equation for predicting the hidraulic condutivity of unsaturated soils. **Soil Science Society of America Journal**, Madison, 44:892-7, 1980.

VELOSO, M.E.C. Potencialidade de impacto ambiental por nitrato, doses de N e flutuações do lençol freático para a cultura de milho sob sistemas de dreagem. Tese de Doutoramento. Curso de Pós-Graduação em Agronomia. Área de Concentração: Irrigação e Drenagem, ESALQ/USP. Piracicaba, 2006, 145p.

VELOSO, M. E. C.; DUARTE, S. N.; MIRANDA, J. H.; DOURADO NETO, D., SILVA, E. C.; CRUCIANI, D. E. Risco de impacto ambiental por nitrato em área de várzea cultivada com milho sob diferentes doses de nitrogênio. In: XXXV CONGRESSO BRASILEIRO DE ENGENHARIA AGRÍCOLA, João Pessoa. Anais do XXXV Congresso Brasileiro de Engenharia Agrícola - CDROM. Jaboticabal: Sociedade Brasileira de Engenharia Agrícola SBEA, 2006.

WEAVER, M.M. 1964. History of tile drainage. Weaver, New York, 343 p.

WEN, H.J. & C.L. LIN 1964. The distribution and reclamation of saline-alkali soils of the North China of applied hydrology. McGraw-Hill, New York, 22, pp. 21-97.

WILCOX, L.V. & DURUM, W.H. Quality of irrigation water. In: HAGAN, R.M.; HAISE, H.R.; EDMINSTER, T.W. (eds). Irrigation of agricultural lands. American Society of Agronomy, c.9, 1967. P.104-124.

WILLIAMS, J.R., NICKS, A.D., ARNOLD, J.G. SWRRB: a simulator for water resources in rural basins. **ASCE Hydraulics Journal**, v.111, n.6, p.970-986, 1985.

WILLIAMS, J.R., RENARD, K.G., DYKE, P.T. EPIC: method for assessing erosion's effect on soil productivity. **Journal of Soil and Water Conservation**, v.38, n.5, p.381-383, 1983.

WILLIAMSON, R.E., KRIZ, G.J. Response of agricultural crops to flooding, depth of water table and soil gaseous composition. **Transactions of the ASAE**, v.13, n.2, p.216-220, 1970.

WISER, E.H., WARD, R.C., LINK, D.A. Optimized design of a subsurface drainage system. **Transactions of the ASAE**, v.15, n.1, p.175-182, 1974.

WOLT, J.D. Soil solution chemistry: application to enviromentla science and agriculture. New York: Wiley, 1994. 345p.

WORKMAN, S.R., SKAGGS, R.W. Comparison of two drainage simulation models using field data. **Transactions of the ASAE**, v.32, n.6, p.1933-1938, 1989.

WORKMAN, S.R., SKAGGS, R.W. Evaluation of the water management model PREFLO. **Transactions of the ASAE**, v.34, n.5, p.2053-2059, 1991.

WORKMAN, S.R., SKAGGS, R.W. PREFLO: a water management model capable of simulating preferential flow. **Transactions of the ASAE**, v.33, n.6, p.1939-1948, 1990.

YARON, B.; SHALHEVET, J.; SHIMSHI, D. Patterns of salt distribution under tricle irrigation. In: HADA, A.; SWARTZENDRUBER, D.; RIJTEMA, P.E.; FUCHS, M.; YARON, B. (Ed.) Physical aspects of soil water and salts in ecosystems. Berlin: Springer-Verlag, 1973. p.389-394. (Ecological Studies, 4.).

YOUNG, T.C., LIGON, J.T. Water table and soil moisture probabilities with tile drainage. **Transactions of the ASAE**, v.15, n.2, p.448-451, 1972.

ANEXO I

OBTENÇÃO DA FÓRMULA DE DONNAN

Na Figura A1.1 é apresentado, esquematicamente, o movimento real da água em direção a duas valetas paralelas, cujos fundos coincidem com uma barreira impermeável, de profundidade PB. Como o movimento tem uma componente horizontal e uma vertical, o potencial hidráulico da água no solo a uma distância "x" qualquer da valeta da esquerda, vai depender também de sua coordenada y. Desta forma $\Psi p1 \neq \Psi p2 = f(x, y)$, ou seja, devido ao movimento vertical o potencial hidráulico depende de 2 variáveis independentes (x e y), o que significa que apenas a altura do LF não define ψp. Este fato resulta em uma equação diferencial parcial, de solução mais trabalhosa.

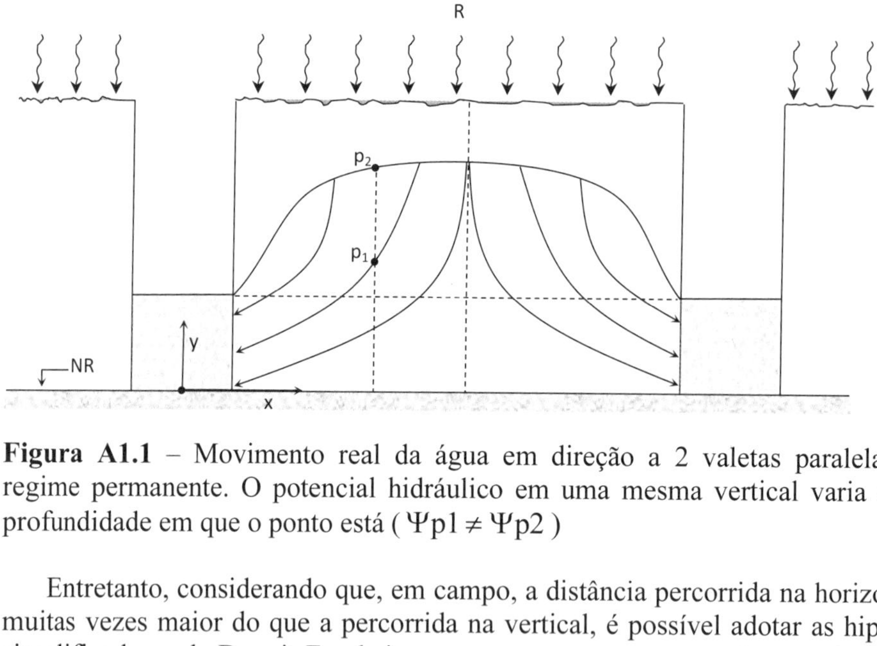

Figura A1.1 – Movimento real da água em direção a 2 valetas paralelas, em regime permanente. O potencial hidráulico em uma mesma vertical varia com a profundidade em que o ponto está ($\Psi p1 \neq \Psi p2$)

Entretanto, considerando que, em campo, a distância percorrida na horizontal é muitas vezes maior do que a percorrida na vertical, é possível adotar as hipóteses simplificadoras de Dupuit-Forcheimer, que assumem que o movimento da água se dá apenas horizontal, como é apresentado na Figura A1.2. Assim, considerando que não há perda de carga na vertical, em qualquer distância x o potencial hidráulico é igual a sua carga hidráulica "h", ou seja, $\Psi p1 = \Psi p2 = f(x) = h$. Dessa forma, resolve-se o problema com facilidade por meio de uma equação diferencial ordinária, em que o potencial hidráulico é função apenas de "x".

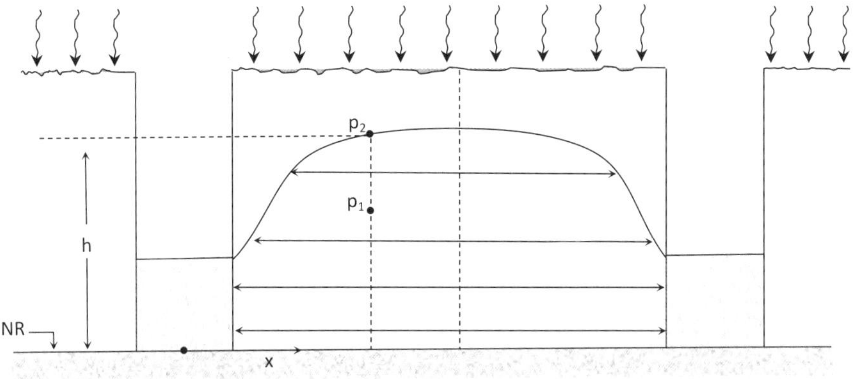

Figura A1.2 – Movimento da água em direção a 2 valetas paralelas, assumindo escoamento apenas horizontal, que tem como consequência $\Psi p1 = \Psi p2$ (também conhecida como hipótese simplificadora de Dupuit-Forcheimer)

A Figura A1.3 mostra o escoamento da água, considerando uma espessura de valeta unitária, através de um plano que está localizado a uma distância "x" da valeta à esquerda. Como visto no Capítulo 3, o gradiente de potencial da água no solo é dado pela tangente à linha piezométrica que, nesse caso, é o próprio LF. Assim o fluxo é dado por $q = -Ko.\frac{dh}{dx}$, sendo Ko a condutividade hidráulica do solo saturado. A vazão que atravessa esse plano é o produto do fluxo por sua área, ou seja, Q=-Área.q ou $Q = Ko.\frac{dh}{dx}.h.1$. Essa vazão, assumindo movimento permanente, é igual àquela que está entrando sobre a superfície do solo devido a uma chuva constante, e que vale: $Q = R.(\frac{S}{2} - x).1$. Igualando as duas expressões, obtém-se a equação diferencial ordinária que descreve o problema, e que pode ser resolvida separando as variáveis, ou seja.

$$Ko.h.\frac{dh}{dx} = R.\left(\frac{S}{2} - x\right)$$

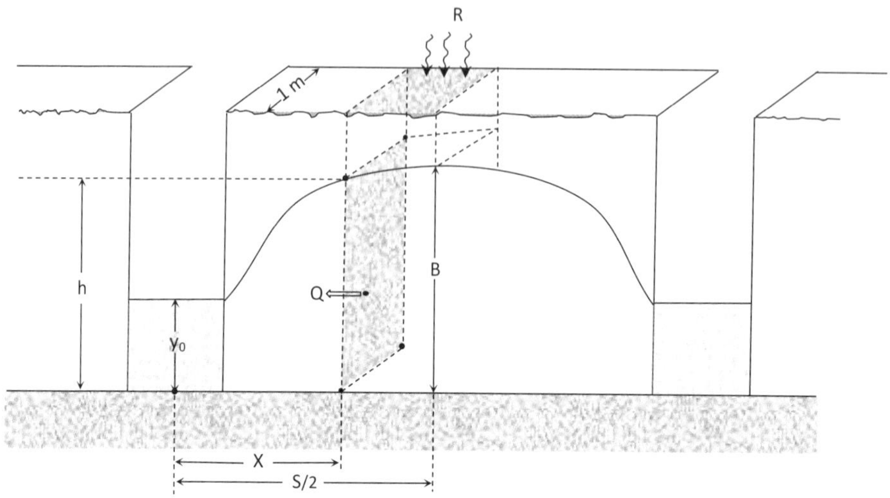

Figura A1.3 – Escoamento da água, em movimento vertical na superfície do solo, e em movimento horizontal em direção ao dreno sobre, sobre camada impermeável, em regime permanente

Integrando entre os limites yo e B, para a variável dependente "h", e entre 0 e S/2 para a variável independente "x", obtém-se:

$$\int_{yo}^{B} h \, . \, dh = \frac{R}{Ko} . \int_{0}^{S/2} \left(\frac{S}{2} - x\right) . \, dx$$

Ou

$$\left[\frac{h^2}{2}\right]_{yo}^{B} = \frac{R}{\text{Ko}} . \left[\frac{S}{2} . \text{x} - \frac{x^2}{2}\right]_{0}^{S/2} .$$

Substituindo-se os limites de integração e desenvolvendo-se, obtém-se a equação de Donnan, qual seja:

$$S^2 = \frac{4 . \text{Ko} . (B^2 - \text{yo}^2)}{R}$$

Em que:

S – espaçamento entre as valetas, m;

Ko – condutividade hidráulica do solo saturado, $m.d^{-1}$;

B – distância do LF à barreira impermeável no semi-espaçamento entre os drenos, m;

yo – carga hidráulica dentro da valeta, m; e

R – recarga constante com o tempo, que infiltra totalmente na superfície do solo, $m.d^{-1}$.

ANEXO II

ALTERNATIVAS PARA A DEDUÇÃO DA FÓRMULA DE MANNING

1) A Fórmula de Chezy

Deve-se inicialmente considerar que, no desenvolvimento da fórmula a seguir, adotou-se o caso dos canais prismáticos, dotados de fronteira rígida (não erosiva), de baixa declividade e escoamento permanente uniforme, ou seja, com altura de água constante no espaço e no tempo. Esta altura trata-se da distância vertical medida a partir do ponto mais baixo da seção do canal até a superfície d´água (PORTO, 1998).

Da mesma forma que nos condutos forçados, os cálculos em canais são baseados nas equações de resistência, as quais relacionam a perda de carga em um determinado trecho longitudinal à velocidade média, ou à vazão, por meio dos parâmetros geométricos e da rugosidade da seção de escoamento. A partir da condição de equilíbrio dinâmico entre as forças aceleradoras e as forças de resisência que atuam na massa de água do volume de controle ABCD (Figura A.2.1) formula-se a dedução matemática.

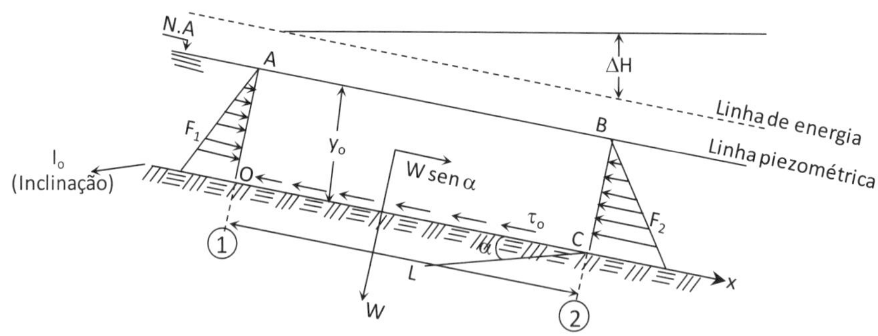

Figura A.2.1 – Forças atuantes na massa fluída do volume de controle (A-B-C-O) constituído por um trecho de um canal

Observa-se que as forças atuantes sobre o volume de controle ABCO são: as componentes da força peso no sentido do escoamento (W.senα); as forças de pressão hidrostática (F_1 e F_2); e as forças de cizalhamento nas paredes e no fundo. Aplicando a 2ª Lei de Newton, encontra-se:

$$\sum Fx = F1 + W.sen\alpha - F2 - \text{Força cizalhante} = 0$$

ou

Perímetro molhado, m;
Comprimento, m;

$$\sum \overset{\rightarrow +}{F_x} = F_1 + Wsen\alpha - F_2 - \tau_o.P.L = 0 \qquad (1)$$

Tensão média de cizalhamento sobre a superfície molhada, kgf.m^{-2}.

Tendo em vista que, quando o escoamento é uniforme, o y_o é constante, logo F1=F2. Como a força peso (w) é igual a $\gamma.A.L$, sendo A a área molhada, a equação anterior fica:

$$\sum \vec{F_x} = F_1 + (\gamma.A.L)sen\alpha - F_2 - \tau_o.P.L = 0 \rightarrow \gamma.A.Lsen\alpha = \tau_o.P.L \rightarrow \tau_o = \gamma.\frac{A}{P}.sen\alpha \quad \text{ou}$$

$$\tau o = \gamma.Rh.sen\alpha \qquad (2)$$

Já que para ângulos pequenos ($\alpha < 6°$), o $sen\alpha$ pode ser considerado aproximadamente igual a $tg\alpha$, e como, $tg\alpha = I$ (declividade), tem-se:

$$sen\alpha = tg\alpha = \frac{\Delta Z}{L} = I_O \text{ que substituída em (2) leva à } \rightarrow \tau_o = \gamma.R_h.I_O \qquad (3)$$

A equação anterior é a mesma obtida para condutos forçados de seção circular, trocando-se a declividade no fundo do canal (I_0) pela perda de carga unitária (J). Como se trata de um regime permanente uniforme, a declividade no fundo do canal é igual a declividade da linha de energia, o que leva ao fato de $J = I_o$.

A tensão de cisalhamento pode ser descrita como:

$$\tau_o = \frac{s.f.v^2}{8} \qquad (4)$$

Considerando-se que o raio hidráulico (Rh) é o parâmetro dos canais que leva em conta as diferenças de forma, tanto nas seções circulares como nos canais prismáticos, pode-se igualar (3) à (4), ou seja:

$$\tau_o = \frac{s.f.v^2}{8} = \gamma.R_h..I_O \rightarrow V^2 = 8\frac{\gamma}{s} . \frac{R_h.I_O}{f}$$

$$\gamma = \frac{m.g}{m^3} ; s = \frac{m}{m^3}$$

$$\frac{\gamma}{g} = \frac{m.g}{m^3} . \frac{m^3}{m}$$

Assim, colocando-se a velocidade em evidência, tem-se:

$$v = C . \sqrt{Rh . Io} \quad (5)$$

Sendo o coeficiente C dado por: $C = \sqrt{\frac{8g}{f}}$

A equação (5) é conhecida como Fórmula de Chezy, sendo o coeficiente C conhecido como coeficiente de rugosidade de Chézy. Esta equação é indicada para os escoamentos turbulentos e rugosos em canais.

Aplicando-se a Equação da Continuidade na Fórmula de Chezy, tem-se:

$$Q = V.A \rightarrow V = Q/A$$

$$V = C.\sqrt{R_h.I_O}$$

$$Q = C.A.\sqrt{R_h.I_O}$$

Equação fundamental do escoamento permanente uniforme em canais. (6)

A equação anterior também pode ser deduzida diretamente das equações de Darcy-Weisback, em sua forma generalizada, usando o conceito de diâmetro da seção, ou seja:

$$Rh = \frac{D}{4}$$

2) Fórmula da declividade da linha de energia (If) e da declividade do fundo do canal (Io)

Considerando agora o caso mais geral, que trata-se do escoamento permanente não uniforme, observa-se que a velocidade média pode mudar ao longo do escoamento. A Figura A.2.2 ilustra as forças atuantes no volume de controle, como já visto anteriormente.

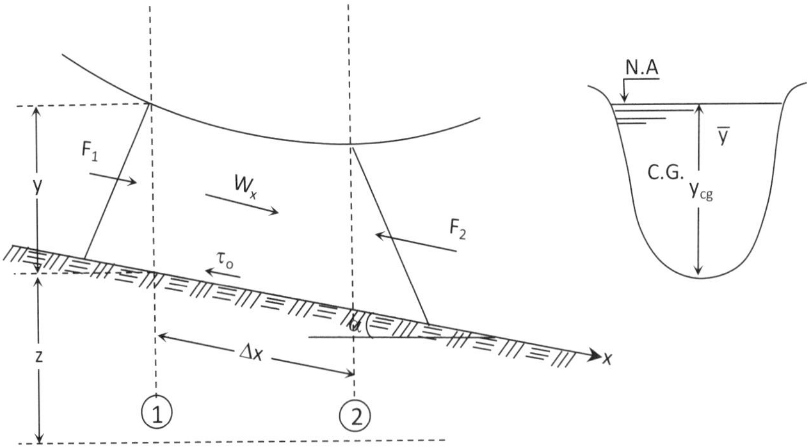

Figura A.2.2 – Forças que atuam em um volume de controle, em escoamento permanente não uniforme (seção variável ao longo da trajetória)

Por hipótese considera-se que a declividade do fundo do canal é pequena e a distribuição de pressão hidrostática.

As forças atuantes são:

a) Força da gravidade: $W_x = W \operatorname{sen}\alpha$

$$W_x = \gamma.A.\Delta x.\operatorname{sen}\alpha \qquad (7)$$

Como a declividade é pequena, tem-se: senα = $tg\alpha = \dfrac{dz}{dx}$ (8)

Substituindo-se a equação (8) na equação (7), obtém-se:

$$W_x = \gamma.A.\Delta x.\frac{dz}{dx} \qquad (9)$$

Forças de pressão:

Nas seções 1 e 2 observam-se as seguintes variações:

Altura da água:	A área da seção reta:
Na seção 1 → y	Na seção 1 → A

Na seção 2 → $y + \frac{dy}{dx}.\Delta x$ Na seção 2 → $A + \frac{dA}{dx}.\Delta x$

A força de pressão sobre uma superfície plana de área A, onde y é a distância que vai da superfície livre de água até o centro de gravidade da área, é igual a:

$$F_1 = \gamma.\bar{y}.A$$

Utilizando-se o mesmo raciocínio para a seção 2, vem que:

$$F_2 = \gamma\left(\bar{y} + \frac{d\bar{y}}{dx}.\Delta x\right).\left(A + \frac{dA}{dx}.\Delta x\right) = \gamma.\bar{y}.A + \gamma.\bar{y}.\frac{dA}{dx}.\Delta x + \gamma\frac{d\bar{y}}{dx}.\Delta x.A + \gamma\frac{d\bar{y}}{dx}.\Delta x.\frac{dA}{dx}.Ax$$

$$= \gamma.\bar{y}.A + \gamma.\bar{y}.\frac{dA}{dx}.\Delta x + \gamma A\frac{d\bar{y}}{dx}.\Delta x \quad \therefore$$

$$F2 = \gamma.\bar{y}.A + \gamma.\bar{y}.\frac{d}{dx}.\left(A + \bar{y}\right)\Delta x$$

Desprezando-se as diferenças de ordem superior, verifica-se a existência de uma pressão desbalanceada igual a:

$$\Delta F = F_1 - F_2$$

$$dF = -\gamma\bar{y}.\frac{d}{dx}.\left(\bar{y}A\right)\Delta x \qquad (10)$$

Como $\bar{y}$ e A são funções de "y" e este é função de "x", pode-se escrever que:

$$.\frac{d}{dx}.\left(\bar{y}.A\right)\Delta x = \frac{d\left(\bar{y}.A\right)}{dy}.\frac{dy}{dx}$$

Tendo em visa que a coordenada do centro de gravidade de uma área plana, segundo a Figura A.2.2, é obtida por:

$$ycg = y - \bar{y} = \frac{\int y.d.A}{A} \therefore \bar{y}.A = y.A - \int y.d.A$$

em função de y ↓ ↘ ↘ Derivando todos os termos

$$\frac{d}{dy}.\left(\bar{y}.A.\right)=\left(A+y.\frac{dA}{dy}\right)-\frac{d}{dy}.\int y.d.A$$

Sabendo-se que: $$\frac{d}{dy}.\int y.d.A = y.\frac{dA}{dy}$$

$$\frac{d}{dy}\left(\bar{y}.A\right)=A$$

E que :

$$\frac{d}{dx}\left(\bar{y}.A\right)=A.\frac{dy}{dx}$$

Substituindo-se estes valores na equação (10), a resultante das forças de pressão na direção "x" equivale a:

$$dF=-\gamma.A.\frac{dy}{dx}.\Delta x \qquad (11)$$

b) Forças de atrito:

$$F_a=-\tau_O.P.\Delta.x \qquad (12)$$

↗ perímetro molhado

A resultante das forças na direção do escoamento (F_r) é dada por:

$$\sum F=F_R=W_x+dF+F_a \qquad (13)$$

Substituindo-se as equações (9), (10) e (12), na equação (13), obtém-se:

$$F_R=-\gamma.A.\Delta x\left(\frac{dz}{dx}+\frac{dy}{dx}+\frac{\tau_O.P}{\gamma.A}\right) \qquad (14)$$

Pela 2ª Lei de Newton, a força resultante na direção x é F_{rx} = m.a. Como considerou-se o escoamento permanente, a aceleração local é nula; só há aceleração de transporte ou convectiva. Assim:

$$\underbrace{F_R=-\gamma.A.\Delta x\left(\frac{dz}{dx}+\frac{dy}{dx}+\frac{\tau_O.P}{\gamma.A}\right)=\frac{\gamma}{g}.A.\Delta x.V.\frac{dv}{dx}}$$

Portanto:

$$\gamma_O = -\gamma.Rh.\left(\frac{dz}{dx} + \frac{dy}{dx} + \frac{V}{g} - \frac{dv}{dx}\right)$$

$$\gamma_O = -\gamma.Rh.\frac{d}{dx}\underbrace{\left(Z + y + \frac{V^2}{2g}\right)}_{\text{equivale a carga total H, na seção}}$$

A variação (derivada) da carga total em função de "x" é a declividade da linha de energia, dada pela equação (15)

Logo:

$$\boxed{\gamma_O = -\gamma.Rh.I_f}\text{, em que } I_f = -\frac{dH}{dx} \text{ é a declividade da linha de nergia.} \quad (15)$$

Esta equação é válida para escoamentos permanentes, uniformes e não uniformes. A equação para escoamento uniforme é um caso particular da equação acima, tendo em vista que a declividade do fundo do canal é igual a declividade da superfície livre da água e, que por sua vez é igual a da linha de energia ($I_o = I_a = I_f$). Assim:

$$\boxed{\gamma_O = -\gamma.Rh.I_O} \longrightarrow \text{para escoamentos uniformes.} \quad (16)$$

Para canais, o conceito de velocidade de atrito fica definido pela equação (17):

$$u^* = \sqrt{\frac{\gamma_O}{s}} = \sqrt{g.Rh.I_f} \quad (17)$$

3) A Fórmula de Manning

Diferentes fórmulas de origem empírica são propostas para o cálculo do coeficiente C de Chézy, correlacionando-o ao raio hidráulico da seção. A expressão mais empregada foi proposta por Manning, em 1889, a partir de resultados experimentais obtidos por ele e por outros pesquisadores. A relação empírica é a seguinte:

$$C = \frac{Rh^{\frac{1}{6}}}{n} \tag{18}$$

Substituindo a equação (18) na fórmula de Chezy (6), tem-se:

$$V = \frac{1}{n}.Rh^{\frac{2}{3}}.I_O^{\frac{1}{2}} \longrightarrow \text{Fórmula de Manning} \tag{19}$$

Esta equação é válida para os escoamentos permanentes, uniformes e turbulentos rugosos, com grande número de Reynolds. Nessas condições, o coeficiente n de Manning permanece constante para uma determinada rugosidade, enquanto que o coeficiente de Chézy é proporcional a rugosidade relativa da seção Rh/n.

Aplicando-se a equação da continuidade na equação (19), obtêm-se:

$$\frac{nQ}{\sqrt{I_O}} = A.Rh^{\frac{2}{3}} \tag{20}$$

4) Determinação da velocidade de atrito para condutos forçados

Considera-se um fluído real, incompressível em regime permanente, escoando em tubulação de diâmetro constante e área A. Na Figura A.2.3 observa-se o diagrama de forças atuantes.

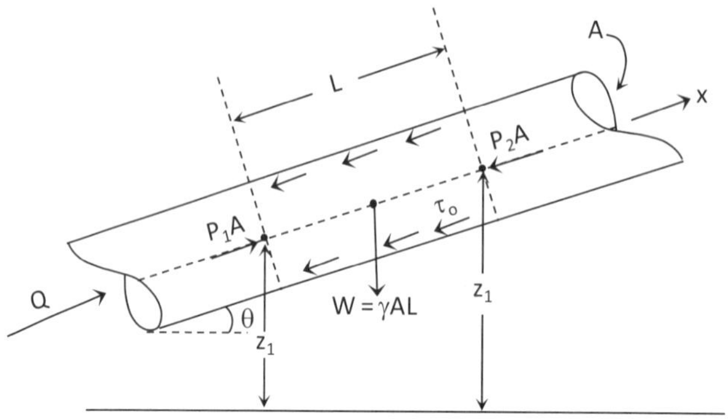

Figura A.2.3 – Equilíbrio das forças no escoamento permanente em um trecho de uma tubulação (conduto forçado)

Na condição de equilíbrio dinâmico, na direção x, tem-se:

$$\sum F_x = P_1.A - P_2.A - \tau_O.P.L - Wsen\alpha = 0$$

como $sen\theta = \frac{(Z_2 - Z_1)}{L}$ e W = γ.A.L. fica:

$$(P_1 - P_2).A - \tau_O.P.L. - \gamma.A.(Z_z - Z_1) = 0$$

$$\left(\frac{P_1}{\gamma} + Z_1\right) - \left(\frac{P_2}{\gamma} + Z_2\right) = \frac{\tau_O}{\gamma}.\frac{P}{A}.L \qquad (21)$$

Verifica-se que a diferença entre os dois primeiros termos da equação (21) é a perda de carga ΔH entre as seções 1 e 2 (regime permanente e uniforme). Dessa forma, pode-se escrever que:

$$\boxed{\Delta H = \frac{\tau_O}{\gamma}.\frac{L}{Rh}} \qquad (22)$$

Como a perda de carga unitária, J(m/m) = $\frac{\Delta H}{2}$, fica:

$$\tau_O = -\gamma.Rh.J$$

Para seção circular $Rh = \frac{D}{4}$, Assim: $\Delta H = 4.\frac{\tau_O}{\gamma}.\frac{L}{D}$

Comparando a expressão anterior com a equação de Darcy-Weisback (Fórmula Universal), tem-se:

$\Delta H = 4.\frac{\tau_O}{\gamma}.\frac{L}{D} = f.\frac{L}{D}.\frac{V^2}{2g} \rightarrow \frac{\tau_O}{s} = f.\frac{V^2}{8} \rightarrow \boxed{\tau_O = \frac{s.f.v^2}{8}}$; que é a já conhecida eq. (4)

Assim: $\sqrt{\frac{\tau_O}{s}} = v.\sqrt{\frac{f}{8}}$

↘ velocidade de atrito ou velocidade de cisalhamento

5) Outra maneira de se deduzir a fórmula de Chezy (por meio da Fórmula Universal de Perda de Carga Distribuída)

$\Delta H = f.\frac{L}{D}.\frac{V^2}{2g}$; para seção circular, pode-se sibstituir D por 4.Rh, de forma que :

$$\Delta H = f.\frac{L}{4Rh}x\frac{V^2}{2g} \rightarrow V^2 = \frac{\Delta H}{L}.Rh.\frac{4.2g}{f} \therefore$$

$$V^2 = \frac{8g}{f}.I_O.Rh \rightarrow V = \sqrt{\frac{8g}{f}}.\sqrt{I_O.Rh} \qquad (23)$$

Como foi definido da eq. (5): $C = \sqrt{\frac{8g}{f}}$. Assim, substituindo-se na equação 23, obtém-se:

$V = C.\sqrt{Rh.Io}$, que é a já conhecida equação (5) ou Fórmula de Chezy.